沂沭泗河防洪及生态调度研究与实践

屈　璞　杨殿亮　赵艳红　张秀菊　谷黄河　罗柏明　著

黄河水利出版社
·郑州·

内 容 提 要

本书是关于沂沭泗河防洪及生态调度的专著,分为上、下两篇。上篇为洪水调度研究,阐述了国内外防洪调度研究进展,并针对沂沭泗河洪水的特点、防洪工程能力,结合近几年预报、调度面临的主要问题,将大系统分解原理应用于沂沭泗河防洪工程的联合调度,建立沂沭泗河多水系、多工程群的联动预调度计算模型;通过节点洪水预报、河道洪水演算、数学优化技术模拟、防洪工程群预调度计算,评估防洪工程群预调度综合效果,提出沂沭泗河流域防洪调度的建议,为防洪决策提供技术支撑。下篇是生态调度实践,详细介绍了国内外生态调度的实践情况,并对沂沭河生态流量调度方案、2002—2003 年南四湖生态调度、2014 年南四湖生态调度进行了分析总结。

本书适合洪水调度、生态调度、水文水资源相关领域工作者阅读参考,也可供高等院校相关专业的师生参阅。

图书在版编目(CIP)数据

沂沭泗河防洪及生态调度研究与实践/屈璞等著.—郑州:黄河水利出版社,2020.1
ISBN 978-7-5509-2578-6

Ⅰ.①沂…　Ⅱ.①屈…　Ⅲ.①淮河-防洪-研究　②淮河-生态环境-环境管理-研究　Ⅳ.①TV882.3

中国版本图书馆 CIP 数据核字(2020)第 020296 号

组稿编辑:简群　电话:0371-66026749　E-mail:931945687@qq.com

出 版 社:黄河水利出版社　　　　　　　　　　　网址:www.yrcp.com
　　　　　地址:河南省郑州市顺河路黄委会综合楼 14 层　邮政编码:450003
发行单位:黄河水利出版社
　　　　　发行部电话:0371-66026940、66020550、66028024、66022620(传真)
　　　　　E-mail:hhslcbs@126.com
承印单位:河南瑞之光印刷股份有限公司
开本:787 mm×1 092 mm　1/16
印张:15
字数:346 千字　　　　　　　　　　印数:1—1 000
版次:2020 年 1 月第 1 版　　　　　　印次:2020 年 1 月第 1 次印刷

定价:86.00 元

前　言

　　沂沭泗水系是沂、沭、泗(运)3条水系的总称,位于淮河流域东北部,流域面积约8万km²。沂沭泗地区社会经济发展迅速,是我国重要的粮、棉、油生产基地和煤电能源基地。沂沭泗水系的主要河道源短流急,洪水峰高量大,水旱灾害频繁,防汛任务繁重。经过近70年的治理,沂沭泗水系已形成由水库、河湖堤防、控制性水闸、分洪河道及蓄滞洪工程等组成的防洪工程体系。目前,沂沭泗河骨干河道中下游防洪工程体系基本达到50年一遇防洪标准;同时,沂沭泗水系多年平均水资源总量只有235.31亿m³,也是我国水资源相对短缺的地区之一。因此,探索流域湖泊、滞洪区、涵闸等防洪工程的优化调度模式,寻求优化、科学的调度方法,合理配置水资源,维系良好生态环境等,对减轻流域防洪压力及洪涝灾害造成的经济损失,促进水资源可持续利用均具有重要意义。

　　防洪调度是防洪工作的核心。防洪调度决策不仅需统筹考虑流域上下游的防洪矛盾,而且还要统筹考虑防洪与兴利之间的矛盾,是一个多目标、多阶段的决策过程,利用系统理论与方法对洪水控制工程实行优化调度,可以有效地提高防洪系统的整体防洪效果。

　　生态调度是以经济社会效益、生态效益等综合效益为目标,或以保护河湖健康、修复河流生态为目标的一种水利工程调度方式。进行闸坝和河湖水库调度时,在考虑防洪、供水需求的同时,充分考虑生态水量需求,对水库下泄水量、水量过程、下泄水温、时机等要素进行调控,以发挥水利工程的多种功能。

　　本书分上下两部分,上篇是洪水调度研究,下篇是生态调度实践。上篇针对沂沭泗河洪水的特点、防洪工程能力,结合近几年预报、调度面临的主要问题,将大系统分解原理应用于防洪工程的联合调度,建立沂沭泗河多水系、多工程群的联动预调度计算模型;通过节点洪水预报、河道洪水演算、数学优化技术模拟、防洪工程群预调度计算,评估防洪工程群预调度综合效果,提出沂沭泗河流域防洪调度的建议,为防洪决策提供技术支撑。下篇对沂沭河生态流量调度方案、2002—2003年南四湖生态调度、2014年南四湖生态调度进行了分析总结。

　　本书由屈璞、杨殿亮、赵艳红、张秀菊、谷黄河、罗柏明著,参加编写工作的人员还有詹道强、杜庆顺、王秀庆、于百奎、温佳文等。

　　本书是本着探索和实践的思路,在以往洪水调度和生态调度工作的基础上,对研究成果和实践经验的总结。在编撰中参阅和引用了大量相关文献及项目实施过程的总结资料,在此谨致谢意。由于受时间和作者水平所限,本书许多内容还有待完善和深入研究,难免存在失误和不足之处,恳请读者批评指正。

作　者

2019年10月

目　录

下篇　生态调度实践

上篇　洪水调度研究

第 1 章　国内外防洪调度研究

1.1　非工程防洪措施

我国洪涝灾害频繁,社会经济损失严重。防洪减灾一直是水利管理的重要任务。人类防御洪水的手段与措施主要分为两大类,一类是工程防洪措施,另一类是非工程防洪措施。在与洪水斗争的过程中,人们积累了丰富的经验,水利部门的防洪减灾思路也不断调整和转变:从单纯的防洪抗洪转变为要考虑给洪水以出路;从单纯的防洪减灾转变为在防洪减灾的同时,考虑如何充分利用雨洪资源,实现洪水资源化;从单纯的防洪工程体系转变为防洪减灾体系中采用工程与非工程防洪措施相结合,以及社会共同参与。

防洪工程设施是指为控制、抵御洪水以减少洪灾损失而修建的各类工程设施,包括水库(湖泊)、河道堤防、防洪墙、蓄滞洪区、泵站、水闸工程等。防洪工程措施是指运用防洪工程设施来调节、改变洪水的自然运动过程,通过削减洪峰或分洪、滞洪等措施来控制洪水,减少社会经济损失。依据水利工程措施的性质可以划分为拦、蓄、泄、分、滞五类,这些工程措施在人类抵御洪水的斗争中发挥了巨大作用,有效地保护了人类社会经济与生命财产的安全。然而,任何工程设施的防洪能力都是有限的,对于工程设计标准内的洪水,其防洪效果明显,但当遭遇超标准的洪水时则会能力不足,须同时依靠非工程措施来防御洪水。大量防洪减灾实践证明,只有将这两类措施合理使用、相互协调,组成完整的防洪系统,其防洪作用才能充分发挥。

非工程防洪措施是指通过法律、行政、经济手段以及防洪工程以外的其他手段来减少洪灾损失的措施,例如颁布和宣传水利法律法规、开发洪水预报调度及防汛决策指挥系统、开展洪水保险等。

西汉时代的贾让曾在“治河三策”中提出:“徙冀州之民当水冲者。”这是一种“还滩于河”“不与水争地”的主张,是非工程防洪措施思想的萌芽。根据防洪实践运用经验,防洪工程措施与非工程措施相结合时,可以发挥更大的作用。我国在 20 世纪 50 年代就开始采用防洪工程措施与非工程措施相结合的办法,例如洪水预报、警报、救济等,在减少洪灾损失方面取得了显著效果。而非工程防洪措施的概念则正式形成于 20 世纪 60 年代,后逐渐受到人们的重视,取得了较快发展。非工程防洪措施的基本内容可概括为以下方面。

(1)洪泛区管理。按照洪水危险程度和防洪要求,将不宜开发区和允许开发区严格划分开。允许开发区有特定的淹没概率并规定其用途,通过政府颁布法令或条例进行管理,防止侵占行洪区,以经济合理地利用洪泛区。根据自然条件和地理特征,对蓄滞洪区土地、工农业生产、产业结构、人民生活居住条件进行全面规划、合理布局。通过洪泛区管理,既可以降低当地洪灾损失,也可使行洪通畅,减少下游洪灾损失。

(2)洪水预报预警系统。水利部门在江河的重要断面及城市设立预报预警系统,其目的是将实测或遥感降雨、流量等数据通过通信系统传递到预报部门分析,快速做出洪水预报并在必要时发出警报,以便提前疏散人口和财产,做好抗洪抢险准备,以减少洪灾损失。洪水预报预警的效果取决于洪水预见期以及社会的配合程度,一般洪水预见期越长,精度越高,预警效果就越显著。我国 1954 年长江洪水预报与 1958 年黄河洪水预报,以及美国 1969 年密西西比河洪水预报,均取得了良好的防洪效果。

(3)防洪调度。防洪调度是非工程防洪措施的一项重要内容,是指运用防洪工程设施,通过合理的洪水调度调节、控制水流,实现削减洪峰与洪量、保护城市与防护对象安全、减免洪灾损失。洪水调度时通常需适当兼顾其他综合利用要求,对多沙或冰凌河流的防洪调度,还要考虑排沙与防凌要求。

防洪调度包括单项工程(河道、水库、涵闸等)防洪调度、防洪系统联合调度、分洪区运用等多种方式。

(4)洪水保险和防洪基金。

洪水保险是对洪水灾害引起的个人、单位或社团的经济损失进行经济赔偿,是为配合洪泛区管理,限制洪泛区不合理的开发,减少洪灾社会影响,对居住在洪泛区的居民、社团、企事业单位等实行的一种保险制度。洪水保险有自愿保险和强制保险两种形式,后者更有利于限制洪泛区的不合理开发。参加洪水保险的个人或单位按规定保险费率定期向保险公司缴纳保险费,保险公司则将保险金集中起来建立保险基金。当投保单位或个人的财产遭受洪水淹没损失后,保险机构按保险条例进行赔偿。

防洪基金是指由受益区内从事生产经营活动的集体和个人分担的部分防洪费用。防洪基金由防洪主管部门、河道主管机关或地方财政部门管理,既可以用于防洪工程的维修加固、运行管理,又可以用于新建防洪工程,还可以用于救灾赔偿。

(5)信息技术的应用。现阶段,充分利用信息技术提高防洪现代化水平和管理水平是非工程防洪措施的重要发展方向。信息技术在防洪中的应用十分广泛,例如,基于遥感遥测技术的远程水位、雨量、流量测量系统可以大大提高数据的实时性和准确性,为制定与实施实时防洪调度提供信息保障;GIS 和 GPS 技术被广泛应用于洪灾抢险并发挥了重要作用;数字城市技术则使城市的可视化、信息化、智慧化防洪调度与决策成为可能。

1.2　防洪调度研究现状

1.2.1　防洪工程调度分类

水利工程防洪调度主要包括 3 种类型:水库防洪调度、分洪区启用、防洪工程群联合调度。

1.2.1.1　水库防洪调度

水库分无闸门水库与有闸门水库两类。无闸门水库在防洪中的作用仅仅是"滞洪";而设有闸门控制泄洪的水库,依靠闸门的启闭可以对下泄水量进行有效调控,同时利用防洪限制水位至防洪高水位之间的防洪库容削减洪水,是真正意义上的防洪调度。水库通常有以下几种防洪调度方式:

(1)固定泄洪调度,即发生的洪水大小低于下游防洪对象的防洪标准时,为保护下游防护区安全,水库以不超过河道安全泄量的固定流量下泄。

(2)防洪补偿调度,对于防护区距离水库较远,而两者区间流量不好控制的情况,一般采用防洪补偿调度方式。水库防洪补偿调度需要控制水库的泄量,使下游防护区控制断面的流量不超过河道安全泄量,或水位不超过保证水位。当水库入流量超过保证水位相应的泄量时,超额的水量则暂时蓄于水库中;反之,当水库入流量小于该泄量时,水库可腾空部分库容,但一般不应低于防洪限制水位。制定防洪补偿调度方式时,根据区间洪水的变化特点,可以采用考虑洪水传播时间或考虑区间洪水预报,以及综合考虑防护区水位、流量、涨落率等因素。

(3)防洪预报调度,即将洪水预报结果应用于防洪调度,通过洪水预报提高洪水预见期,提前进行水库预泄或实施工程调度,减轻洪峰期的防洪压力。

(4)防洪与兴利结合的调度,指在保证防洪安全的前提下,兼顾供水、发电、灌溉等兴利部门用水需求,抬高水库蓄水位,尽可能提高洪水资源利用率。

(5)水库群的防洪联合调度,指同一河流上下游的各水库或位于干、支流的各水库为满足其下游防洪要求进行的调度。对同一河流的上下游水库,当发生洪水时,一般上游水库先蓄后放,下游水库先放后蓄,以尽量有效地控制区间洪水。对位于不同河流(如干、支流)上的水库,由于影响因素很多,通常遵循水库群整体防洪效益最大原则来确定各水库的蓄放水次序。

1.2.1.2　分洪区启用

分洪区包括有闸控制或临时扒口两类。一般以防护区控制点的保证水位或安全泄量作为分洪工程运用的判别指标。当河道实际水位或流量即将超过判别指标时,首先启用有闸门控制的分洪区。如仍不能控制河道水位,或流量继续增大,再使用其他分洪道、分洪区削减超额洪水,以保证重点堤段或防护区的安全。开启临时分洪区要以洪灾总损失最小为原则,尽量先考虑淹没损失小、靠近防护区上游、分洪效果较好的分洪区,据此安排分洪区的使用顺序。当分洪区全部蓄满后,如洪水仍继续上涨,需要将分洪区作为滞洪区或分洪道使用时,可同时打开下游泄洪闸(或扒口),采取"上吞下吐"的运用方式,或与邻近分洪区联合运用的方式,滞蓄超额洪水。

1.2.1.3 防洪工程群联合调度

防洪工程群由堤防、分洪工程、水库等防洪工程共同组成。在防洪调度时,尽量充分发挥各项工程的优势,有计划地统一控制调节洪水。这种调度十分复杂,其基本调度原则如下:

(1)当洪水发生时,首先充分发挥堤防的作用,尽量利用河道的过水能力宣泄洪水。

(2)当洪水将超过安全泄量时,再运用水库或分洪区蓄洪。

(3)对于同时存在水库及分洪区的防洪系统,考虑到水库蓄洪损失一般比分洪区小,而且运用灵活、容易掌握,宜先使用水库调蓄洪水。如运用水库后仍不能控制洪水,再启用分洪工程。具体动用时,要根据防洪系统及河流洪水特点,以洪灾总损失最小为原则,确定运用方式及开启程序。

1.2.2 水库防洪调度研究

水库是重要的防洪工程之一,一般用其拦蓄洪峰或错峰,常与河道堤防、分洪工程等配合组成防洪系统,通过统一的防洪调度,共同承担下游的防洪任务。水库防洪调度属于非工程防洪措施,其主要任务是:在首先保证水库本身和下游防洪安全的前提下,根据水库本身和下游防洪控制点的防洪要求(如水库设计洪水标准、下游河道安全泄量等),利用气象预报、洪水预报、调度方案等通信计算设备和预报调度技术确定合理的防洪调度方式,达到防洪减灾的目的。

国外关于水库防洪调度的研究始于20世纪初。初期的水库防洪调度主要是采用半经验、半理论方法,通过防洪调度图进行操作,并考虑前期水文气象因素(如降雨等)对预留防洪库容的影响。20世纪50年代以来,由于系统工程学、优化理论、计算机技术、产汇流模拟技术、降雨及洪水预报水平的发展,许多学者逐步将数学理论、方法和预报技术引入到水库防洪调度研究中,并对预报调度中的风险展开研究。我国的防洪调度也经历了不同阶段,在规划设计阶段主要是针对典型洪水过程制定防洪调度规则,而在实际洪水调度中则根据气象预报、洪水预报结果,实施实时防洪调度并不断进行优化研究与实践。

在调度中,为解决烦冗的计算问题,以及为决策者提供最优目标解,水库调度开始引进算法技术来支持最优调度决策,即优化调度。优化调度是基于运筹学理论和水库调度理论,将水库调度问题进行数学形式的抽象化,利用系统工程理论和计算机技术,寻求满足调度基本原则的水库最优运行方式。水库优化调度的发展经历了线性规划、非线性规划、动态规划和启发式智能算法的过程。

线性规划是运筹学中发展较为成熟的一个重要分支,由于能有效地解决线性约束条件下的目标函数极值问题,在调度领域得到了广泛应用。非线性规划于20世纪50年代开始形成,为非线性约束的优化问题提供了有力工具。Unver和Mays(1990年)运用非线性规划方法建模,提出了一种实时防洪优化调度模型,有效地缓解了线性规划的局限性问题。20世纪50年代初,美国数学家Bellman等通过求解多阶段决策过程的优化问题,提出了动态规划求解方法,其解法的突破点为,先将多阶段过程转化为单阶段过程,然后利用各阶段之间的关系逐次求解。动态规划中由多阶段向单阶段转化的设计思维,为水库调度提供了有力的技术支撑。随着人工智能理论的不断发展,人们开始将生物进化理论引用至优化算法中,随后各类不同特点的智能优化算法涌现开来,如遗传算法、粒子群优化算法、蚁群算法、差分进化等,该类算法大大提高了模型的计算效率。

20 世纪 60 年代开始,我国开始研究水库优化调度问题,80 年代末取得了一系列重大突破,水库优化调度得以迅速发展。1989 年董子敖等在水库群调度及动态优化规划技术研究方面取得重大成果,其动态规划优化理论及其在水库群防洪调度中的应用,标志着我国水库群联合调度研究的开始。1991 年冯尚友撰写了《水资源系统工程》一书,系统介绍了分解协调大系统的基本方法及其原理,为水库群多目标优化调度奠定了理论基础。王本德、周惠成等针对水库防洪调度的特征,建立了梯形水库群防洪调度决策模型,采用将传统优化方案与模糊集合理论相结合的方法,优选得出最佳的防洪调度方案。

洪水预报是现代水文学的重要组成部分,是水库实时防洪调度决策的重要支撑。它在充分掌握水文现状情势的基础上,通过及时准确的分析来预报未来水文情势变化。20 世纪 30 年代霍尔顿下渗理论提出,随后洪水预报技术不断提升与发展。60 年代后,随着计算机技术的发展,流域水文模型和水情自动测报系统相继建立,水文预报逐步实现了联机作业预报。80 年代开始,水文预报技术在理论与实践方面都得到了突飞猛进的发展,模型预报精度亦有了很大程度的提高。同时,人类开发利用水资源的活动不断加剧,流域内修建的大量水利工程改变了流域的下垫面条件,从而影响了蒸发、入渗、产流、汇流特性,导致传统的洪水预报模型难以满足预报精度的要求。因此,在现阶段,如何考虑人类活动对流域水循环的干扰,在流域洪水预报中考虑水利工程的影响是防洪预报调度研究的热点与难点。

黄强、刘红玉等对下垫面变化、水利工程设施对径流的影响做了分析,发现北方河流的年径流量有逐渐减小的趋势。程春田、王本德提出了考虑人类活动影响的流域水文模型参数的确定方法,并将其应用于石头口门水库。郭生练等在考虑人类活动影响的丰满水库洪水预报方案研究中,采用改进的可变遗忘因子递推最小二乘法进行实时校正洪水预报,提出了考虑水利工程和土地利用对产汇流结果影响的洪水预报方案。

水库防洪调度过程是一个具有多属性、多层次、多阶段的复杂决策系统。在此过程中,存在较多不确定性因素(如水文因素、水力因素、工程结构因素和人为管理因素等)的影响,从而导致了防洪过程中的各类风险。

范子武和姜树海按照防洪工程漫顶失事的逻辑过程,提出了防洪风险率的定量计算方法,引入了人员伤亡预测经验公式,讨论了制定允许风险标准问题。王本德等针对水库或下游防护断面遭遇超标准洪水情况,建立了基于减免下游洪灾损失的防洪实时调度风险模型,供实时选择水库泄量使用。冯平、韩松等针对水库汛限水位调整后的风险因素,提出了基于汛限水位调整的综合评价指标体系。以东武仕水库为例,利用模糊综合评价方法确定了合理的汛限水位,并计算了水库汛限水位调整后所带来的损失和效益。傅湘等在分析洪水预报、报警系统和防洪工程结合时,考虑了不同洪水预见期、预报精度、人们对警报反应等情况下的洪灾损失,建立了防洪减灾多目标风险决策优化模型。梅亚东等综合考虑了水文、水力不确定性及起调水位、调洪规则可选择性等对大坝防洪安全的影响,采用随机模拟法计算大坝防洪安全综合风险率。刁艳芳、王本德在水库防洪预报调度方式研究中,考虑了水文、水力、调度滞时和水位库容4种不确定性因素,通过分析其概率分布特征,建立了水库防洪调度风险分析模型,并采用蒙特卡罗模拟方法对风险分析模型进行求解。

1.3　防洪调度方式

　　我国开展了一系列防洪减灾研究与实践,其防洪调度经验为:充分发挥水利工程特别是水库的调度作用,是防洪减灾的关键。对水库而言,既要在洪水期保证水库及上下游的防洪安全,又要在汛末多拦蓄洪水以提高供水保证率。因此,如何及时利用雨水情信息,并选择合适的调度方式是防洪调度中的重要议题。

1.3.1　常规调度

　　常规防洪调度方法是根据历史实测数据,应用水文学、径流调节等理论绘制水库调度图、建立调度函数、编制调度规则来指导水库运行的一种半经验性调度方法。该方法通过对历年汛期洪量或洪峰频率进行统计分析,推求出设计洪水过程线,在一定的调度规则及设施条件约束下,经调洪演算得到汛期洪水调度起调水位,并以此作为整个汛期的防洪限制水位。调度图是由防洪调度线决定的二维图形,以给定的汛期防洪限制水位为起调水位,通过调节各典型洪水对应的各种设计频率洪水,在满足防洪调度原则的前提下,计算出水库防洪的特征水位,调度时以洪水形成、发展过程中的实际库水位、实际入库流量与特征洪水位对比,作为判断洪水量级大小及相应泄量、泄洪方式的判别指标。调度函数则是以文字或数学函数形式决定的规则,通常以水位或流量作为判断指标来决定水库泄流过程。

　　常规调度以调度准则和水库调度图为依据,是一种经验与理论参半的方法,但它结合了水文因子、气象因子等对水库预留防洪库容的影响,对预泄、补偿调节及错峰等具有较好的指导意义。同时,常规调度方法易于操作、简单直观,因此受到许多调度人员的青睐,被广泛应用于各种中小型水库的防洪调度中。

　　常规调度中对降雨与洪水预报考虑较少,且实行固定汛限水位法,即在对河流、水库所在流域的水文气象条件、历年暴雨流量、洪水等资料进行分析的基础上规定汛期起止时间,并在此期间执行单一的汛限水位方案。虽然该方法能够调度稀遇洪水,但有时会造成水库汛末水位不能回升至正常高水位,造成洪水资源的浪费。随着水资源供需矛盾的加剧以及预报精度的提高,固定汛限水位法逐渐被分期汛限水位法所取代。

1.3.2　优化调度

1.3.2.1　优化算法与理论

　　在防洪调度实施过程中,常规调度方式是按照规划阶段制定的防洪调度规则来实施防洪调度的。在某一防洪目标条件下,按照调度规则调洪虽然能够保证防洪目标的安全,但计算出的调洪过程并不一定是该目标条件下的最优方案。随着计算机技术的进步及智能算法的发展,水库调度开始明确优化调度目标、引进算法技术来支持最优调度决策,即优化调度。

1.优化调度目标

水库的调度目标一般包括防洪、发电、供水等多个方面。水库防洪调度阶段存在多种防洪目标,既有上游防洪目标,也有大坝坝体安全目标,还有下游防洪目标等。对于以防洪为目标的水库优化调度,为了能达到最优的防洪效果,首先需要考虑的是选择防洪优化准则的问题。防洪优化准则也为防洪效果的优劣判断标准。通常,水库防洪优化准则包括以下几个:

(1)最大削峰准则。在大坝或库区防洪安全的前提下,以水库下游防洪控制点的洪峰流量最小为判断标准。

(2)最小成灾历时准则。在大坝或库区防洪安全的前提下,水库下游防洪控制点遭受超安全标准流量而受灾,使受灾时间最短为判断标准。

(3)最大防洪安全保证准则。在水库下游防洪控制点安全的条件下,尽量下泄,使水库留出的防洪库容最大为判断标准。

(4)发电或供水效益最大准则。在大坝、库区、下游控制点防洪安全均能得到满足的条件下,使发电量或供水量最大为判断标准。

2.优化调度算法

优化调度算法基于运筹学理论和水库调度理论,将水库调度问题抽象成数学形式问题,利用系统工程理论和计算机技术,寻求满足调度过程基本原则的水库最优运行方式。水库优化调度的发展经历了线性规划、非线性规划、动态规划、模拟计算等过程。

(1)线性规划法。最早于 20 世纪 40 年代被提出,是一种较早、较为简单、较为成熟且应用较为广泛的规划方法。线性规划法的求解方法和应用程序的研究较为成熟,大型线性规划已经可以做到同时求解数百个变量。

(2)非线性规划法。能有效地解决其他方法不能处理的非线性约束问题及不可分目标函数问题,是目前最普遍的数学规划方法之一。其缺点是优化过程较慢,对计算机内存需求较大,较复杂且目前尚无一套可用的求解方法和程序。

(3)动态规划法。可以将多变量的复杂问题分解成数个只包括单一变量的简单问题,是目前最优化技术中适用性最强的数学方法。动态规划法的计算工作量较大,当水库数量增加时,会引起"维数灾"问题,需借助适当的方法进行降维处理。

对于复杂的水库工程群优化调度,通常有多个目标函数,约束条件与水力联系多,通常采用大系统分解协调法求解。

(4)模拟计算法。是充分利用计算机的计算能力,对已建立的数学模型进行多层次、有步骤、有计划的模拟计算,通过优选技术,对每次模拟运行的结果进行特性分析,从中选出最适宜的决策。模拟计算法将所有需要研究的客观系统都转化成数学模型,与优化方法相比,它不受数学模型的限制,但模拟计算法却不能直接得到最优结果,只能提供模拟对象的活动过程。因此,在实际应用时,应将模拟技术与数学优选法相结合,进而确定最优解。

除了采用优化算法求解,优化调度也取得了理论突破,如预报调度中根据预报洪水资料对水库进行预泄、预留防洪库容,或根据洪峰传播时间实施防洪补偿调节;在防洪调度中考虑多种兴利需求对汛限水位进行分期动态控制;从单一水库调度到库群联合调度,在库群调度中考虑库容补偿等。

1.3.2.2　实时防洪调度

水库优化调度模型多是以确定性条件为输入进行研究的。而在实时防洪调度过程中,雨情、水情、工情信息存在一些不确定性,会对生成的调度方案产生较大影响。因此,决策者通常需要根据实时雨情、水情、工情信息对水库水位、泄流等进行调整,生成多种调度方案以备参考和选择。在这一过程中,决策者通常会要求模型能根据其提出的多种约束条件组合,快速生成合理可行的防洪调度方案。因而,单纯的优化方法已不能满足流域防洪调度的方案与决策需求,防洪调度转向了实时调度。

实时防洪调度的主要任务是针对实际洪水情况,收集当前时刻的雨情、水情、工情信息,制订满足水库本身安全、上下游防洪安全的多个可行的水库防洪调度方案,并从中选择满意的调度方案用以指导实时防洪调度。实时防洪调度一般采用洪水预报信息中的累积净雨量、入库洪水流量作为判断洪水量级大小及相应泄量的指标。

此外,随着水库个数的增多,水库防洪优化调度研究也从单库逐步向水库群方面发展。而水库群在实时调度中面临的泄流条件比单库要复杂,因此在水库群实时防洪优化调度中如何快速产生满足需求的可行调度方案,是值得研究的方面。

1.3.2.3　水库防洪调度决策系统

随着计算机技术的快速发展,水利信息化日益成为主流研究热点之一。在水库防洪调度方面,计算机计算速度快捷,很多调度模型中集成了较多的算法。同时,用户对水库防洪信息的可视化需求日益增加,运用计算机技术可将流域或水库的相关数据信息瞬时可视化呈现,便于及时决策。

水库防洪调度决策系统能够依据实时雨情、水情、工情、险情,以及气象和预报成果,在流域防洪调度方案的基础上,进行多方向、多维度的仿真及可视化显示,结合灾情分析等因素进行多方案比较,是具有调度方案管理、调度成果管理、系统管理、数据上报等功能的应用软件系统。

水库防洪调度系统的开发主要分为 C/S 结构(客户端/服务器)和 B/S 结构(浏览器/服务器)两种方式。C/S 结构具有安全性较高、响应速度快、界面简单、操作方便、事务处理能力较强的优点,但其维护成本高、适用面较窄;B/S 结构直接以浏览器为客户端,适用于广域网上,维护成本较低,共享性高,但其响应速度较慢、安全性低,对浏览器的要求较高。如今,水利部门采用流域联合防洪调度的方式越来越多,这种方式要求系统具有高交互性、高共享性、方便维护等特点。因此,基于 B/S 结构的防洪调度系统受到欢迎。

1.4　洪水预报调度及其风险分析

1.4.1　洪水预报调度

1.4.1.1　洪水预报调度的意义

洪水预报是现代水文学的重要组成部分,是水库实施防洪预报调度的前提条件和重要支撑。它建立在充分掌握、分析现状水文情势的基础上,通过预报未来洪水要素变化,结合决策者的知识经验,对水库进行科学调度的应用科学技术。洪水预报不仅是防汛抗旱和水库调度决策的科学依据,也是重要的防洪减灾非工程措施,可直接为防汛抢险、水库调度以及工农业生产服务。水库实施防洪预报调度的基本条件是:具有可靠的、有一定预见期和较高精度的预报方案,产汇流模型要符合流域产汇流机制,并且简单实用。

水库防洪预报调度兴起于 20 世纪 90 年代,是水库调度方法概念的外延,也是解决我国水库防洪兴利矛盾的一种有效途径。在实时防洪调度中,利用实时洪水预报信息进行预泄调度,可以提前腾空部分防洪库容,提高水库防洪能力或削减洪峰,最大限度地保护下游防护点的防洪安全。其中,水情自动测报系统的稳定性、洪水预报方案的精确度以及可靠性是实施防洪预报调度的先决条件。

水库洪水预报调度的目的是在洪水到达之前,先把遥测收集到的水文气象数据传递到调度中心进行处理,然后通过洪水预报得到洪峰、洪量、峰现时间、洪水历时等洪水要素特征;结合雨情、水情、工情,并考虑其他防洪工程,推荐符合预报调度规则的满意泄流方案;通过水库洪水调度演算,预报下游险情并向洪泛区发布警报,为下游及时组织撤离、抢救赢得时间,以减少洪灾损失。一般来说,在水库防洪预报调度实施过程中,洪水预报精度越高、预见期越长,洪水调度方案的效果越好,洪灾损失就越小。

1.4.1.2　洪水预报风险

在洪水预报方面,影响洪水预报精度的因素很多,例如遥感资料的准确度、采用的模型及其参数、下垫面条件、人类活动影响、预报经验等。其中人类活动对流域下垫面条件、产汇流规律,甚至气候都有不同程度的影响。因此,在人类活动影响较大的流域或区域,洪水预报时应考虑人类活动的影响。

考虑人类活动影响的水文预报研究已引起世界各国的关注,学者们在理论和应用方面开展了一系列的研究。对于考虑人类活动影响的研究主要集中在两个方面:一是采用数理统计方法对影响要素,例如水文、气象要素的时间序列进行趋势分析,定性与定量分析人类活动对这些要素的影响程度;二是建立人类活动影响下的水文模拟模型,此类研究对于各类水文、气象、地理、环境方面资料的要求较高。在模拟模型中,那些反映人类活动影响的参数,其率定过程经验性较强,缺乏一定的指导率定准则。同时,由于制定预报调度规则时所依据的累积净雨量、实施预报调度方案的滞时等方面存在的不确定性因素影响,导致在水库防洪调度规则制定及其指导水库防洪调度时都存在风险。

·与常规的防洪调度方式相比,水库实时防洪预报调度提高了防洪效益并增加了洪水资源利用量,但其缺点是得承受预报误差带来的风险。由于受原始资料精度、洪水预报误差等不确定因素影响,以及决策者对调度信息认识和处理经验的局限性,使得水库防洪预报调度存在一定风险。因此,如何定量分析防洪预报调度的风险,以及如何降低防洪风险问题,是水利工程运行管理中备受关注的问题之一。研究水库防洪预报调度风险具有重要的理论与实用价值,可为水库实时调度提供一定的决策参考。

1.4.2　风险分析

如前所述,水库防洪预报调度是一个多属性、多层次、多阶段的复杂决策系统。在此过程中,受到诸如洪水过程、预报误差、调度滞时、水位泄流和库容关系、调度不当等不确定性因素的影响,各种因素相互组合、非线性叠加并作用于防洪调度效果,使其产生风险。因此,将风险控制在可接受范围之内,最大程度地发挥水库的兴利效益,可以有效地缓解我国水资源紧缺问题,对水资源可持续利用具有重要的实际意义。

风险分析的根本目的是对潜在风险采取有效措施进行控制,并妥善处理风险带来的损失,以最小的成本换取最大的安全保险。风险分析包括以下4步。

1.4.2.1　风险识别

风险识别是风险分析的第一步,也是风险分析的基础,通常是指在风险事故发生之前,人们运用各种方法手段,对尚未发生的、潜在的风险进行总结和归纳,从而识别出主要风险因素的过程。

在水库防洪调度过程中,受到了多种不确定因素的影响,例如水文不确定性、调度滞时、产流预报误差的随机性等。然而,在此过程全面考虑所有不确定因素产生的风险是不容易的。风险识别的主要任务是根据水库的防洪目标,抓住主要矛盾,在众多的风险因素中识别出对防洪目标产生影响较大的风险因素。从而对风险因素如何对防洪目标产生风险进行分析,做出定性的描述。

1.4.2.2　风险估计

风险估计是在风险识别的基础上,对主要风险因素的概率分布进行估计,进而对风险事件发生的概率及其造成的损失做出定量估计的过程。

风险概率估计方法主要可以分为两种:一种是主观估计,另一种是客观估计。对于具有大量的历史统计数据或者试验资料的事件,可结合概率理论知识,采用参数法或非参数法确定合适的概率分布,此方法称之为客观估计。在水库防洪调度过程中,通常采用客观估计法对典型洪水和预报误差等不确定因素的概率分布进行估计。当缺乏有效的统计数据时,可采用主观估计法得到风险因素的概率分布,比如可采用主观估计法判断调度滞时的概率分布。

1.4.2.3　风险评价

风险评价是指对风险率是否超过可接受的临界值进行分析,对风险损失是否小于其增加的额外风险效益进行判断,进而得出若干方案。

1.4.2.4　风险决策

风险决策是对若干可行方案进行综合分析,最终选择出能付诸实施的方案,从而保证水库能更好发挥蓄水兴利效益,并提出降低水库防洪调度风险的措施。

第 2 章　流域概况及历史典型洪水

2.1　地理位置

沂沭泗水系是沂、沭、泗(运)三条水系的总称,位于淮河流域东北部。流域范围北起沂蒙山,东临黄海,西至黄河右堤,南以废黄河与淮河水系为界。全流域介于东经 114°45′~120°20′、北纬 33°30~36°20′,东西方向平均长约 400 km,南北方向平均宽不足 200 km。流域面积 7.96 万 km², 占淮河流域面积的 29%,包括江苏、山东、河南、安徽 4 省 15 个地(市),共 79 个县(市、区),人口 5 128 万人,耕地 38 040 km²。区域内地貌可分为中高山区、低山丘陵、岗地和平原 4 大类。山地丘陵区面积占 31%,平原区面积占 67%,湖泊面积占 2%。

2.2　河流水系

沂沭泗流域内主要有泗河、沂河和沭河 3 大水系,干支流河道 510 余条,河网密布,主要河道相通互联,水系复杂。沂沭泗水系通过中运河、徐洪河和淮沭河与淮河水系沟通。

2.2.1　泗运河水系

泗运河水系由泗河、南四湖、韩庄运河、伊家河、中运河及入河入湖支流组成。流域面积约 40 000 km²。

泗河古称泗水,是淮河下游最大的支流,受黄河夺泗夺淮的影响,中下游河道已沦为废黄河。如今泗河发源于山东省新泰市太平顶山西,流经泰安市的新泰,济宁市的泗水、曲阜、兖州、济宁市郊、邹县、微山等县(市、区),于鲁桥辛闸、仲浅之间入南四湖,全长 159 km,其中较大支流有小沂河、济河、黄沟河、石漏河、崄河等,流域面积 2 338 km²。

南四湖由南阳湖、独山湖、昭阳湖、微山湖 4 个相连的湖泊组成,兴建二级坝枢纽工程后将其分为上、下两级湖。流域面积约 31 180 km²,湖面面积 1 280 km²,总容积 60.12 亿 m³,是我国第六大淡水湖。南四湖汇集沂蒙山区西部及湖西平原各支流洪水,经韩庄运河、伊家河及不牢河入中运河。入湖支流共 53 条,其中湖东主要有洸府河、白马河、北沙河、城漷河、新薛河等,湖西主要有梁济运河、洙赵新河、万福河、东鱼河、复新河、大沙河、郑集河等。经多年治理,南四湖已成为调节洪水、蓄水灌溉、发展水产、航运交通、改善生态环境等多功能综合利用的大型湖泊,主要水利工程有二级坝枢纽、韩庄枢纽、蔺家坝枢纽、复新河枢纽、湖西大堤、湖东堤等。

韩庄运河自韩庄闸下至苏鲁边界的陶沟河口,长 42.5 km,左岸有峄城大沙河、右岸有伊家河汇入。

　　中运河上接韩庄运河,下至淮阴杨庄接里运河,并与废黄河(故淮河及古泗水)交汇,长 179.1 km,左岸有陶沟河、邳苍分洪道、城河等汇入,右岸有不牢河、房亭河、民便河及邳洪河等汇入。中运河在二湾至皂河闸段与骆马湖间断相通。

　　京杭运河自北至南纵贯沂沭泗流域,由梁济运河、南四湖湖内航道、韩庄运河(包括伊家河、不牢河)和中运河等 4 段组成,兼具航运、防洪、排涝和灌溉多种功能,也是南水北调东线的输水通道。

　　房亭河与徐洪河在刘集立交,由刘集地涵沟通,骆马湖洪水可经中运河、房亭河和徐洪河相机泄入洪泽湖。

　　泗运河水系干支流上游建有尼山、西苇、岩马、马河、会宝岭 5 座大型水库和 9 座中型水库。

2.2.2　沂河水系

　　沂河水系由沂河、骆马湖、新沂河以及入河入湖支流组成,流域面积约 14 800 km²。

　　沂河发源于山东沂蒙山的鲁山南麓,南流经沂源、沂水、沂南、兰山、河东、罗庄、苍山、郯城、邳州、新沂等县(市、区),在江苏省新沂苗圩入骆马湖。较大支流有东汶河、蒙河、祊河、白马河等,大部分由右岸汇入。沂河源头至骆马湖,河道全长 333 km,流域面积 11 820 km²,其中山东境内 10 772 km²、江苏境内 1 048 km²。沂河在彭家道口向东辟有分沂入沭水道,分沂河洪水入沭河;在江风口辟有邳苍分洪道,分沂河洪水入中运河。

　　骆马湖位于沂河末端、中运河东侧,跨新沂、宿豫两县(市),上承沂河并接纳泗运水系和邳苍地区来水,集水面积约 51 200 km²,骆马湖来水由嶂山闸控制东泄经新沂河入海,由皂河闸及宿迁闸泄部分洪水入中运河。骆马湖在湖水位 23.0 m 时,湖面面积 375 km²,容积 9.0 亿 m³,是防洪、灌溉、航运、水产养殖等综合利用的平原湖泊,也是南水北调东线的调节水库。

　　新沂河自嶂山闸流经江苏省宿豫、新沂、沭阳、灌南、灌云等县(市),由灌河口入海,全长 146 km,是沂沭泗流域主要排洪入海通道。新沂河两岸汇入支流较少,除老沭河、淮沭河,还有北岸的新开河、南岸的柴沂河汇入,区间流域面积 2 000 km²。

　　淮沭河在淮阴杨庄上接二河,可相机分泄洪泽湖洪水经新沂河入海。

　　沂河水系建有田庄、跋山、岸堤、唐村、许家崖等 5 座大型水库和 22 座中型水库。

2.2.3　沭河水系

　　沭河发源于沂蒙山区的沂山南麓,与沂河平行南下,流经沂水、莒县、莒南、临沂河东区、临沭、东海、郯城、新沂等县(市、区),河道全长 300 km,流域面积约 9 260 km²。沭河自源头至临沭大官庄河道长 196.3 km,区间流域面积 4 529 km²。较大支流有左岸的袁公河、浔河、高榆河和右岸的汤河、分沂入沭水道等。沭河在大官庄分两支,一支南下为老沭河(江苏境内称总沭河),流经临沭、东海、郯城和新沂市,在新沂市口头入新沂河,河道长度 104 km(其中江苏境内 47 km),区间流域面积 1 881 km²(其中江苏境内 1 048 km²);另一支东行称新沭河,分沭河及沂河东调洪水经石梁河水库于临洪口入海,河道长度 80 km,其中山东境内 20 km、江苏境内 60 km(含石梁河水库库区段 15 km),区间流域面积

2 850 km²,主要支流有蔷薇河、夏庄河、朱范河。

沭河水系建有沙沟、青峰岭、小仕阳、陡山、安峰山和石梁河等 6 座大型水库和 9 座中型水库。

2.3 防洪工程状况

沂沭泗水系由沂河、沭河和泗(运)河组成。经过 70 年的治理,已形成由水库、河湖堤防、控制性水闸、分洪河道及蓄滞洪工程等组成的防洪工程体系。目前,沂沭泗河洪水东调南下续建工程已完成,骨干河道中下游防洪工程体系基本达到 50 年一遇防洪标准。

2.3.1 沂河

沂河发源于山东省鲁山南麓,南流至江苏省新沂市苗圩入骆马湖。沂河在彭道口向东辟有分沂入沭水道,分沂河洪水入沭河;在江风口辟有邳苍分洪道,分沂河洪水入中运河。

沂河主要防洪工程包括河道堤防、分沂入沭水道、邳苍分洪道、刘家道口枢纽和江风口闸等。

沂河祊河口以下已按 50 年一遇防洪标准治理,临沂至刘家道口、刘家道口至江风口、江风口至入骆马湖口段设计流量分别为 16 000 m³/s、12 000 m³/s、8 000 m³/s。沂河祊河口至陇海铁路桥段设计堤顶宽 6.0 m,超高 2.0 m;陇海铁路桥至骆马湖段设计堤顶宽 8.0 m,超高 2.5 m。

分沂入沭水道已按 50 年一遇防洪标准治理,设计流量 4 000 m³/s,设计堤顶宽 6.0 m,超高 2.0 m。

邳苍分洪道已按 50 年一遇防洪标准治理,江风口闸下至东泇河口设计流量 4 000 m³/s,东泇河口以下设计流量 5 500 m³/s,设计堤顶宽 6.0 m,超高 2.0 m。

刘家道口枢纽是控制沂河洪水东调入海的关键工程,由刘家道口节制闸、彭道口分洪闸等组成。刘家道口节制闸控制沂河洪水南下入骆马湖,设计流量 12 000 m³/s,校核流量 14 000 m³/s;彭道口分洪闸控制沂河洪水入分沂入沭水道,设计流量 4 000 m³/s,校核流量 5 000 m³/s。

江风口分洪闸是分泄沂河洪水入邳苍分洪道的防洪控制工程,设计流量 4 000 m³/s。

2.3.2 沭河

沭河发源于山东省沂山南麓,与沂河平行南下,南流至江苏省新沂市口头入新沂河。沭河上游洪水在山东省临沭县大官庄与分沂入沭水道分泄的沂河洪水汇合,向东由新沭河泄洪闸控制经新沭河、石梁河水库于江苏省连云港市临洪口入海,向南由人民胜利堰闸控制经老沭河在江苏省新沂市口头入新沂河。

沭河主要防洪工程包括河道堤防、大官庄枢纽及石梁河水库等。

沭河汤河口至入新沂河口段已按 50 年一遇防洪标准治理,汤河口至大官庄、大官庄至塔山闸、塔山闸至入新沂河口段的设计流量分别为 8 150 m³/s、2 500 m³/s、3 000 m³/s,

堤顶宽 6.0 m,超高 2.0 m。

新沭河已按 50 年一遇防洪标准治理,石梁河水库以上河段设计流量按新沭河闸泄洪 6 000 m³/s,加区间汇流入石梁河水库为 7 590 m³/s;石梁河水库至太平庄闸、太平庄闸下至海口段的设计流量分别为 6 000 m³/s、6 400 m³/s。石梁河水库以上河段堤顶宽 6.0 m,超高 2.0 m;石梁河水库以下河段堤顶宽 8.0 m,超高 2.5 m。

大官庄枢纽是沂沭河洪水东调入海的控制工程,由新沭河闸、人民胜利堰闸等组成。新沭河闸设计流量 6 000 m³/s,校核流量 7 000 m³/s;人民胜利堰闸设计流量 2 500 m³/s,校核流量 3 000 m³/s。

石梁河水库达到 100 年一遇设计、2 000 年一遇校核的防洪标准,设计洪水位 26.81 m,校核洪水位 28.0 m,总库容 5.31 亿 m³;水库死水位 18.5 m,汛限水位 23.5 m,汛末蓄水位 24.5 m。石梁河水库泄洪闸(包括老闸和新闸)在水库水位 24.0 m 时,总泄量可达 5 000 m³/s,当发生 50 年一遇、100 年一遇和 2 000 年一遇洪水时,总泄量可达 6 000 m³/s、7 000 m³/s 和 10 000 m³/s。

2.3.3　南四湖、韩庄运河及中运河

南四湖汇集沂蒙山区西部及湖西平原各支流洪水,经韩庄运河、伊家河及不牢河入中运河;中运河承接南四湖和邳苍区间来水,东南流经江苏邳州,在新沂市二湾至皂河闸段与骆马湖相通。

南四湖湖腰处兴建的二级坝水利枢纽将南四湖分隔为上级湖和下级湖。上级湖死水位 33.0 m,汛限水位 34.2 m,汛末蓄水位 34.5 m,设计 50 年一遇洪水位 37.0 m,相应容积 26.12 亿 m³。下级湖死水位 31.5 m,汛限水位 32.5 m,汛末蓄水位 32.5 m,设计 50 年一遇洪水位 36.5 m、相应容积 34.1 亿 m³。

南四湖主要防洪工程包括湖西大堤、湖东堤、二级坝枢纽、韩庄枢纽、蔺家坝闸及湖东滞洪区等。

南四湖湖西大堤已按防御 1957 年洪水(约 90 年一遇)进行加固,上级湖堤顶高程 40.3 m,超高 3.0 m,堤顶宽 8.0 m;下级湖堤顶高程 40.1 m,超高 3.0 m,郑集河口以北堤顶宽 8.0 m,郑集河口至蔺家坝段堤顶宽 10.0 m。

南四湖湖东堤石佛至泗河口、二级坝至新薛河段按防御 1957 年洪水修建,泗河口至青山、埝斛至二级坝、新薛河口至郗山段按 50 年一遇防洪标准修建。上级湖石佛至洸府河口段堤顶高程 40.2 m,超高 3.0 m,堤顶宽 8.0 m;洸府河口至泗河口段堤顶高程 39.7 m,超高 2.5 m,堤顶宽 6.0 m;泗河口至青山段、埝斛至二级坝段堤顶高程 39.5 m,超高 2.5 m,堤顶宽 6.0 m。下级湖二级坝至新薛河口段堤顶高程 39.5 m,超高 2.5 m,堤顶宽 6.0 m,新薛河口至郗山段堤顶高程 39.0 m,超高 2.5 m,堤顶宽 6.0 m。

二级坝枢纽是分泄南四湖上级湖洪水入下级湖的控制工程,由土坝、溢流坝、一闸、二闸、三闸等防洪工程及南水北调东线二级坝泵站、二级坝船闸和二级坝复线船闸组成,防洪工程设计总泄量为 14 520 m³/s,其中溢流坝、一闸、二闸和三闸的设计流量分别为 2 100 m³/s、4 500 m³/s、3 300 m³/s 和 4 620 m³/s。

韩庄枢纽是分泄南四湖下级湖洪水经韩庄运河、中运河南下的控制工程,由韩庄闸、

伊家河闸和老运河闸等防洪工程及南水北调韩庄泵站、韩庄船闸等组成。韩庄闸设计流量 2 050 m^3/s，校核流量 4 600 m^3/s；伊家河闸设计流量 200 m^3/s，校核流量 400 m^3/s；老运河闸设计流量 250 m^3/s，校核流量 500 m^3/s。

蔺家坝闸是分泄南四湖下级湖洪水南下入不牢河的控制工程，设计流量 500 m^3/s。

南四湖湖东滞洪区位于湖东堤东侧，包括白马片（上级湖泗河—青山段）、界潮片（上级湖界河—城潮河段）及蒋集片（下级湖新薛河—郗山段），总面积 232.13 km^2，滞洪容积 3.68 亿 m^3，滞洪区内有人口 27.28 万人，耕地 186 km^2。其中，白马片面积 119.06 km^2，滞洪容积 1.43 亿 m^3，人口 11.18 万人，耕地 97 km^2；界潮片面积 79.44 km^2，滞洪容积 1.58 亿 m^3，人口 10.2 万人，耕地 65 km^2；蒋集片面积 33.63 km^2，滞洪容积 0.67 亿 m^3，人口 5.89 万人，耕地 24 km^2。南四湖湖东滞洪区滞洪采用进洪闸进洪和沟口涵闸进洪两种方式，设计总进洪流量 1 300 m^3/s，其中白马片进洪流量 350 m^3/s、界潮片进洪流量 600 m^3/s、蒋集片进洪流量 350 m^3/s。湖东滞洪区退水方式为利用滞洪口门自然退水。

韩庄运河已按 50 年一遇防洪标准治理，韩庄闸下至老运河口、老运河口至峄城大沙河口、峄城大沙河口至伊家河口、伊家河口至省界段的设计流量分别为 4 100 m^3/s、4 600 m^3/s、5 000 m^3/s、5 400 m^3/s，堤顶宽 8.0 m，超高 2.0 m。

中运河已按 50 年一遇防洪标准治理，省界至大王庙、大王庙至房亭河口、房亭河口至骆马湖二湾段的设计流量分别为 5 600 m^3/s、6 500 m^3/s、6 700 m^3/s，堤顶宽 8.0 m，窑湾以上堤段超高 2.0 m，窑湾以下堤段超高 2.5 m。

2.3.4　骆马湖及新沂河

骆马湖汇集沂河及中运河来水，经嶂山闸控制由新沂河入海，经宿迁闸控制入下游的中运河。骆马湖（洋河滩站，下同）死水位 20.5 m，汛限水位 22.5 m，汛末蓄水位 23.0 m，设计洪水位 25.0 m，相应容积 15.0 亿 m^3，校核洪水位 26.0 m、相应容积 19.0 亿 m^3。

骆马湖防洪工程包括骆马湖一线、宿迁大控制、嶂山闸及黄墩湖滞洪区等。

骆马湖一线（又称"皂河控制线"）由骆马湖南堤、皂河枢纽、洋河滩闸等组成。骆马湖南堤堤顶宽 5.5~8.0 m，堤顶高程 25.7 m 左右，防浪墙顶高程 27.0 m。

骆马湖宿迁大控制由骆马湖二线堤防、宿迁枢纽（宿迁闸、宿迁船闸、六塘河闸）及井儿头大堤组成。二线堤防堤顶高程 28.0 m 左右，堤顶宽 8.0 m；井儿头大堤堤顶高程 28.0 m 左右，堤顶宽 10.0 m；宿迁闸是分泄骆马湖洪水入中运河的控制工程，设计流量 600 m^3/s。

嶂山闸是分泄骆马湖洪水经新沂河入海的控制工程，设计流量 8 000 m^3/s，校核流量 10 000 m^3/s。

黄墩湖滞洪区位于骆马湖西侧、中运河以西、房亭河以南、废黄河以北，滞洪面积 385 km^2，滞洪水位 26.0 m 时，水深 5~7 m，有效容积 14.7 亿 m^3。滞洪区内有人口 22.2 万人，耕地 222 km^2。2009 年国务院批复的《全国蓄滞洪区建设与管理规划》对淮河流域蓄滞洪区进行了调整，黄墩湖滞洪区规划方案为调减滞洪区面积，徐洪河以西部分不再作为滞洪区。规划滞洪范围为中运河以西、徐洪河以东、房亭河以南、废黄河以北，面积约 230 km^2，滞洪水位 26.0 m 时，水深 5~7 m，有效容积 11.1 亿 m^3。滞洪区内有人口 14 万人，耕地 17.1 万亩❶。黄墩湖滞洪采取分洪闸进洪和堤防爆破进洪两种方式,黄墩湖分洪闸设计流量 2 000 m³/s;曹甸、胜利两处分洪爆破口门宽度各 300 m,均预埋混凝土管爆破井。

　　新沂河承接嶂山闸下泄洪水、老沭河和淮沭河来水,以及区间汇流入海。新沂河已按 50 年一遇防洪标准治理,嶂山闸至口头、口头至海口段设计流量分别为 7 500 m³/s、7 800 m³/s,设计堤顶宽 8.0 m,超高 2.5 m。

2.4　历史典型洪水

2.4.1　1957 年洪水

　　1957 年洪水发生在沂沭泗水系和淮河水系北部地区。7 月由于西太平洋副热带高压位置偏北,副热带高压西南侧偏南气流与北侧西风带气流在流域北部长期维持,以致 3 次高空涡切变出现的暴雨,造成沂沭泗水系及淮河沙颍河、涡河上游的大洪水。

　　7 月 6—26 日,淮河流域北部连续出现 3 次降雨过程,其中沂沭泗水系出现 7 次暴雨(见图 2-1)。7 月 6—8 日降雨过程的暴雨中心在沙颍河上游,沂河、沭河上中游及南四湖湖西。沙颍河独树站次雨量为 367.1 mm,其中 6 日一天雨量为 366.9 mm。沭河崖庄站次雨量 208.9 mm,湖西复程站 188.8 mm,该次降雨基本上集中在 6 日;7 月 9—16 日出现一次更大范围的降雨,从沙颍河上游往东至沂沭泗地区出现大片暴雨区,次雨量普遍达 300

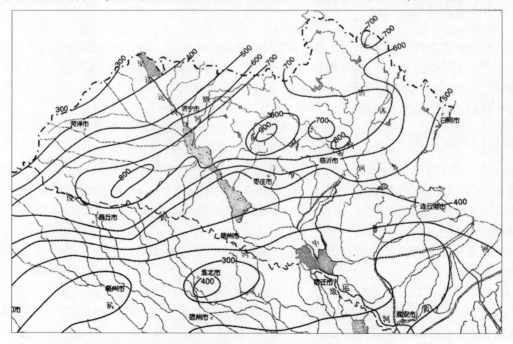

图 2-1　沂沭泗水系 1957 年 7 月 6—26 日暴雨等值线　(单位:mm)

---

❶　1 亩 = 1/15 hm² ≈ 666.67 m²。

mm 以上,沂沭泗地区出现多处雨量超过 500 mm 的暴雨区,角沂、蒋自崖、黄寺站次雨量分别达 561.0 mm、530.8 mm 和 514.7 mm;7 月 17—26 日再次出现大降雨过程,暴雨先出现在沙颍河上游,随后向东扩展到沂沭泗地区。最大暴雨中心出现在南四湖湖东、泗水、蒋自崖、邹县站次降雨量分别为 404.2 mm、329.5 mm 和 285.8 mm。7 月 6—26 日,降雨量超过 400 mm、600 mm 和 800 mm 的笼罩面积分别为 77 840 km²、35 240 km² 和 2 760 km²;暴雨中心沂沭泗水系蒋自崖、角沂、复程站和淮河水系沙颍河鲁山站的总雨量,分别为 975.2 mm、874.3 mm、846.4 mm 和 862.0 mm。

1957 年沂沭泗水系出现中华人民共和国成立后的最大洪水,沂河、沭河 7 月出现 6~7 次洪峰。沂河临沂站 7 月 13 日、16 日、19 日出现的 3 次洪峰,流量均超过 10 000 m³/s,其中 19 日洪峰流量达 15 400 m³/s。沂河华沂站经上游分沂入沭和江风口分洪后,7 月 20 日出现的洪峰流量为 6 420 m³/s。沭河彭古庄(大官庄)站 7 月 11 日出现最大洪峰流量 4 910 m³/s。老沭河新安站在上游新沭河最大分泄 2 950 m³/s 及分沂入沭来水情况下,7 月 16 日出现最大洪峰流量为 2 820 m³/s。泗河书院站 7 月 24 日最大洪峰流量 4 020 m³/s。南四湖汇集湖东、湖西同时来水,最大入湖流量约 10 000 m³/s。南四湖南阳站 7 月 25 日出现最高水位 36.48 m,微山站 8 月 3 日出现最高水位 36.28 m。由于洪水来不及下泄,南四湖周围出现严重洪涝。中运河运河站承接南四湖泄水及邳苍地区来水,7 月 23 日出现最高水位 26.18 m,相应的洪峰流量为 1 660 m³/s。骆马湖在没有闸坝控制,又经黄墩湖蓄洪的情况下,7 月 21 日杨河滩站最高水位为 23.15 m。新沂河沭阳站 7 月 21 日出现最大流量为 3 710 m³/s。

根据水文分析计算,本年沂沭泗水系南四湖 30 d 洪量为 114 亿 m³;沂河临沂站 3 d、7 d 和 15 d 洪量分别为 13.2 亿 m³、26.5 亿 m³ 和 44.6 亿 m³,均为中华人民共和国成立后最大。沭河大官庄站 3 d、7 d 和 15 d 洪量分别为 6.32 亿 m³、12.25 亿 m³ 和 18.5 亿 m³,除 3 d 洪量小于后来的 1974 年外,其余均为历年最大;骆马湖 15 d、30 d 洪量分别为 191.2 亿 m³ 和 214 亿 m³,也都居中华人民共和国成立以来首位。

2.4.2　1963 年洪水

1963 年 7 月、8 月两月沂沭泗水系连续阴雨且接连出现大雨、暴雨,造成沂沭泗水系大洪涝。7 月,江苏徐淮地区及山东沂沭河月降雨量超过 400 mm,暴雨中心位于沂蒙山区,最大雨量点蒙阴附近前城子月雨量为 1 021.1 mm;上述地区普遍出现了 5 d 以上连续暴雨,其中 7 月 18—22 日台风低压造成的暴雨强度最大,沂河东里店、大棉厂次降雨量分别为 437.3 mm 和 385.8 mm,其中大棉厂 19 日降雨量 272.5 mm。8 月,南四湖周围、邳苍地区连续多次暴雨,南四湖、邳苍地区月降雨量均在 300 mm 以上,不牢河刘山闸月降雨量 469.7 mm。

全流域 7 月、8 月两个月的总雨量为历年同期最大,占汛期总雨量的 90%。由于本年暴雨时空分布不一,又因 1958 年以来山区修建了不少水库,所以发生洪水的洪量很大而洪峰流量不是最大,但对全流域造成的洪涝成灾面积是中华人民共和国成立以来最大。沂、沭河洪水主要发生在 7 月中旬至 8 月上旬,沂河临沂站 7 月 20 日出现最大洪峰流量为 9 090 m³/s(经水库还原计算后为 15 400 m³/s),7 月下旬后又连续出现 6~7 次洪峰,但流量均在 4 000 m³/s 以下。沭河大官庄站 7 月 20 日洪峰流量(总)为 2 570 m³/s(经水库还原计算后为 4 980 m³/s)。

根据水文分析计算,1963 年,临沂站 3 d、7 d、30 d 洪水量分别达 13.1 亿 m³、20.3 亿 m³ 和 40.2 亿 m³,仅次于 1957 年;沭河大官庄 15 d、30 d 洪量分别为 11.1 亿 m³ 和 14.5 亿 m³,仅次于 1957 年、1974 年。南四湖各支流本年洪峰流量均不大,泗河书院站最大洪峰流量为 691 m³/s,但南四湖 30 d 洪量达 50 亿 m³,仅次于 1957 年、1958 年。本年南四湖二级坝已经建成,南阳站 8 月 9 日最高水位 36.08 m,微山站 8 月 17 日最高水位 34.68 m,都仅次于 1957 年。邳苍地区本年 30 d 洪量为 49.0 亿 m³,比 1957 年多 20 亿 m³,比 1974 年仅少 0.1 亿 m³。中运河运河站 8 月 5 日最大流量为 2 620 m³/s。骆马湖 8 月 3 日在退守宿迁控制后出现最高水位 23.87 m,汛期实测来水量为 150 亿 m³,大于 1957 年同期来水量。还原计算后骆马湖 30 d 洪量为 147 亿 m³,仅次于 1957 年。嶂山闸 8 月 3 日最大泄流量为 2 640 m³/s,新沂河沭阳站 7 月 21 日出现最大洪峰流量 4 150 m³/s,7 月 31 日洪峰流量为 4 080 m³/s。

2.4.3　1974 年洪水

1974 年 8 月,受 12 号台风(从福建莆田登陆)影响,沂沭河、邳苍地区出现大洪水。降雨过程从 8 月 10 日起至 14 日结束,暴雨集中在 11—13 日,沂沭河出现南北向的大片暴雨区,最大点雨量蒲汪达 435.6 mm。12 日暴雨强度最大,降雨中心在骆马湖北埝头站,日降雨量 333.6 mm。13 日暴雨中心区移至沂沭河,沂河李家庄站、沭河蒲汪站日雨量分别为 295.3 mm 和 262.6 mm,14 日降雨逐渐停止。沂沭泗水系 1974 年 8 月 10—14 日暴雨等值线见图 2-2。

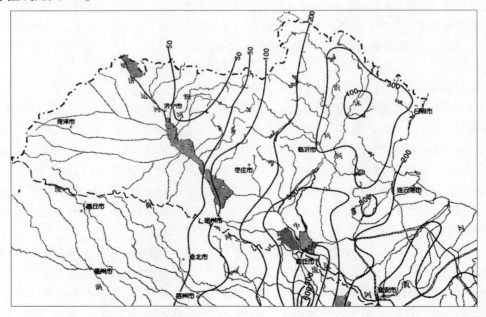

图 2-2　沂沭泗水系 1974 年 8 月 10—14 日暴雨等值线　(单位:mm)

8月中旬的暴雨造成沂沭泗水系大洪水,洪水主要来自沂河、沭河、邳苍地区,与1957年和1963年相比,沂河、沭河本年同时大水,且沭河洪水超过历年。7月及8月上旬,沂沭河降雨比常年偏多,暴雨后沂河临沂站8月13日早上从79 m^3/s 起涨,14日凌晨出现洪峰流量10 600 m^3/s,当天经彭家道口闸和江风口闸先后开闸分洪后,沂河港上站同日出现洪峰流量6 380 m^3/s。沭河大官庄站14日与沂河同时出现洪峰,新沭河流量为4 250 m^3/s,老沭河胜利堰流量为1 150 m^3/s。由于沭河暴雨中心出现在中游,莒县洪峰流量小于1957年、1956年,而大官庄洪峰为历年最大。老沭河新安站在上游及分沂入沭来水情况下,14日出现洪峰流量3 320 m^3/s。邳苍地区处于暴雨中心边缘,加上邳苍分洪道分泄沂河来水,中运河运河站出现中华人民共和国成立以来最大洪峰流量3 790 m^3/s,最高水位26.42 m。骆马湖在沂河及邳苍地区同时来水的情况下,嶂山闸16日最大下泄流量5 760 m^3/s,同日骆马湖退守宿迁大控制,16日晨骆马湖洋河滩出现历年最高水位25.47 m,新沂河沭阳站16日晚出现历年最高水位10.76 m,相应的最大流量6 900 m^3/s。本年沂沭泗水系洪水历时较短,南四湖来水不大。

根据水文分析计算,沂河临沂站还原计算后的洪峰流量为13 900 m^3/s,3 d洪量与1957年、1963年接近,而7 d、15 d洪量相差较大。沭河大官庄站还原计算后的洪峰流量为11 100 m^3/s,相当100年一遇,3 d洪量为历年最大,7 d、15 d洪量仅次于1957年。邳苍地区7 d、15 d洪量均超过1957年、1963年,为历年最大。

2.4.4 1990 年洪水

1990年8月,沂沭泗流域降雨量252 mm,较常年同期偏多近6成,8月上、中旬沂沭河接连出现了两次洪水过程,新沂河出现了1950年有连续资料记载以来第2位大洪水。

第1次暴雨洪水是第九号台风北上形成的低气压过境和副热带高压东撤的共同影响所造成的。8月2—6日,沂沭河、邳苍地区、骆马湖及新沂河南北等地普降暴雨,累计雨量以阿湖水库395 mm为最大。主要降雨过程集中在2日18时至3日2时,岸堤水库最大2 h降雨122 mm,最大6 h降雨196 mm。暴雨引起沂沭河洪水猛涨,沂河临沂站3日21时洪峰流量3 950 m^3/s,沭河大官庄站洪峰流量982 m^3/s,中运河运河站7日洪峰流量1 190 m^3/s,骆马湖7日出现最高水位23.33 m,嶂山闸5日最大下泄3 130 m^3/s,洪水下行汇老沭河、新开河来水后,新沂河沭阳站6日15时出现最高水位10.58 m,超警戒水位1.58 m,距保证水位仅差0.18 m,为自1950年有连续资料记载以来仅次于1974年(10.76 m)的第2位最高洪水位,洪峰流量4 880 m^3/s,小于1974年最大流量(6 900 m^3/s),亦列1950年以来第2位。

第2次暴雨洪水是由东移小槽、低层切变线以及低涡共同影响所造成的。8月15—16日,流域北部由西至东普降暴雨到大暴雨,以沂河葛沟站184 mm为最大,流域南部地区降雨较小。这次洪水,沂河临沂站洪峰较8月上旬的洪峰为大。16日23时临沂站洪峰流量5 520 m^3/s,港上站17日11时洪峰流量5 120 m^3/s,水位35.00 m超过警戒水位2.50 m,距保证水位仅0.59 m;沭河人民胜利堰17日1时30分最大过流量1 030 m^3/s,为减轻新沂河行洪压力,新沭河泄洪闸16日22时48分开闸泄洪,17日4时30分最大下泄流量1 920 m^3/s,为该闸1977年建成以来泄流量最大的一次;中运河运河站16日22时洪峰水位 25.01 m,最大流量 1 270 m³/s;骆马湖 17 日出现最高水位 22.94 m,嶂山闸 16 日最大下泄流量 3 650 m³/s,新沂河沭阳站 18 日 10 时洪峰流量 4 580 m³/s,水位 10.14 m。沂河、沭河、中运河洪水以及嶂山闸最大下泄流量以 8 月中旬过程为大,新沂河洪水以 8 月上旬过程为大。

　　沂沭泗流域 1990 年 8 月洪水是 1974 年出现大洪水相隔 15 年后出现的第 1 次较大洪水,由于河道淤积退化、生物阻水以及人为设障等原因,8 月洪水虽未及 1974 年洪水,沂河下游以及新沂河盐河以东却出现了历史最高洪水位,沂河入骆马湖苗圩处水位高于 1974 年最高洪水位 0.12 m,新沂河盐河以东的水位超过历史最高水位 0.24~0.98 m。由于 1974 年以后流域没有发生大洪水或较大洪水,1974 年以后的新加固堤段未曾经过考验,这次洪水使得部分堤段险情百出。新沂河、沂河华沂至苗圩等多处出现大范围堤后渗水,沭河张贺、新沂河韩山等处出现管涌,沂河西堤华沂桥南出现滑坡,沂河合沟背水坡、迎水坡因暴雨冲刷形成冲沟,堤顶宽仅剩 1 m,沭河焦道、黄墩等处发现大范围顺堤裂缝,沂河埝头多处石护坡塌陷,这些险情经及时抢险加固得到控制,没有发展成为更大的险情和造成更大的损失。

2.4.5　1991 年洪水

　　1991 年淮河提前入梅,梅雨期长达 50 多天 d,造成淮河水系 1954 年以来又一次流域性洪水。沂沭泗流域 5—7 月降水量 521 mm,较常年同期偏多 4 成。6 月中旬初,沂沭河洪水早发,7 月中、下旬,沂沭泗流域接连出现了两次洪水过程。

　　6 月 10—11 日,受副热带高压西伸北抬以及西风槽共同影响,沂沭河出现了一次历时较短(12 h)、强度较高、降雨较为集中的暴雨过程。点雨量以祊河石岚站 172 mm 为最大。沂河临沂站 11 日 16 时洪峰流量 3 050 m³/s。为保护新沂河 30 万亩小麦免遭洪水淹没,新沭河泄洪闸 11 日 21 时全开泄洪,22 时最大下泄 2 530 m³/s,人民胜利堰同时下泄 209 m³/s。骆马湖杨河滩 11 日 8 时最高水位 23.01 m,皂河闸 11 日最大下泄流量 886 m³/s,嶂山闸没有开闸。

　　7 月 13 日,受副热带高压增强及西南低涡影响,7 月 14 日 12 时至 15 日 6 时,沂沭河、南四湖湖东及邳苍地区出现强降雨天气。雨区中心会宝岭水库降雨量 206 mm。沂河临沂站 15 日 22 时洪峰流量 2 200 m³/s,沭河大官庄人民胜利堰 16 日 6 时洪峰流量 632 m³/s;中运河运河站 7 月 16 日 10 时洪峰流量 1 440 m³/s。骆马湖嶂山闸 15 日 0 时开闸预泄洪水,15 日 19 时最大下泄流量 2 050 m³/s。由于淮河干流发生流域性大洪水,为减轻洪泽湖及入江水道的行洪压力,上级决定实施分淮入沂,这也是淮沭河开挖以来第 1 次淮沂洪水遭遇,17 日 8 时淮沭河淮阴闸最大分洪流量 1 270 m³/s,新沂河沭阳站 17 日 12 时 10 分出现当年最高水位 10.06 m,相应洪峰流量 3 730 m³/s。

　　7 月 23 日 22 时至 24 日 6 时,沂河、泗河上游突降短历时、高强度暴雨到大暴雨,公家庄水库 6 h 降雨量 265 mm。24 日 20 时至 25 日 8 时,沂沭河以及南四湖湖东大范围内再降暴雨到大暴雨,南四湖岩马水库日降雨量 170 mm。由于两次暴雨间隔仅 12 h,致使两次暴雨产生的洪水过程叠加。沂河临沂站 25 日 12 时 54 分洪峰流量 7 590 m³/s,水位 64.07 m,为临沂站 1974 年以来最大洪水,分沂入沭彭道口闸在 1974 年分洪后相隔 17 年再次开闸分洪,25 日 11 时最大分洪流量 1 980 m³/s,沂河港上站 25 日 22 时洪峰流量 5 460 m³/s,水位 35.24 m,超警戒水位 2.74 m,比"1990.8"洪水最高水位高 0.24 m,距保证水位仅差 0.35 m。沭河大官庄站 25 日 23 时洪峰流量 1 520 m³/s,其中,新沭河泄洪闸全开泄洪,尽量东调沭河洪水,最大下泄流量 1 390 m³/s,人民胜利堰下泄流量 130 m³/s。骆马湖嶂山闸 27 日 21 时 12 分最大下泄流量 3 250 m³/s。新沂河沭阳站 29 日 14 时洪峰水位 9.56 m,相应最大流量 3 000 m³/s,小于 7 月中旬洪水。

泗河书院站 7 月 25 日 6 时 30 分洪峰流量 1 710 m³/s,水位 68.58 m,为该站 1957 年以来最大洪水,居中华人民共和国成立以来第 2 高位。南四湖二级坝闸 7 月 25 日最大下泄流量 1 400 m³/s,上级湖南阳站 7 月 30 日出现年最高水位 34.55 m;韩庄闸 7 月 30 日最大下泄流量 515 m³/s,下级湖微山站 8 月 11 日出现年最高水位 32.52 m。此次洪水,上、下级湖分别下泄水量为 5.7 亿 m³ 和 3.2 亿 m³。

2.4.6 1993 年洪水

1993 年 7—8 月,沂沭泗流域降水量 431 mm,较常年同期偏多 1 成。7 月上、中旬,鲁西南地区出现严重涝灾,8 月上旬,沂沭泗流域出现 1974 年以来最大暴雨洪水。11 月流域降水量 114 mm 较常年同期偏多 3.6 倍,流域出现了一次罕见的冬汛。

7 月 9—15 日,受副热带高压北抬西伸及西南暖湿气流共同影响,沂沭泗流域出现了多次大雨到暴雨,局地大暴雨天气。雨区中心多在南四湖上级湖,菏泽地区 7 d 平均降雨量 211.8 mm,较 1957 年同历时暴雨多 45.7 mm,最大点雨量为巨野薛扶集 628 mm,比 1957 年多 113.3 mm,是该地区自 1957 年以来遭受洪涝灾害损失最严重的一年。上级湖南阳站水位 10 日 6 时 32.04 m 时开始起涨,20 日 6 时 34.37 m 为最高,水位上涨 2.33 m,后因抗旱坝拆除,水位逐渐下降。由于前期南四湖地区连续多季缺雨干旱,河道淤积失修,排洪不畅,7 月上、中旬的洪水到下旬末才得入湖,入湖水量 8.6 亿 m³。下级湖微山岛水位 31 日 6 时 31.26 m,入湖水量为 0.8 亿 m³。沂河临沂站 7 月 16 日 21 时 30 分洪峰流量 1 010 m³/s,沭河大官庄站 7 月 17 日 14 时洪峰流量 319 m³/s。

8 月 4—5 日特大暴雨的主要影响系统是低涡切变发展成的气旋波云系。沂沭泗流域平均降雨量 144 mm,点雨量最大为沂河支流刘庄水库 380 mm(盛庄镇降雨量达到 540 mm)。此次降雨形成了沂沭泗流域 1974 年以来最大洪水过程。沂河临沂站 8 月 5 日 17 时 10 分洪峰流量 8 140 m³/s,水位 64.34 m,超警戒水位 0.29 m,为 1950 年以来第 6 位洪水;彭道口闸经分沂入沭向老沭河分洪最大流量 1 860 m³/s,刘道口站 5 日 18 时 30 分洪峰流量 5 700 m³/s;港上站 6 日 2 时洪峰流量 5 370 m³/s,水位 35.04 m,超警戒水位 2.54 m,低于保证水位 0.55 m,也低于"1991·7"洪水。沭河大官庄站 8 月 5 日 18 时 30 分洪峰流量 1 140 m³/s,新沭河泄洪闸最大分洪流量 1 570 m³/s(其中包括分沂入沭经人民胜利堰逆向来水 59.3 m³/s,5 日 21 时人民胜利堰最大逆向来水 125 m³/s);老沭河新安站 6 日 7 时 20 分洪峰流量 1 390 m³/s。中运河运河站 6 日 23 时洪峰流量 1 740 m³/s,水位 25.62 m,超警戒水位 0.12 m。

南四湖上级湖南阳站 9 日 13 时最高水位 35.00 m,达到警戒水位,二级坝各闸 5 日先后开闸泄洪,8 日最大下泄流量 1 680 m³/s。二级坝闸 8 月下泄水量 10 亿 m³。下级湖微山岛水位 20 日 18 时最高达 32.70 m,韩庄闸、蔺家坝闸分别于 10 日、11 日开闸泄洪,韩庄闸最大下泄流量为 16 日 656 m³/s,蔺家坝闸最大下泄流量为 11 日 98.2 m³/s,两闸下泄水量分别为 5.8 亿 m³ 和 2.1 亿 m³。骆马湖杨河滩站 8 日 6 时最高水位 23.54 m,超警戒水位 0.04 m。嶂山闸 5 日 12 时开闸,19 时最大下泄流量 3 990 m³/s,为该闸 1961 年建成以来第 2 位泄流量,仅次于 1974 年的 5 760 m³/s,皂河闸 7 日最大下泄流量 311 m³/s。此次洪水,嶂山闸、皂河闸分别下泄水量 23.2 亿 m³ 和 2.0 亿 m³,入骆马湖总水量 27 亿 m³。新沂河沭阳站 6 日 11 时 36 分洪峰流量 4 560 m³/s,水位 10.45 m,超警戒水位 1.45 m,低于保证水位 0.31 m,亦低于“1990·8”洪水位 0.13 m。

11 月,由于副热带高压持续偏强以及西南气流重新活跃,沂沭泗流域上、中旬又出现了一次罕见的连续阴雨天气,流域月降水量 114 mm,较常年同期偏多 356%,为 1953 年有记录资料以来同期最大降水量,在沂沭泗流域造成了一次罕见的冬汛。沂河临沂站 13 日 10 时洪峰流量 288 m³/s,港上站 14 日 8 时最大流量 358 m³/s。由于人民胜利堰闸建设施工,沭河大官庄站以上来水全部东调,13 日 20 时新沭河闸最大下泄流量 417 m³/s。因韩庄闸开闸泄洪,28 日中运河运河站最大流量 342 m³/s。

上级湖南阳站 14 日最高水位 34.64 m,二级坝一闸 3 次开闸泄水,14 日最大下泄流量 501 m³/s,泄水总量为 2.5 亿 m³。下级湖微山岛 21 日最高水位 32.67 m,韩庄闸两次开闸泄水,23 日最大下泄流量 338 m³/s,泄水总量为 3.3 亿 m³。蔺家坝闸泄水总量为 0.7 亿 m³。骆马湖杨河滩 17 日 14 时最高水位 23.56 m,超警戒水位 0.06 m,也高于当年 8 月发生洪水时的最高水位 0.02 m,为 1975 年以来骆马湖最高水位。受湖水位上涨及北风影响,17 日骆马湖一线护坡一度出现险情,宿迁市紧急调动部队和民工进行抢险加固。嶂山闸 17 日 15 时开闸,22 时最大下泄流量 528 m³/s,下泄水量 2.6 亿 m³;皂河闸 17 日最大下泄流量 276 m³/s,下泄水量 3.7 亿 m³;杨河滩闸 17 日最大下泄流量 157 m³/s,下泄水量 2.8 亿 m³。16 日开始刘集地涵通过徐洪河下泄流量 100 m³/s。

2.4.7　1997 年洪水

1997 年 7 月中旬,沂沭泗流域南部徐州市遭遇特大暴雨袭击。8 月中、下旬,受当年第 11 号台风影响,沂沭泗流域出现较大洪水过程。

7 月 17—18 日,受低涡切变线共同影响,沂沭泗流域南部苏北等地降暴雨到大暴雨,徐州降特大暴雨。云龙湖 17 日降雨量 361 mm 超徐州历史最大 3 d 降雨量,日降雨量重现期超过 500 年一遇,为徐州有降雨记录资料以来所仅有。蔺家坝闸 17 日降雨量 234 mm,也为该站有降雨记录资料以来最大日降雨量。由于暴雨来势猛,强度大,雨量集中,徐州市区出现了大面积积水,市区南部一片汪洋,严重地区积水深超过 1.5 m,造成交通、供电、通信中断,徐州市区一度进入防汛紧急状态。受大暴雨影响,中运河运河站 19 日 5 时 42 分洪峰流量 396 m³/s,房亭河土山站 19 日 8 时洪峰流量 370 m³/s。骆马湖洋河滩水位由 17 日的 20.82 m 最高上升为 27 日的 22.07 m,入骆马湖水量为 3.38 亿 m³。南四湖下级湖增加蓄水 1.0 亿 m³,降雨缓解了苏北地区的旱情。

8 月 19—20 日,受登陆后北上的 11 号台风影响,沂沭泗流域大部地区出现暴雨到大暴雨,其中,沂沭河及邳苍的部分地区出现特大暴雨,流域 3 d 累计降雨量 137.7 mm,累计降雨量分别以蒙河高里、沭河桑园 317 mm 为最大。降雨主要集中在 19 日,流域日平均降雨量达 125.7 mm,占次降雨总量的 91.3%;沂河临沂站以上、沭河大官庄站以上、中运河运河站以上 19 日平均降雨量分别为 170.4 mm、194.9 mm 和 144.8 mm,其中,沂河次降雨列有资料记载以来的第 1 位,沭河次降雨仅小于 1974 年,列第 2 位。

沂河临沂站 20 日 16 时 30 分洪峰流量 6 700 m³/s,水位 63.49 m,低于警戒水位 0.56 m;20 日 15 时彭道口闸开闸向沭河分洪,19 时最大分洪流量 941 m³/s,这也是 1997 年分沂入沭调尾工程基本完工后的第 1 次分洪;刘家道口站 20 日 19 时洪峰流量 5 600 m³/s;沂河下游港上站 21 日 3 时 30 分洪峰流量 4 040 m³/s,水位 33.83 m,超过警戒水位 1.33 m;华沂站 21 日 8 时 30 分洪峰水位 29.81 m,超过警戒水位 2.31 m,超过保证水位 0.27 m。沭河大官庄站 20 日 24 时最大流量 2 498 m³/s(包括彭道口闸来水),其中新沭河泄洪闸 1 750 m³/s、人民胜利堰闸 748 m³/s;老沭河新安站 21 日 16 时最大流量 838 m³/s,水位 27.47 m。新沭河石梁河水库 19 日 8 时水位 18.89 m 时开始起涨,23 日 20 时最高水位达 24.57 m,上涨 5.68 m,增蓄 2.41 亿 m³,22 日 8 时最大下泄流量 670 m³/s。中运河运河站 21 日 9 时 18 分洪峰流量 1 060 m³/s,水位 23.77 m。

南四湖上级湖南阳水位 24 日 6 时最高为 33.09 m,略高于死水位 33.0 m;下级湖微山岛水位 24 日 6 时最高为 31.37 m,仍低于死水位 31.5 m。南四湖总入湖水量 1.9 亿 m³。骆马湖杨河滩水位 23 日 8 时最高 23.30 m;嶂山闸 23 日 8 时最大下泄流量 1 020 m³/s,骆马湖以上总入湖水量 8.83 亿 m³。新沂河沭阳站 22 日 8 时最大流量 1 330 m³/s。

2.4.8　2003 年洪水

2003 年沂沭泗流域平均降水量 1 172 mm,较常年(789 mm)偏多近 5 成,列 1953 年以来第 1 位,其中,南四湖地区平均降水量 1 094 mm,仅次于 1964 年(1 115 mm),列 1953 年以来第 2 位。新沂河以南地区年降水量偏大较多,以中运河刘老涧闸 1 767.3 mm 为最大,较常年偏多 1 倍以上。汛期(6—9 月)沂沭泗流域平均降水量 830 mm,较常年同期(555 mm)偏多 50%,列 1953 年以来第 2 位,仅次于 1971 年(839 mm)。其中,南四湖地区平均降水量 755 mm,亦列 1953 年以来同期降水量第 2 位,仅次于 1957 年(760 mm)。6—9 月各月降水量分别是 141 mm、308 mm、272 mm 和 109 mm。

2003 年汛期,沂沭泗流域虽然降水总量大,但是降水日数多,时间上不集中,降水强度不大,降水的空间分布与其他大水年份相比较为均匀。与降水过程对应,各河道出现了多次洪水过程。洪水主要特点是洪水过程多,洪水总量较大,洪峰流量不大。

沂河临沂站年径流量 29.7 亿 m³,较多年平均偏多 38.9%,列 1951 年有实测资料记录以来第 14 位,其中,汛期径流量 23.3 亿 m³。6 月 23 日 10 时 42 分临沂站年最大洪峰流量 2 220 m³/s。港上站年径流量为 41.4 亿 m³,其中汛期径流量为 29.5 亿 m³,年最大洪峰流量为 1 610 m³/s。

沭河大官庄站年径流量 20.3 亿 m³,较多年平均偏多 105.3%,列 1953 年有实测资料记录以来第 7 位,为 1974 年以来的最大值,其中,汛期径流量 13.2 亿 m³。9 月 8 日 0 时大官庄站年最大流量 865 m³/s。

南四湖上级湖南阳站出现了 1973 年以来最高水位 35.28 m,下级湖微山站出现了

1974 年以来最高水位 33.36 m,分别列 1961 年二级坝建成以来的第 6 位和第 5 位。年末比年初增加蓄水 19.9 亿 m³,其中上级湖增加 10.1 亿 m³、下级湖增加 9.8 亿 m³。二级坝闸全年泄流总量 27.6 亿 m³,下级湖全年泄流总量 34.7 亿 m³,分别列 1961 年以来的第 6 位和第 3 位,均为 1971 年以来的最大泄洪总量。

中运河运河站年径流量 58.8 亿 m³,较多年平均偏多 74.7%,列 1951 年有实测资料记录以来的第 7 位,为 1974 以来径流量最多的年份,其中汛期径流量 39.4 亿 m³。9 月 5 日 17 时 12 分运河站年最大洪峰流量 1 740 m³/s,列 1951 年以来的第 5 位,和 1993 年一起并列为 1974 以来最大洪峰流量。

2003 年汛期骆马湖入湖洪量 78.7 亿 m³,总出湖 76.7 亿 m³。9 月 1 日日平均最大入湖流量 2 960 m³/s,9 月 3 日日平均最大出湖流量 2 830 m³/s。受秋汛影响,10 月 12 日 12 时 30 分骆马湖(洋河滩站)出现了 2003 年最高水位 23.58 m,列 1952 年以来的第 7 位。

嶂山闸从 7 月 3 日首次开闸泄洪,到 12 月 29 日结束,8 次开闸泄洪,历时 110 d。总泄洪量 79.9 亿 m³,列历史第 3 位,比 1974 年(63.8 亿 m³)泄洪量多 16.1 亿 m³;8 月 27 日 12 时 12 分最大下泄流量 3 410 m³/s,为 1974 年以来最大下泄流量,列历史第 8 位。

受嶂山闸泄洪、"分淮入沂"及区间来水的共同影响,新沂河沭阳站出现了自 1974 年以来的最高洪水位。7 月 17 日 22 时,新沂河沭阳站最高水位 10.71 m,超过警戒水位 1.71 m,列历史第 2 位;7 月 17 日 21 时沭阳站洪峰流量 4 880 m³/s,仅次于 1974 年,与 1990 年一起并列历史第 2 位。汛期径流量 96.3 亿 m³,列历史第 3 位。沭阳站水位超过警戒水位累计达 26 d。

2002 年沂沭泗流域发生了特大干旱,2003 年汛前,各大型水库蓄水都很少。除石梁河水库外,其他大型水库汛期入库洪水大部分被拦蓄。

2.4.9　2007 年洪水

2007 年,沂沭泗流域平均降水量 906 mm,较常年偏多 14%。汛期(6—9 月)降水量 726 mm,较常年同期偏多 29%。除新沂河出现超警戒水位的较大洪水外,其他诸河虽然洪水次数较多,但多为中小洪水。

沂沭河洪水涨落频繁,洪峰多,洪量不大。沂河临沂站洪峰流量超过 500 m³/s 的洪水过程出现了 4 次,其中出现在 8 月 16—26 日的第 4 次洪水过程最大。沂河葛沟站、祊河角沂站分别于 8 月 20 日 8 时和 8 月 18 日 22 时出现洪峰流量 726 m³/s 和 1 060 m³/s,沂河临沂站 8 月 19 日 3 时出现 2007 年最大洪峰流量 1 510 m³/s。沭河大官庄站洪峰流量超过 300 m³/s 的洪水出现了 5 次。第 2 次过程出现在 7 月 19—25 日,7 月 19 日 18 时大官庄站出现 2007 年最大洪峰流量 779 m³/s。

2007 年,汛期南四湖地区降雨较为分散。根据南四湖蓄变量和出湖流量推算,6 月中旬至 9 月中旬,南四湖入湖过程洪峰流量超过 1 000 m³/s 的共有 6 次,其中以 8 月 17 日 2 799 m³/s 为年最大日平均入湖流量。汛期入湖水量为 43.3 亿 m³。

新沂河沭阳站 2007 年汛期出现 5 次洪水过程,其中第 1 次洪水过程最大。第 1 次为 6 月 29 日至 7 月 14 日。6 月 29 日 23 时水位从 4.86 m 起涨,7 月 6 日 15 时 30 分水位达到 9.02 m,超过警戒水位(9.00 m)。7 月 7 日 16 时 30 分出现了 2007 年最大洪峰流量 3 900 m³/s,7 日 20 时出现年最高水位 10.05 m。7 月 9 日 15 时 18 分嶂山闸关闭,流量于 7 月 10 日退至 1 000 m³/s 以下。

2007 年沂沭泗河水系上游的各大型水库出现多次洪水过程,其中沂河支流东汶河岸堤水库、新沭河石梁河水库洪水为最大。东汶河岸堤水库 8 月 17 日出现最大入库流量 2 550 m³/s,新沭河石梁河水库 8 月 11 日出现最大入库流量 2 760 m³/s;尼山水库、西苇水库最高水位均超过历史最高水位,其他水库 2007 年洪水不大。

2.4.10　2012 年洪水

2012 年汛期,受河套高空槽和西南暖湿气流共同影响,沂沭河流域出现强降雨过程,致使沂沭河发生了洪水,沂河临沂站洪水接近 10 年一遇,量级与 1993 年相当,为 1993 年以来最大洪水;沭河大官庄站洪水量级与 1991 年相当,为 1991 年以来最大洪水。

2012 年沂沭河流域平均降水量 826.2 mm,较常年(848 mm)偏少 2.6%。汛前(1—5 月)沂沭河流域平均降水量 92.3 mm,较常年同期偏少 43.7%;汛期(6—9 月)沂沭河流域平均降水量 634.3 mm,较常年同期偏多 4.8%,暴雨主要集中在沂沭河中游、邳苍上游和新沂河等地区,降雨量超过 700 mm,局部大于 800 mm,新沂河支流灌河小尖站降雨量 1 017.8 mm 最大;汛后(10—12 月)沂沭河流域平均降雨量 99.6 mm,较常年同期偏多 26.1%。2012 年汛期,沂沭河流域出现 2 次主要暴雨过程。第 1 次暴雨过程出现在 7 月 7—9 日,造成沂河 1993 年以来最大洪水、沭河 1991 年以来最大洪水。本次沂沭河流域面平均雨量 166.1 mm;其中,临沂以上 208.3 mm,大官庄以上 156.7 mm,邳苍地区 126.7 mm,新沂河区 127.1 mm。沂沭河流域 100 mm、200 mm、300 mm 以上降雨笼罩面积分别为 34 340 km²、17 340 km²、5 670 km²。暴雨中心沂河许家崖水库东边街口站 442.5 mm。第 2 次暴雨过程出现在 7 月 22—23 日,导致沂沭河再次出现洪水。

2012 年汛期,与降水过程对应,沂沭河流域各河道均出现了不同程度的洪水过程。洪水主要特点是次洪总量大,洪峰流量高,陡涨陡落。

沂河临沂站年径流量 30.3 亿 m³,较多年平均偏多 41.6%,其中,汛期径流量 23.6 m³。7 月 10 日 13 时临沂站出现年最大洪峰流量 8 050 m³/s,为有资料以来第 7 位,还原洪峰流量为 10 820 m³/s,重现期 8 年,为 1993 年以来最大洪水。港上站年径流量为 21.12 亿 m³,较多年平均偏多 51.9%,其中,汛期径流量为 17.4 亿 m³,7 月 10 日 22 时 5 分出现年最大洪峰流量 4 860 m³/s,为有资料以来第 8 位。

沭河大官庄(总)站年径流量 17.07 亿 m³,较多年平均偏多 62.6%,其中,汛期径流量 11.6 亿 m³。7 月 10 日 17 时大官庄站年最大流量为 2 860 m³/s,还原洪峰流量为 3 070 m³/s,重现期 3 年,为 1991 年以来最大洪水。

中运河运河站年径流量 11.67 亿 m³,较多年平均偏少 66.2%,其中汛期径流量 7.1 亿 m³。7 月 11 日 17 时 35 分运河站年最大洪峰流量 825 m³/s。

2012 年汛期骆马湖入湖洪量 19.1 亿 m³,出湖洪量 16.9 亿 m³;7 月 11 日日平均最大入湖流量 3 460 m³/s,11 日日平均最大出湖流量 3 020 m³/s。9 月 7 日骆马湖(洋河滩站)出现了 2012 年最高水位 23.65 m,列 2001 年以来的第 1 位。

嶂山闸从 7 月 10 日首次开闸泄洪,到 7 月 16 日结束,历时 7 d。总泄洪量 6.86 m³。7 月 11 日 18 时 30 分出现年最大下泄流量 3 070 m³/s。

受嶂山闸泄洪及区间来水的共同影响,新沂河沭阳站 7 月 11 日 18 时出现年最高水位 9.74 m,超过警戒水位 0.74 m;7 月 11 日 15 时沭阳站出现最大洪峰流量 3 610 m³/s;汛期径流量 14.7 亿 m³;沭阳站水位超过警戒水位累计达 3 d。

2.4.11　2018 年洪水

2018 年 8 月,沂沭泗流域先后遭遇"摩羯""温比亚"台风袭击,8 月降水量 240 mm,较常年同期偏多 45%,流域主要河湖均出现较大洪水过程。13—14 日,受 14 号台风"摩羯"过境影响,沂沭泗流域降雨量 57 mm,最大点雨量不牢河耿集站 292 mm;17—19 日,受 18 号台风"温比亚"过境影响,沂沭泗流域降雨量 137 mm,单站雨量以南四湖湖西沛县栖山站 394.5 mm 为最大。

沂河临沂站 8 月 20 日 9 时洪峰流量 3 220 m³/s,刘家道口闸 12 时 24 分最大下泄流量 2 290 m³/s,港上站 21 日 1 时 20 分洪峰流量 2 190 m³/s,分沂入沭彭道口闸 20 日 11 时最大分洪流量 1 560 m³/s。沭河重沟站 20 日 13 时 22 分洪峰流量 3 200 m³/s,洪峰水位 57.48 m,洪峰流量和水位均超警戒值(重沟站警戒水位 57.4 m,相应流量 3 000 m³/s),此次沭河洪水洪峰流量列 1957 年以来第 3 位,也是沭河 1974 年以来最大洪水。大官庄枢纽新沭河闸 18 时最大下泄流量 5 040 m³/s,人民胜利堰闸相应泄量 249 m³/s。新沭河大兴镇 20 日 16 时 10 分洪峰流量 3 420 m³/s,石梁河水库 17 时最大下泄流量 3 940 m³/s。经还原计算,沭河大官庄以上洪峰流量 6 127 m³/s,重现期为 12 年;3 天还原洪量 4.8 亿 m³,重现期为 7 年。

南四湖上级湖南阳站水位从 17 日 8 时 33.70 m 开始起涨,最高水位出现在 21 日 20 时 34.92 m,较雨前上涨 1.22 m。二级坝闸 19 日 16 时开闸,20 日闸门先后提出水面,10 时 50 分二级坝闸最大下泄流量 3 490 m³/s,二级坝闸汛期下泄水量 8.92 亿 m³。韩庄闸 19 日 18 时开闸,20 日 8 时闸门提出水面,8 时 30 分最大下泄流量 1 080 m³/s,韩庄闸汛期下泄水量 8.02 亿 m³。伊家河闸、老运河闸、蔺家坝闸也先后参加泄洪,最大下泄流量分别为 116 m³/s、275 m³/s 和 138 m³/s,汛期下泄水量分别为 0.64 亿 m³、0.61 亿 m³ 和 0.24 亿 m³。中运河运河站 21 日 6 时最大洪峰流量 1 840 m³/s。

骆马湖嶂山闸 15 日开闸泄洪,之后又多次加大泄量,20 日 11 时 30 分最大下泄流量 4 730 m³/s,为 2008 年以后嶂山闸最大泄量,汛期下泄水量 15.22 亿 m³。受嶂山闸加大预泄影响,洋河滩水位先降后升,水位从 17 日 8 时 23.00 m 开始下降,最低水位出现在 21 日 11 时 22.12 m,较雨前下降 0.88 m,24 日骆马湖水位缓慢回升至 22.90 m。新沂河沭阳站 21 日 11 时 55 分洪峰流量 3 860 m³/s,水位 10.11 m,超警戒水位 1.11 m,新沂河沭阳段超警戒水位运行 4 d。沭阳站汛期径流量 23.19 亿 m³。

第 3 章　沂沭泗河洪水调度设计

3.1　背景情况

沂沭泗水系由沂河、沭河和泗(运)河组成。经过近 70 年的治理,已形成由水库、河湖堤防、控制性水闸、分洪河道及蓄滞洪工程等组成的防洪工程体系。目前,沂沭泗河洪水东调南下续建工程已基本完成,骨干河道中下游防洪工程体系基本达到 50 年一遇防洪标准。

根据修订后的《沂沭泗河洪水调度方案》,沂河、沭河洪水尽可能东调,预留骆马湖部分蓄洪容积和新沂河部分行洪能力接纳南四湖及邳苍地区洪水。当中运河及骆马湖水位较低时,南四湖洪水尽可能下泄;当中运河及骆马湖水位较高时,南四湖洪水控制下泄。骆马湖洪水应尽可能下泄,必要时启用南四湖湖东滞洪区及黄墩湖滞洪区滞洪。遇标准内洪水,合理利用水库、水闸、河道、湖泊等工程,确保防洪工程安全。遇超标准洪水,除利用水闸、河道强迫行洪外,相机利用滞洪区和采取应急措施处理超额洪水,地方政府组织防守,全力抢险,确保南四湖湖西大堤、骆马湖宿迁大控制、新沂河大堤等重要堤防和济宁、临沂、徐州、宿迁、连云港等重要城市城区的防洪安全,尽量减轻灾害损失。在确保防洪安全的前提下,兼顾洪水资源利用。

沂沭泗水利管理局在按照《沂沭泗河洪水调度方案》进行防洪调度的过程中积累了丰富的调度经验,同时也在探索流域湖泊、蓄滞洪区、涵闸等防洪工程的预调度模式,在确保防洪安全的前提下,通过降雨与洪水预报提高预见期,预先做出调度安排,寻求科学、合理的预调度方法,以提高防洪效益,减轻各地、各防洪工程的防洪压力。

3.2　洪水调度系统构建

3.2.1　研究范围

研究范围界定于沂沭泗水系,包括沂河、沭河、新沭河、南四湖、韩庄运河及中运河、骆马湖及新沂河。

洪水预报断面为沂河临沂站、大官庄枢纽断面,以及南四湖上级湖入湖流量过程等。因此,本研究范围内不包括水库工程。流域内主要防洪工程范围包括河道堤防、节制闸或分洪闸、湖泊、滞洪区等,具体如下:

(1)沂河防洪工程。包括沂河河道堤防、分沂入沭水道、邳苍分洪道、刘家道口枢纽(刘家道口节制闸、彭道口分洪闸)和江风口分洪闸。

(2)沭河防洪工程。包括沭河河道堤防、大官庄枢纽(新沭河闸、人民胜利堰闸)。

（3）南四湖、韩庄运河及中运河防洪工程。包括湖西大堤、湖东堤、二级坝枢纽、韩庄枢纽、蔺家坝闸、湖东滞洪区、韩庄运河与中运河堤防等。其中韩庄枢纽包括韩庄闸、伊家河闸、老运河闸，湖东滞洪区包括白马片（上级湖泗河—青山段）、界漷片（上级湖界河—城漷河段）及蒋集片（下级湖新薛河—郗山段）。

（4）骆马湖与新沂河防洪工程。包括骆马湖一线、宿迁大控制、嶂山闸及黄墩湖滞洪区等。其中，河道堤防包括骆马湖湖堤、新沂河河堤，分洪闸包括嶂山闸、皂河闸、宿迁闸等。

沂沭泗水系防洪工程基本情况见图3-1。

3.2.2 总体结构

考虑到沂沭泗河防洪是建立在"河道泄洪—涵闸分流—湖泊蓄洪—滞洪区滞洪"的复杂大系统之上，所以需要建立基于"河道—涵闸—湖泊—滞洪区"的复杂防洪系统联合优化调度模型。

3.2.2.1 河道演算模块

根据主要河道主要控制站预报和实测洪水过程，以马斯京根法为基础建立河道洪水演算模型，即

$$\frac{I_1 + I_2}{2} \cdot \Delta t - \frac{O_1 + O_2}{2} \cdot \Delta t = W_2 - W_1 \tag{3-1}$$

$$W = KQ = K[Ix + (1-x)O] \tag{3-2}$$

合并上述两式得

$$O_2 = C_0 I_2 + C_1 I_1 + C_2 O_1 \tag{3-3}$$

其中

$$C_0 = \frac{0.5\Delta t - Kx}{K - Kx + 0.5\Delta t}$$

$$C_1 = \frac{0.5\Delta t + Kx}{K - Kx + 0.5\Delta t}$$

$$C_2 = \frac{K - Kx - 0.5\Delta t}{K - Kx + 0.5\Delta t}$$

式中 I——入流量；

     O——出流量；

     W、W_1、W_2——槽蓄量；

     K——稳定流时的传播时间；

     C_0、C_1、C_2——系数。

根据上游站出流峰值及同次洪水中游河道站洪峰流量，计算出河段代表流量；由河段代表流量，求得演算河段稳定流传播时间 K；由稳定流传播时间 K，结合时段长 Δt（2 h 或 6 h）、特征河长 l、河段长 L 等，按下面公式：

$$n = \frac{K}{K_l} = \frac{K}{\Delta t} \tag{3-4}$$

$$L_l = \frac{L}{n} \tag{3-5}$$

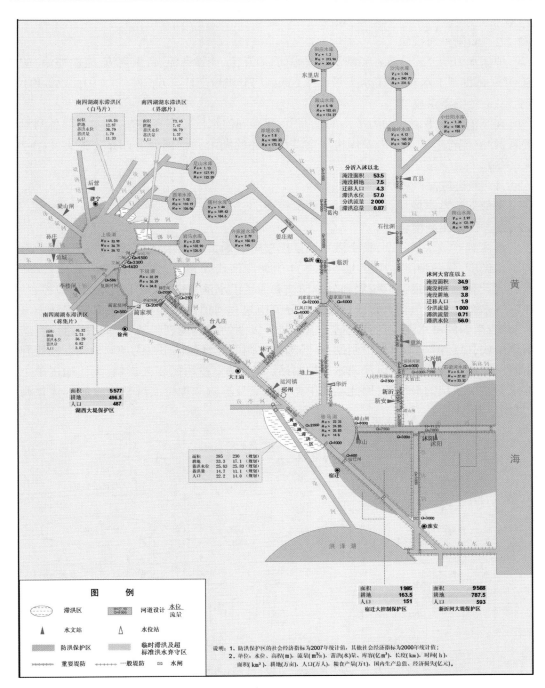

图 3-1　沂沭泗水系防洪工程基本情况概化

$$X_l = \frac{1}{2} - \frac{l}{2L_l} = \frac{1}{2} - \frac{nl}{2L} \tag{3-6}$$

计算出演算河段的单元河段数 n 及单元河段流量比重因数 X_l，计算出河段演算系数 C_0、

C_1、C_2。

3.2.2.2　涵闸分流模块

根据水力学公式计算各涵闸不同流态(自由孔流、淹没孔流、自由堰流、淹没堰流)的泄流曲线,依据闸上水头、闸下水头等计算不同闸门分洪量。计算方法见式(3-9)、式(3-10)。

3.2.2.3　湖泊蓄洪模块

在湖泊水量平衡和动力平衡的基础上,建立湖泊水位—库容关系、库水位与各闸泄量关系,建立能综合考虑下游及周边水系洪水情势的湖泊调度模型。计算公式见式(3-7)、式(3-8)。

3.2.2.4　滞洪区滞洪模块

类似湖泊蓄洪模块,建立滞留区滞洪模型。

3.2.2.5　优化调度模块

沂沭泗流域水系复杂,整个洪水调度模型可分为沂河洪水调度、沭河洪水调度、南四湖洪水调度、骆马湖洪水调度4个模块,4个调度模块间相互关联和制约。其中,沂河洪水调度计算包含刘道口枢纽涵闸分流模块和河道洪水演算模块,以港上站为出口控制站;沭河洪水调度计算包括大官庄枢纽涵闸分流模块和河道洪水演算模块,以新安站为出口控制站;南四湖洪水调度计算包括上级湖和下级湖的湖泊调度模块和韩庄枢纽出库洪水演算模块,以运河站为出口控制站;骆马湖洪水调度计算包括骆马湖的湖泊调度模块和嶂山闸出库洪水演算模块,以沭阳站为控制站。4个调度模块间相互影响,无法通过单个计算求得整个系统的最优解,因此需要根据大系统分解协调理论实现整个流域的优化调度(见图3-2)。

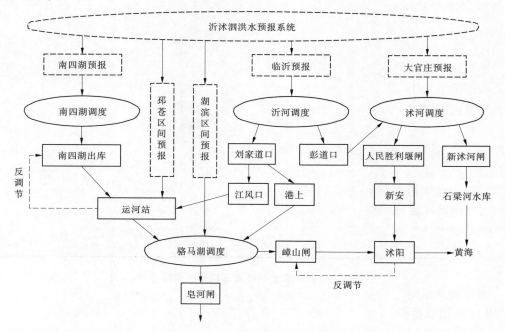

图 3-2　沂沭泗洪水调度系统逻辑结构

根据大系统分解协调原理,主要是将沂沭泗水系优化调度问题分成两个层次研究:单湖(河)洪水调度层(简称单湖层)和联合协调层(简称协调层)。单湖层为下层决策层,协调层为上层决策层。协调层建立了一套协调准则和方法(单时段协调准则和多时段动态反馈修订调度准则),将两湖子系统联系起来,实现整个系统的协调优化发展。单湖层提供数据的录入、计算和输出,而协调层对单湖层得出的结果进行判定、反馈、修正。单湖层和协调层之间不断地进行信息交换,相互配合、循环反复,实现两湖洪水预报调度系统的优化计算。

3.2.3　数据处理模块

为洪水演算和湖泊调度计算方便,也与预报时段统一,需要对实测数据进行插值处理。沂河、沭河洪水调度计算时段采用 2 h,南四湖、中运河、骆马湖洪水调度计算时段采用 6 h。

3.3　防洪调度基本方法

防洪调度依据暴雨与洪水预报,以及雨情、水情、工情实况,运用各类工程措施和非工程措施,统筹流域防洪全局,处理好局部和全局的关系,设计和优选出防洪调度方案,有计划地调节、控制洪水,保障防洪安全,减少洪水灾害。防洪调度决策属事前决策,存在着许多不确定因素,是非确定性问题的求解。因此,在现有的暴雨预报水平和仿真模拟水平下,应尽量在预报与仿真中充分利用实时发生的雨情、水情、工情信息和所积累的防洪调度经验,不断调整所制订的调度方案,最大限度地发挥防洪工程调度的作用与效果。

3.3.1　单项工程调度

本流域中涉及的主要防洪工程为涵闸、湖泊、堤防及滞洪区。其中,涵闸的防洪调度主要根据洪水大小、设计过水能力以及调度指令。河道堤防在防洪中的作用是"挡水",即将标准内的洪水束缚在河道中,使其安全下泄不外溢,保护两岸及下游防护对象的安全。在发生大洪水或超标准洪水时,为减轻上中游防洪压力及流域经济损失,当控制节点或断面水位、流量等指标达到一定限值时,会启用滞洪区。在本流域防洪调度中,能够起到较好的调节作用、发挥预报调度效益的是湖泊,包括南四湖与骆马湖。本流域中湖泊的调节功能与水库相同。因此,湖泊的调度与调节按照水库计算。

3.3.1.1　调洪计算公式

湖泊调洪计算的直接目的是通过湖泊的径流调节作用,计算次洪逐时段湖泊的入流与出流、蓄水与泄流量,得到湖泊最高洪水位和最大下泄流量,为相关部门防洪调度提供数据支持。

湖泊调洪原则主要分 3 种情况:

(1)如湖泊蓄水位较低,预报入湖洪水过程较小,可将全部洪水拦蓄在库内。

(2)若预报入湖洪水较大,考虑下游防洪要求,湖泊应控制下泄,尽可能保障下游安全。在这种情况下,逐时段的调洪递推计算只适用时段水量平衡方程,求出逐时段湖泊泄流量及蓄水量的变化过程。

（3）预报来水很大，若超过设计标准洪水，应将溢洪道闸门一起打开，自由泄流。在无闸门溢洪道泄流，或设闸门的泄洪设备闸门开启程度一定的条件下，须联解湖泊水量平衡方程、湖泊蓄泄方程进行逐时段的调洪演算。对调洪过程中任一 Δt 时段，计算公式表示如下：

$$\frac{Q_1 + Q_2}{2}\Delta t - \frac{q_1 + q_2}{2}\Delta t = V_2 - V_1 \tag{3-7}$$

$$q = f(V) \tag{3-8}$$

式中　　Q_1、q_1——时段初入湖、出湖流量，$\mathrm{m^3/s}$；

　　　　Q_2、q_2——时段末入湖、出湖流量，$\mathrm{m^3/s}$；

　　　　V_1、V_2——时段初、末湖泊蓄水量，万 $\mathrm{m^3}$。

蓄泄方程 $q=f(V)$ 表示闸门开度不变的条件下湖泊蓄水量与泄流量之间的关系；当属无闸门自由溢洪道时为湖泊泄流能力曲线。$q=f(V)$ 方程或曲线可按泄洪设备类型尺寸（或闸门开度）的水力特性换算制作。若为无闸门表面溢洪道，其泄流公式为：

$$q_1 = \varepsilon m B \sqrt{2g}\, h_1^{3/2} \tag{3-9}$$

式中　　B——溢洪道净宽，m；

　　　　h_1——堰上水头，m；

　　　　m——流量系数；

　　　　ε——侧收缩系数。

若为底孔泄流，则泄流公式为：

$$q_2 = \mu \omega \sqrt{2g h_2} \tag{3-10}$$

式中　　ω——孔口出流面积，$\mathrm{m^2}$；

　　　　h_2——堰上水头，m；

　　　　μ——孔口出流系数。

根据上述公式可换算求得湖泊水位 Z 与泄流量 q 的关系：$q=f(Z)$，即水位—泄流量关系曲线。进而由库容曲线可换算求得湖泊蓄水量 V 与 q 的关系：$q=f(V)$。

于是，在 Δt 时段的调洪演算中，可由已知的 Δt、Q_1、Q_2、q_1、V_1 求得 q_2 和 V_2。依时序逐段递推计算，可求得该次洪水的湖泊蓄水和泄水的全过程。

3.3.1.2　洪水调算方法

1.设计洪水调算方法

起调水位是调洪计算的初始条件。一般来说，洪水来临前，湖泊水位总是维持在防洪限制水位，即将防洪限制水位作为起调水位。本书考虑的是预蓄、预泄调度，其起调水位与防洪限制水位不一定一致，故必须根据实际情况确定起调水位。

当入湖洪水为防洪标准洪水时，所求的结果为防洪标准的最大下泄流量和防洪高水位；当入湖洪水为设计标准洪水时，所求的结果是设计洪水的最大下泄流量和设计洪水位；当入湖洪水为校核标准洪水时，所求的结果为校核洪水的最大下泄流量和校核洪水位。

2.考虑洪水预报的防洪调度方法

与无预报情况相比,有洪水预报时,调度部门在洪水来临前已掌握了较多的洪水信息。对有降雨径流预报方案的情况,当获得湖泊流域降雨信息以后,就可以知道相应的入湖洪水过程,由此可以判断洪水可能的量级大小,泄流量的控制过程(调洪演算)可按相应量级标准安排。经一个时段后降雨信息增加,泄流量过程又需要做出新的安排。如此递推,由于降雨随时间递增变化,每个时段初做出的泄量决策方案仅被执行了当前时段,随后又被下一时段出现的新的情况所替代。

3.3.2　防洪工程群联合调度

防洪工程群联合调度中,单项工程调度方法与前述相同,但在调度时受调度总目标与指令的约束,调度的先后顺序、开启程度、泄水量等服从于整体防洪效益最大的目标,统筹兼顾、团结协作、局部利益服从全局利益。同时,工程间可以发挥相互补偿、联动调度的作用。

3.4　工程群联动调度

3.4.1　防洪系统联合调度原则

防洪系统联合调度的原则与要求如下:

(1)以人为本,依法防洪,科学调度。

(2)统筹兼顾,蓄泄兼筹,团结协作,局部利益服从全局利益。

(3)沂河、沭河洪水尽可能东调,预留骆马湖部分蓄洪容积和新沂河部分行洪能力接纳南四湖及邳苍地区洪水。当中运河及骆马湖水位较低时,南四湖洪水尽可能下泄;当中运河及骆马湖水位较高时,南四湖洪水控制下泄。骆马湖洪水应尽可能下泄。必要时启用南四湖湖东滞洪区及黄墩湖滞洪区滞洪。

(4)遇标准内洪水,合理利用水库、水闸、河道、湖泊等,确保防洪工程安全。遇超标准洪水,除利用水闸、河道强迫行洪外,并相机利用滞洪区和采取应急措施处理超额洪水,地方政府组织防守,全力抢险,确保南四湖湖西大堤、骆马湖宿迁大控制、新沂河大堤等重要堤防和济宁、临沂、徐州、宿迁、连云港等重要城市城区的防洪安全,尽量减轻灾害损失。

(5)在确保防洪安全的前提下,兼顾洪水资源利用。

(6)南四湖、骆马湖在汛期的主要任务为保障地区防洪安全,同时,两个湖泊也承担着湖泊周边的灌溉、供水等任务。因此,在洪水调度时,应注意根据天气及用水情况适时拦蓄洪水尾巴,确保汛末水库水位回升至正常蓄水位。沂沭泗洪水资源调度中遵循的原则如下:①6月1—15日,视天气情况及用水需要,可逐步控制湖泊水位至汛限水位。②8月15日至9月30日,视适时雨水情况及中长期预报,决定南四湖、骆马湖是否由汛限水位逐步抬高到汛末蓄水位。③刘家道口枢纽非汛期蓄水位59.5 m(56黄海基面,下同),汛期蓄水位按不超过57.5 m控制。大官庄枢纽非汛期蓄水位52.5 m。

3.4.2　堤防工程与湖库、涵闸联合调度方式

　　流域内防洪工程众多,沂河主要防洪工程包括河道堤防、分沂入沭水道、邳苍分洪道、刘家道口枢纽和江风口闸等;沭河主要防洪工程包括河道堤防、大官庄枢纽及石梁河水库等;南四湖主要防洪工程包括湖西大堤、湖东堤、二级坝枢纽、韩庄枢纽、蔺家坝闸及湖东滞洪区等;骆马湖主要防洪工程包括骆马湖一线、宿迁大控制、嶂山闸及黄墩湖滞洪区等。

　　流域防洪工程在遵循《沂沭泗河洪水调度方案》(2012年修订)的前提条件下,针对沂沭泗流域洪水特点,识别流域预报、调度面临的主要问题,根据流域内各水系、工程间的水力联系及工程调度方案,建立基于"最大削峰率"和"最小拦蓄洪量"的流域多水系、多工程群防洪工程群联动的优化调度。采用计算节点的历史洪水预报过程,以及河道马斯京根法演算,利用大系统分解协调法对优化调度模型进行优化求解,得到各断面或工程的流量、水位和分洪量;将计算结果与规则调度结果进行对比,得到多指标优化调度结果。

3.4.3　防洪调度模型与约束条件

　　复杂防洪系统联合调度考虑的主要目标包含3个方面:①最小化湖泊设计防洪库容的使用以保证工程防洪安全;②保障河道堤防安全行洪;③最小化行蓄洪区分洪损失。将目标定量化表达建立目标函数和约束条件,在目标函数中考虑目标①和③,在约束条件中考虑目标②,得到具体的多目标优化调度模型。

3.4.3.1　目标函数

1.最大削峰准则

当无区间洪水时,目标函数表达为:

$$\min_{\Omega}\left\{\max_{t\in[t_0,t_D]}\left[q(t)\right]\right\} \tag{3-11}$$

当有区间入流量时,目标函数为:

$$\min_{\Omega}\left\{\max_{t\in[t_0,t_D]}\left[q(t)+Q_{区}(t)\right]\right\} \tag{3-12}$$

式中　$q(t)$——经工程调蓄后的下泄过程;

　　　　Ω——策略空间;

　　　　$[t_0,t_D]$——调度期始末;

　　　　$Q_{区}(t)$——区间洪水过程。

2.最小分洪量(分洪损失)

$$\min C_D = \sum_{i=1}^{m} C_{D,i} \tag{3-13}$$

式中　C_D——行蓄洪区(含滞洪区)系统分洪损失;

　　　　$C_{D,i}$——第i个行蓄洪区的分洪损失;

　　　　m——行蓄洪区的个数。

$$C_{D,i} = a_i + b_i \ln(W_{D,i}) \tag{3-14}$$

式中　$W_{D,i}$——第i个行蓄洪区的分洪水量;

　　　　a_i, b_i——第i个行蓄洪区分洪损失函数的拟合系数。

3.防洪工程群最大防洪安全度

$$\max S_R = \sum_{i=1}^{n} S_{R,i} \tag{3-15}$$

式中　S_R——防洪工程系统防洪安全度；

　　　$S_{R,i}$——第 i 个工程防洪安全度；

　　　n——工程数目。

3.4.3.2　基本约束条件

1.河道堤防安全行洪约束

$$\sum_{i=1}^{n} q'_{R,i}(t) - \sum_{i=1}^{m} q'_{D,i}(t) + Q_{sec}(t) \leqslant q_A \tag{3-16}$$

式中　$q'_{R,i}(t)$——第 i 个河道工程泄流在控制断面上的响应过程；

　　　$q'_{D,i}(t)$——第 i 个行蓄洪区分洪流量在控制断面的响应过程；

　　　$Q_{sec}(t)$——大区间洪水流量过程；

　　　q_A——河道控制断面安全泄量值。

2.河道洪水演算马斯京根法约束

$$q_k(t) = C_0 q_{k-1}(t) + C_1 q_{k-1}(t-1) + C_2 q_k(t-1) \tag{3-17}$$

式中　C_0、C_1、C_2——相应河段马斯京根法参数；

　　　$q_k(t-1)$、$q_k(t)$——相应 k 断面 t 时段初、末流量；

　　　$q_{k-1}(t-1)$、$q_{k-1}(t)$——相应 $k-1$ 断面 t 时段初、末流量。

3.湖泊、蓄滞洪区水位、泄流约束

1)调洪最低和最高水位约束

$$Z_{R,i}^{min} \leqslant Z_{R,i}(t) \leqslant Z_{R,i}^{max} \tag{3-18}$$

式中　$Z_{R,i}(t)$——第 i 个湖泊 t 时刻的水位；

　　　$Z_{R,i}^{min}$、$Z_{R,i}^{max}$——第 i 个湖泊 t 时刻允许最低、最高水位，一般分别为汛限水位、设计洪水位。

2)最小泄流和泄流流量约束

$$q_{R,i}^{min} \leqslant q_{R,i}(t) \leqslant q_{R,i}[Z_{R,i}(t)] \tag{3-19}$$

式中　$q_{R,i}(t)$——第 i 个湖泊 t 时刻的泄流量；

　　　$q_{R,i}^{min}$——第 i 个湖泊 t 时刻允许最小泄流量；

　　　$q_{R,i}[Z_{R,i}(t)]$——第 i 个湖泊在相应 t 时刻相应水位 $Z_{R,i}(t)$ 的下泄允许能力。

3)泄流流量变幅约束

$$|q_{R,i}(t) - q_{R,i}(t-1)| \leqslant \Delta q_{R,i}(t) \tag{3-20}$$

式中　$|q_{R,i}(t)-q_{R,i}(t-1)|$——第 i 个湖泊时段末、初出湖流量的变幅；

　　　$\Delta q_{R,i}(t)$——第 i 个湖泊出湖流量变幅的允许值。

注：湖泊泄流及其变幅约束也适用于河道工程。

4）防洪库容约束

$$\sum_{t_0}^{t_D} [Q(t) - q(t)] \Delta t = V_{防} \qquad (3-21)$$

5）防洪策略约束

$$q(t) \leqslant Q(t)$$

6）溢洪能力约束

$$q(t) \leqslant q(H_i)$$

4.水量平衡约束

$$V_{R,i}(t) = V_{R,i}(t-1) + [Q_{R,i}(t) + Q_{R,i}(t-1) - q_{R,i}(t) - q_{R,i}(t-1)] \Delta t/2$$

$$\qquad (3-22)$$

式中　　$Q_{R,i}(t-1)$、$q_{R,i}(t-1)$——第 i 个湖泊 t 时刻初的入湖流量、出湖流量；

　　　　$Q_{R,i}(t)$、$q_{R,i}(t)$——第 i 个湖泊 t 时刻末的入湖流量、出湖流量；

　　　　$V_{R,i}(t-1)$、$V_{R,i}(t)$——第 i 个湖泊 t 时刻初、末蓄水量；

　　　　Δt——计算时段长。

5.设计分洪流量约束

$$0 \leqslant q_{D,i}(t) \leqslant q_{D,i}^{des} \qquad (3-23)$$

式中　　$q_{D,i}(t)$——第 i 个行蓄洪区 t 时段的计算分洪流量；

　　　　$q_{D,i}^{des}$——第 i 个行蓄洪区设计分洪流量值。

6.设计蓄洪流量约束

$$0 \leqslant V_{D,i}(t) \leqslant V_{D,i}^{des} \qquad (3-24)$$

式中　　$V_{D,i}(t)$——第 i 个行蓄洪区 t 时刻蓄水量；

　　　　$V_{D,i}^{des}$——第 i 个行蓄洪区设计蓄水量值。

3.4.3.3　其他约束条件

如上所述，本研究防洪工程群中，约束条件包括河道堤防流量约束、分洪闸能力约束、湖泊水位约束等。同时，依据本流域防洪调度方案，沂河、沭河、南四湖及骆马湖的泄洪还受到洪水级别、相关防洪工程水位的约束。具体如下：

（1）沂河调度约束。沂河调度时主要依据预报的沂河河道（分级）洪水流量，同时考虑沭河大官庄枢纽洪峰流量、骆马湖及邳苍地区来水、骆马湖及新沂河汛情等情况，主要分洪工程为刘家道口闸、彭道口闸、江风口闸。约束条件为分级洪水对应的下游河道控制流量、各分洪闸的分洪流量、江风口闸闸前水位。

（2）沭河调度约束。沭河调度时主要依据预报的大官庄枢纽洪峰流量（沭河干流洪水加分沂入沭来水）。考虑大官庄枢纽洪峰分级流量，以及新沂河、老沭河洪水情况，主要分洪工程为新沭河闸、人民胜利堰闸。约束条件为大官庄枢纽分级洪水流量对应的各分洪闸的分洪流量。

（3）南四湖调度约束。南四湖调度时主要依据当前时刻及预报的上级湖南阳站水位、下级湖微山站水位情况，同时考虑南四湖、中运河、骆马湖水情进行泄洪或启用滞洪区决策。

南四湖分洪工程约束条件为:①南四湖上级湖与下级湖的死水位、汛限水位、设计洪水位、防洪库容;②二级坝枢纽、韩庄枢纽、蔺家坝闸的设计流量;③韩庄运河不同河段、中运河不同河段的设计流量;④中运河运河站水位、骆马湖水位;⑤南四湖湖东滞洪区的滞洪库容、进洪流量。其中,韩庄枢纽泄洪方式主要依据微山站水位、中运河运河站水位、骆马湖水位,蔺家坝闸泄洪依据当前时刻微山站的水位。

(4)骆马湖调度约束。骆马湖分洪工程包括嶂山闸、皂河闸、宿迁闸、黄墩湖滞洪区。调度主要依据当前时刻及预报的骆马湖水位,同时考虑沂河与中运河来水及新沂河沭阳站流量情况,进行泄洪或启用滞洪区决策。

骆马湖分洪工程约束条件为:①骆马湖死水位、汛限水位、设计洪水位、校核洪水位、设计(“拦洪”)库容、“调洪”库容;②嶂山闸、宿迁闸设计流量及分洪流量;③新沂河沭阳站流量。

3.4.4　三级递阶分解协调优化算法

3.4.4.1　多目标优化调度模型分解与协调

上述数学问题为复杂防洪工程群优化调度问题,从数学上采用单一方法难以直接优化求解,但其目标函数满足加性可分离形式,可应用大系统分解协调法降低问题求解复杂度,同时保证全局寻优,关键步骤是解耦,形成递阶结构和协调方法。约束条件式涵盖了湖泊与行蓄洪区联合调度的共同结果,是体现两类防洪工程共同维护河道控制断面安全泄流的关联约束。

首先,应用大系统分解协调法的模型协调法,选定具有实际物理意义的行蓄洪区总分洪流量 $W_D(t)$ 为协调变量,将其分解为湖泊群和行蓄洪区的系统关联约束方程:

$$\sum_{i=1}^{n} q'_{R,i}(t) + Q_{sec}(t) - q_A \leq W_D(t) \tag{3-25}$$

$$\sum_{i=1}^{m} q'_{D,i}(t) = W_D(t) \tag{3-26}$$

然后,应用大系统分解协调法的目标协调法,引入拉格朗日乘子向量 $\lambda_R(t)$ 和 $\lambda_D(t)$ 分别继续分解约束式(3-25)和式(3-26),具体分解方法见湖泊群子协调模块和行蓄洪区子协调模块。

最后,根据选定的协调变量(协调信息)和目标函数(反馈信息)在不同层级之间进行信息传递,构成了三级递阶分解协调模型,递阶模型结构如图3-3所示。

3.4.4.2　三级递阶分解协调结构模块

1.复杂防洪系统总协调模块

取关联变量 $W_D(t)$ 为协调变量,根据复杂防洪系统总目标函数式(3-27)建立协调准则,不断调整协调变量,达到全局最优。问题可以看作以 $W_D(t)$ 为自变量的极值问题,形成无约束的非线性规划问题,即

$$\min F = \alpha_R(-S_R/n) + \alpha_D(C_D/C_D^{max}) = F(W_D(t)) \tag{3-27}$$

采用梯度法建立协调准则:

$$W_D^{k+1}(t) = \max\left[W_D^k(t) + \sigma^k \frac{dF(W_D^k(t))}{dW_D^k(t)}, 0\right] \tag{3-28}$$

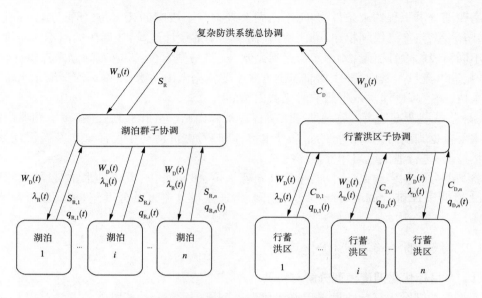

图 3-3　复杂防洪系统三级递阶分解协调模型结构

式中　　k——迭代计算次数；

　　　　σ^k——第 k 次计算步长。

计算时采用差分格式计算：

$$\frac{\mathrm{d}F(W_D^k(t))}{\mathrm{d}W_D^k(t)} = \frac{F^k - F^{k-1}}{W_D^k(t) - W_D^{k-1}(t)} \tag{3-29}$$

总协调层经过迭代计算，满足条件 $|W_D^{k+1}(t) - W_D^k(t)| \leqslant \varepsilon$（$\varepsilon$ 为迭代精度），认为目标函数达到全局最优。

2.湖泊群子协调模块

湖泊群系统的关联（耦合）约束为式（3-25），采用目标协调法，引入拉格朗日乘子向量 $\lambda_R(t)$，将不等式关联约束并入湖泊群调度目标函数中，构成湖泊群的拉格朗日函数。

$$L_R = \sum_{i=1}^{n} S_{R,i} + \sum_{i=1}^{T} \lambda_R(t) \left[\sum_{i=1}^{n} q'_{R,i}(t) + Q_{sec}(t) - q_A - W_D(t) \right] \tag{3-30}$$

采用梯度法建立协调准则：

$$\lambda_R^{k+1}(t) = \lambda_R^k(t) + \sigma_R^k \left[\sum_{i=1}^{n} q'_{R,i}(t) + Q_{sec}(t) - q_A - W_D(t) \right] \tag{3-31}$$

按照对偶原理满足协调式 $\lambda_R(t) \geqslant 0$，令 $\lambda_R^{k+1}(t) = 0$ 为满足约束的时刻点，则协调准则的迭代格式如下式：

$$\lambda_R^{k+1}(t) = \max\left\{ \lambda_R^k(t) + \sigma_R^k \left[\sum_{i=1}^{n} q'_{R,i}(t) + Q_{sec}(t) - q_A - W_D(t) \right], 0 \right\} \tag{3-32}$$

式中　　σ_R^k——第 k 次计算步长。

子协调层经过一定次数的迭代计算，满足条件 $|\lambda_R^{k+1}(t) - \lambda_R^k(t)| \leqslant \varepsilon_R$（$\varepsilon_R$ 为迭代精度），认为达到最优，停止迭代计算。

3.蓄滞洪区子协调模块

蓄滞洪区系统的关联(耦合)约束为式(3-26),采用目标协调法,引入拉格朗日乘子向量 $\lambda_D(t)$,将不等式关联约束并入蓄滞洪区调度目标函数中,构成蓄滞洪区的拉格朗日函数。

$$L_D = \sum_{i=1}^{m} C_{D,i} + \sum_{i=1}^{T} \lambda_D(t) \left[\sum_{i=1}^{m} q'_{D,i}(t) - W_D(t) \right] \tag{3-33}$$

采用梯度法建立协调准则:

$$\lambda_D^{k+1}(t) = \lambda_D^k(t) + \sigma_D^k \left[\sum_{i=1}^{m} q'_{D,i}(t) - W_D(t) \right] \tag{3-34}$$

子协调层经过一定次数的迭代计算,满足条件 $|\lambda_D^{k+1}(t) - \lambda_D^k(t)| \leq \varepsilon_D$($\varepsilon_D$ 为迭代精度),认为达到最优,停止迭代计算。

4.单一湖泊优化调度模块

在子协调层给定 $\lambda_R(t)$ 和 $W_D(t)$ 时,式(3-30)拉格朗日函数改写成加性可分离形式:

$$L_R = \sum_{i=1}^{n} \left\{ S_{R,i} + \sum_{i=1}^{T} \lambda_R(t) \left[q'_{R,i}(t) + \frac{Q_{sec}(t) - q_A - W_D(t)}{n} \right] \right\} \tag{3-35}$$

则第 i 座湖泊优化调度的目标函数如下式所示:

$$\max F_{R,i} = \max_{t \in [1,T]} [V_{R,i}(t)] + \sum_{i=1}^{T} \lambda_R(t) \left[q'_{R,i}(t) + \frac{Q_{sec}(t) - q_A - W_D(t)}{n} \right] \tag{3-36}$$

5.单一蓄滞洪区优化调度模块

在子协调层给定 $\lambda_D(t)$ 和 $W_D(t)$ 时,式(3-33)拉格朗日函数改写成加性可分离形式:

$$L_D = \sum_{i=1}^{m} \left\{ C_{D,i} + \sum_{i=1}^{T} \lambda_D(t) \left[q'_{D,i}(t) - \frac{W_D(t)}{m} \right] \right\} \tag{3-37}$$

其目标函数为:

$$\min F_{D,i} = b_i \ln(W_{D,i}) + \sum_{i=1}^{T} \lambda_D(t) \left[q'_{D,i}(t) - \frac{W_D(t)}{m} \right] \tag{3-38}$$

3.5　调度模式

3.5.1　规则调度

规则调度方案是指按照《沂沭泗河洪水调度方案》(2012 年修订)中沂河、沭河、南四湖、骆马湖等范围内工程的调度规则进行调度。在遇到设计标准内洪水时,各断面、节点不允许超过设计过水能力和水位限值。

3.5.1.1　沂河洪水调度

(1)预报沂河临沂站洪峰流量小于 3 000 m³/s 时,沂河上游来水原则上通过刘家道口闸向南下泄;如骆马湖以上南四湖及邳苍地区来水较大,或骆马湖及新沂河汛情紧张,彭道口闸分洪。

(2)预报沂河临沂站洪峰流量为 3 000~9 500 m³/s 时,彭道口闸尽量分洪,控制沂河江风口以下流量不超过 7 000 m³/s。

（3）预报沂河临沂站洪峰流量为 9 500～12 000 m³/s 时,彭道口闸分洪流量不超过 4 000 m³/s,当刘家道口闸下泄流量超过 8 000 m³/s 或江风口闸闸前水位达 58.5 m 时,开启江风口闸分洪,控制沂河江风口以下流量不超过 8 000 m³/s。

（4）预报沂河临沂站洪峰流量为 12 000～16 000 m³/s 时,彭道口闸分洪流量不超过 4 000 m³/s,控制刘家道口闸下泄流量不超过 12 000 m³/s,江风口闸分洪流量不超过 4 000 m³/s,沂河江风口以下流量不超过 8 000 m³/s。

（5）预报沂河临沂站洪峰流量超过 16 000 m³/s 时,彭道口闸分洪流量 4 000～4 500 m³/s,控制刘家道口闸下泄流量不超过 12 000 m³/s,江风口闸分洪流量不超过 4 000 m³/s,沂河江风口以下流量不超过 8 000 m³/s。当采取上述措施仍不能满足要求时,超额洪水在分沂入沭以北地区采取应急措施处理。

3.5.1.2　沭河洪水调度

（1）预报沭河大官庄枢纽洪峰流量（沭河干流洪水加分沂入沭来水,下同）小于 3 000 m³/s 时,人民胜利堰闸（含灌溉孔）下泄流量不超过 1 000 m³/s,余额洪水由新沭河闸下泄。预报石梁河水库水位将超过汛限水位时,水库预泄腾库接纳上游来水。若石梁河水库需控制下泄流量,控制库水位不超过 24.5 m,并于洪峰过后尽快降至汛限水位。

（2）预报沭河大官庄枢纽洪峰流量为 3 000～7 500 m³/s 时,来水尽量东调。视新沂河、老沭河洪水,人民胜利堰闸下泄流量不超过 2 500 m³/s,新沭河闸下泄流量不超过 5 000 m³/s;石梁河水库提前预泄腾库接纳上游来水,水库泄洪控制库水位不超过 25.0 m,并于洪峰过后尽快降至汛限水位。

（3）预报沭河大官庄枢纽洪峰流量为 7 500～8 500 m³/s 时,来水尽量东调。视新沂河、老沭河洪水,人民胜利堰闸下泄流量不超过 2 500 m³/s,新沭河闸下泄流量不超过 6 000 m³/s;石梁河水库提前预泄腾库接纳上游来水,水库泄洪控制库水位不超过 26.0 m,并于洪峰过后尽快降至汛限水位。

（4）预报沭河大官庄枢纽洪峰流量超过 8 500 m³/s 时,来水尽量东调,控制新沭河闸下泄流量不超过 6 500 m³/s;视新沂河、老沭河洪水,人民胜利堰闸下泄流量不超过 3 000 m³/s。当采取上述措施仍不能满足要求时,超额洪水在大官庄枢纽上游地区采取应急措施处理。石梁河水库要提前预泄腾库接纳上游来水,尽量加大下泄流量,必要时保坝泄洪。洪峰过后水库尽快降至汛限水位。

3.5.1.3　南四湖洪水调度

（1）当上级湖南阳站水位达到 34.2 m 并继续上涨时,二级坝枢纽开闸泄洪,视水情上级湖洪水尽量下泄。

预报南阳站水位超过 37.0 m 时,二级坝枢纽敞泄。当南阳站水位超过 37.0 m 时,启用南四湖湖东滞洪区白马片和界湄片滞洪。

（2）当下级湖微山站水位达到 32.5 m 并继续上涨时,韩庄枢纽开闸泄洪,视南四湖、中运河、骆马湖水情,下级湖洪水尽量下泄。

预报微山站水位不超过 36.5 m,当中运河运河站水位达到 26.5 m 或骆马湖水位达到 25.0 m 时,韩庄枢纽控制下泄。

预报微山站水位超过 36.5 m 时,韩庄枢纽尽量泄洪,尽可能控制中运河运河站流量不超过 6 500 m³/s。当微山站水位超过 36.5 m 时,启用南四湖湖东滞洪区蒋集片滞洪,韩庄枢纽敞泄;在不影响徐州城市、工矿安全的前提下,蔺家坝闸参加泄洪。

3.5.1.4　骆马湖洪水调度

(1)当骆马湖水位达到 22.5 m 并继续上涨时,嶂山闸泄洪,或相机利用皂河闸、宿迁闸泄洪;如预报骆马湖水位不超过 23.5 m,照顾黄墩湖地区排涝。

(2)预报骆马湖水位超过 23.5 m,骆马湖提前预泄。预报骆马湖水位不超过 24.5 m,嶂山闸泄洪控制新沂河沭阳站洪峰流量不超过 5 000 m³/s,同时相机利用皂河闸、宿迁闸泄洪。

(3)预报骆马湖水位超过 24.5 m,嶂山闸泄洪控制新沂河沭阳站洪峰流量不超过 6 000 m³/s,同时相机利用皂河闸、宿迁闸泄洪。

(4)当骆马湖水位超过 24.5 m 并预报继续上涨时,退守宿迁大控制;嶂山闸泄洪控制新沂河沭阳站洪峰流量不超过 7 800 m³/s;视下游水情,控制宿迁闸泄洪不超过 1 000 m³/s;徐洪河相机分洪。

(5)如预报骆马湖水位超过 26.0 m,当骆马湖水位达到 25.5 m 时,启用黄墩湖滞洪区滞洪,确保宿迁大控制安全。

3.5.1.5　大型水库洪水调度

沭泗河大型水库防洪调度要严格按照批准的汛期调度运用计划实施。当预报沂沭河汛情紧张并可能危及干流堤防安全时,跋山、岸堤、许家崖、青峰岭、陡山等大型水库在确保水库工程安全的前提下,尽量为下游河道错峰。

3.5.2　考虑强迫行洪的规则调度

当遇超标准洪水时,有非强迫行洪和强迫行洪两种方案,其中非强迫行洪是按调度方案正常调度。强迫行洪是指:①沂河临沂站洪峰流量超过 16 000 m³/s 时,彭道口最大可分 5 000 m³/s,比设计多 1 000 m³/s;江风口最大可分 5 000 m³/s,也比设计多 1 000 m³/s;沂河江风口以下最多可走 10 000 m³/s,比设计多 2 000 m³/s。②当大官庄洪峰流量超过 8 150 m³/s 时,人民胜利堰闸最多可走 3 000 m³/s,新沭河闸最大分洪流量 7 000 m³/s,超额洪水在大官庄以上沭河以东地区采取应急措施处理。③骆马湖水位达到 25.5 m,预报将超过 26 m 时,启用黄墩湖滞洪。若骆马湖水位仍超 26 m,新沂河加大泄量,利用河道强迫行洪,沭阳最多可走 10 000 m³/s。两种方案各主要断面设计流量如表 3-1 所示。

由表 3-1 可以看出,强迫行洪方案明显增加了沂河和新沂河的下泄能力,将有利于提高沂河和骆马湖的行洪能力。对沭河的行洪能力也有增加,但由于分沂入沭流量也同时增加,导致沭河来水量增加,所以沭河行洪能力增加不显著。

3.5.3　预调度

3.5.3.1　预调度概念的提出

当流域洪水预报信息较为可靠时,水文部门通常采用优化调度提高防洪效果。优化调度的方式有多种,包括采用优化计算方法对各子系统调度进行优化,获得相对"最优解";或利用水库、湖泊调蓄库容对洪水进行控制、拦蓄,以减小下游防洪压力;或根据洪水预报信息提前下泄水量,以腾出库容承纳洪水等。

表 3-1　强迫行洪与非强迫行洪条件下各断面流量对比　　　　　（单位:m³/s）

相关断面		正常设计流量	强迫行洪流量	增加泄洪流量
沂河	彭道口闸	4 000	5 000	1 000
	刘家道口闸	12 000	15 000	3 000
	江风口闸	4 000	5 000	1 000
沭河	大官庄(新)	6 500	7 000	500
	人民胜利堰闸	3 000	3 000	0
新沂河	沭阳	7 800	10 000	2 200

　　湖库预泄实质上就是"提前释放风险,腾出库容,提高工程拦洪能力和对湖库下游的削峰能力"。水库、湖泊预泄水量的优化调度方式分为两类:第一类预泄方式是当发生较大洪水时,根据预报的洪水大小提前一定时段预泄湖库中水量,预降湖库水位;第二类预泄方式是当洪水预报信息发布后,立即响应,运用防洪工程调洪能力,在确保湖库工程安全的前提下,最大限度地发挥湖库的防洪效益,减轻下游洪灾损失。此处第二类预泄方式是一种类似于"预调度"的模式。

　　预调度是沂沭泗水利管理局水文局(信息中心)在洪水调度研究中尝试的一种新的调度模式,是水文部门在获得流域洪水预报信息后采取的一种"即刻响应"的防洪调度方式,即水文部门依据时段雨情、当前工情及预报的洪水信息,在遵循流域调度规则、上下游水力传递关系的前提下,利用洪水预见期、防洪工程在时间与库容上存在的互补调蓄空间等有利条件,优化设计出基于流域全局安全考量的各防洪工程蓄泄方案,并对各防洪工程实施即时调度,以最大限度地削减洪峰流量,降低河湖最高水位与成灾历时,减少蓄滞洪区滞洪量,提高流域防洪综合效果。

　　从实质上讲,预调度属于防洪优化调度的一种模式,但其与现行的"常规优化调度"又有不同,具体表现在以下方面:

　　(1)预泄的时机不同。常规优化调度是针对洪水预报信息及洪水发展情况提前开闸,即提前"一定时段";而预调度是在预报信息发布后即时计算、即刻预泄调度。

　　(2)预泄的依据不同。常规优化调度主要考虑水情、工情信息进行预泄;而预调度则是依据时段降雨、产流预报、水利工程等综合信息,当时段累计降雨量达到一定数值并产生了较多洪量时,即可考虑预调度。

　　(3)汛末洪水回蓄不同。提出、尝试预调度模式的主要目的在于提高流域防洪效果,同时,预调度还将汛末洪水回蓄作为约束条件,即在不造成洪水灾害的前提下,能保证汛末水库(湖泊)能回蓄到正常高水位。

3.5.3.2　预调度可行性分析

　　实施洪水预调度需要洪水预报精度高且具有一定的预见期。沂沭泗水利管理局水文局(信息中心)洪水预报等级为乙级。流域内沂河、沭河、泗河洪水预见期如下。

根据沂沭泗流域洪水特征,本书选择 1957 年、1960 年、1963 年、1974 年、1993 年与 2012 年 6 场实测洪水资料进行时效性分析。洪水实测与预报的控制断面选择沂河临沂站、沭河大官庄站、南四湖与骆马湖 4 个断面。沂河临沂站、沭河大官庄站各场次洪水预见期见表 3-2 和表 3-3。

表 3-2　沂河典型洪水临沂站预报发布情况

洪水编号	沂河临沂站		
	预报发布时间 (月-日 T 时:分)	实测洪峰发生时间 (月-日 T 时:分)	洪水预见期
19570719	07-19 T 14:30	07-19 T 23:40	9 h 10 min
19600817	08-17 T 08:30	08-17 T 13:00	4 h 30 min
19630720	07-20 T 00:30	07-20 T 05:42	5 h 12 min
19740813	08-13 T 20:30	08-14 T 02:45	6 h 15 min
19930805	08-05 T 10:30	08-05 T 17:10	6 h 40 min
20120710	07-10 T 06:30	07-10 T 13:00	6 h 30 min

注:预报发布时间为主要降雨停止时间+30 min。

表 3-3　沭河典型洪水大官庄站预报发布情况

洪水编号	沭河大官庄站		
	预报发布时间 (月-日 T 时:分)	实测洪峰发生时间 (月-日 T 时:分)	洪水预见期
19570719	07-19 T 14:30	07-20 T 06:00	15 h 30 min
19600817	08-17 T 08:30	08-17 T 22:00	13 h 30 min
19630720	07-20 T 04:30	07-20 T 14:00	9 h 30 min
19740813	08-13 T 20:30	08-13 T 13:00	16 h 30 min
19930805	08-05 T 10:30	08-05 T 18:30	8 h
20120710	07-10 T 06:30	07-10 T 17:00	10 h 30 min

注:预报发布时间为主要降雨停止时间+30 min。

根据表 3-2 与表 3-3 统计结果,可得出以下结论:

(1)沂河临沂站 19600817 洪水预见期较短,约为 4 h 30 min,19570719 洪水预见期稍长,约为 9 h 10 min。

(2)沭河大官庄站各场次典型洪水预报的预见期均较长,19930805 洪水预见期约为 8 h,19570719 洪水、19740813 洪水预见期较长,分别为 15 h 30 min 和 16 h 30 min。

　　骆马湖与南四湖的预报采用反推洪峰方式得到,依据表 3-4 与表 3-5,骆马湖洪水预见期较长,在 18 h 以上;而南四湖上级湖洪水预见期各场次相差较大,19570719 洪水与 20120710 洪水预见期分别为 8 h 30 min 与 5 h 30 min,19740813 洪水与 19930805 洪水预见期超过 23 h,下级湖 19740813 预见期为 17 h 30 min,其他各场次洪水预见期均超过 47 h。

表 3-4　骆马湖各场次洪水预报发布情况

洪水编号	骆马湖		
	预报发布时间 (月-日 T 时:分)	反推洪峰发生时间 (月-日 T 时:分)	洪水预见期
19570719	07-19 T 14:30	07-20 T 09:00(依据皂河闸要素资料)	18 h 30 min
19600817	08-17 T 08:30	洋河滩和皂河闸均无要素资料	——
19630720	07-20 T 00:30	洋河滩无要素和日均资料;皂河闸无要素资料	——
19740813	08-13 T 20:30	08-15 T 04:00	31 h 30 min
19930805	08-05 T 14:30	08-07 T 08:00	41 h 30 min
20120710	07-10 T 08:30	07-11 T 12:00	27 h 30 min

　　注:预报发布时间为主要降雨停止时间+30 min。

　　洪峰预报时效用时效性系数采用《水文情报预报规范》(GB/T 22482—2008)计算公式:

$$CET = EPF/TPF \tag{3-39}$$

式中　CET——洪峰时效性系数;

　　　EPF——有效预见期,指发布预报时间至本站洪峰出现的时距,h;

　　　TPF——理论预见期,指主要降雨停止或预报依据要素出现至本站洪峰时距,h。

　　根据式(3-39)计算临沂站、大官庄站、骆马湖以及南四湖的洪峰预报时效性系数,计算结果见表 3-5。其中临沂站各场次洪水预报时效性系数为 0.85~0.95,平均时效性系数为 0.924,预报等级为乙级;大官庄站 19930805 洪水预报等级为乙级,其他场次洪水等级为甲级,各场次平均时效性系数为 0.958,预报等级为甲级;南四湖上级湖 19570719 洪水及 20120710 洪水预报等级为乙级,19740813 洪水及 19930805 洪水预报等级为甲级,各场次平均预报等级为甲级;南四湖下级湖、骆马湖平均预报时效性系数均大于 0.95,预报等级均为甲级。

　　以上各场次洪水中,临沂站预报时效性系数略小于 0.95,预报等级为乙级;大官庄站、骆马湖、南四湖平均预报时效性系数均大于 0.95,预报等级为甲级。因此,沂河、沭河、南四湖、骆马湖以上各断面(河湖)的预报等级较高。

　　因此,在沂沭泗河实施洪水预调度是可行的。

表3-5　南四湖各场次洪水预报发布情况

洪水编号	南四湖上级湖			南四湖下级湖		
	预报发布时间（月-日 T 时:分）	反推洪峰发生时间（月-日 T 时:分）	洪水预见期	预报发布时间（月-日 T 时:分）	反推洪峰发生时间（月-日 T 时:分）	洪水预见期
19570719	07-19 T 14:30	07-19 T 23:00（南阳站无要素资料，依据泗河书院站洪峰时间+到湖口洪水传播时间）	8 h 30 min	07-19 T 14:30	07-22 T 04:15（微山站无要素资料，依据十字河梁里站洪峰时间+到湖口洪水传播时间）	61 h 50 min
19600817	08-17 T 08:30	南阳站无要素资料	—	08-17 T 08:30	微山站无要素资料	—
19630720	07-20 T 20:30	南阳站无要素资料	—	07-20 T 20:30	微山站无要素资料	—
19740813	08-13 T 08:30	08-14 T 08:00（降雨量 16 mm）	23 h 30 min	08-13 T 14:30	08-14 T 08:00（降雨量 54 mm）	17 h 30 min
19930805	08-05 T 08:30	08-06 T 08:00（南阳站无要素资料，依据日平均水位内插反推洪峰时间）	23 T 30 min	08-05 T 08:30	08-07 T 08:00（微山站无要素资料，依据预报洪峰发生时间）	47 h 30 min
20120710	07-10 T 02:30	07-10 T 08:00（降雨量 25 mm）	5 h 30 min	07-10 T 02:30	07-12 T 08:00（降雨量 36 mm）	53 h 30 min

注：预报发布时间为主要降雨停止时间+30 min。

第 4 章　沂沭泗河设计洪水调度研究

4.1　不同重现期设计洪水规则调度（不考虑强迫行洪）

4.1.1　20 年一遇设计洪水模拟调度

沂沭泗流域 20 年一遇设计洪水模拟调度结果如表 4-1、表 4-2 所示，调度过程线见图 4-1、图 4-2。

表 4-1　流域 20 年一遇设计洪水沂河、沭河、中运河模拟调度结果（规则调度）

20 年一遇洪水		$Q_{设}$ （m³/s）	Q_{max} （m³/s）	$\Delta Q_{超}$ （m³/s）	上游滞洪 $Q_{峰}$ （m³/s）	上游滞洪 $W_{滞洪}$ （亿 m³）
沂河	临沂	16 000	12 024	0	0	0
	彭道口闸	4 000	4 000	0		
	刘家道口闸	12 000	8 024	0		
	江风口闸	4 000	0	0		
	港上	8 000	7 321	0		
沭河	大官庄(新)	6 500	5 935	0	0	0
	人民胜利堰闸	3 000	2 861	0		
	新安	3 000	2 291	0		
中运河	运河站	6 500	5 151	0	0	0

表 4-2　流域 20 年一遇设计洪水南四湖、骆马湖模拟调度结果（规则调度）

20 年一遇洪水		$Z_{设}$ （m）	Z_{max} （m）	$\Delta Z_{超}$ （m）	滞洪区洪峰 （m³/s）	滞洪区洪量 （亿 m³）
南四湖	上级湖	37.00	36.41	0	0	0
	下级湖	36.50	35.91	0	0	0
骆马湖	骆马湖	25.00	24.89	0	0	0

根据表 4-1、表 4-2 及图 4-1、图 4-2，在流域发生 20 年一遇"设计洪水"情况下，流域内各工程节点除骆马湖外均未超设计流量及设计水位，水库、湖泊无须滞洪。骆马湖最高洪水位达 24.89 m，骆马湖仍无须滞洪。

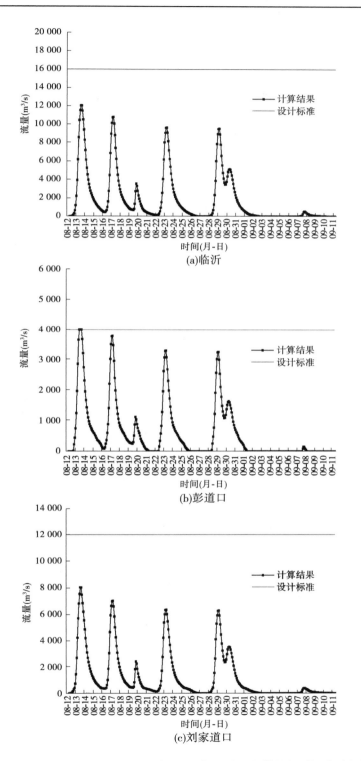

(a)临沂

(b)彭道口

(c)刘家道口

图 4-1　流域 20 年一遇设计洪水沂河、沭河、中运河模拟规则调度过程线

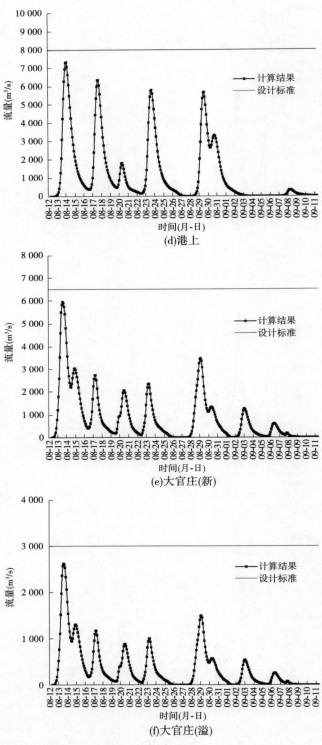

(d)港上

(e)大官庄(新)

(f)大官庄(溢)

续图 4-1

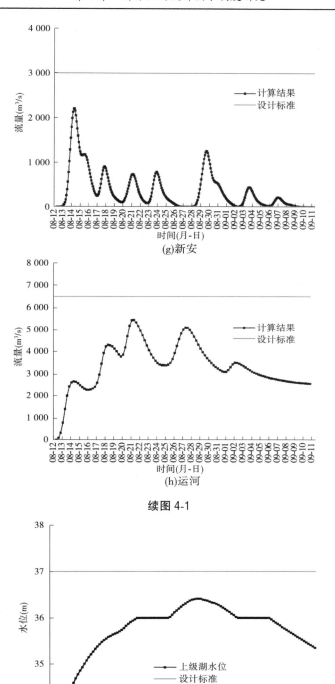

(g)新安

(h)运河

续图 4-1

(a)上级湖

图 4-2　流域 20 年一遇设计洪水南四湖、骆马湖、沭阳模拟规则调度过程线

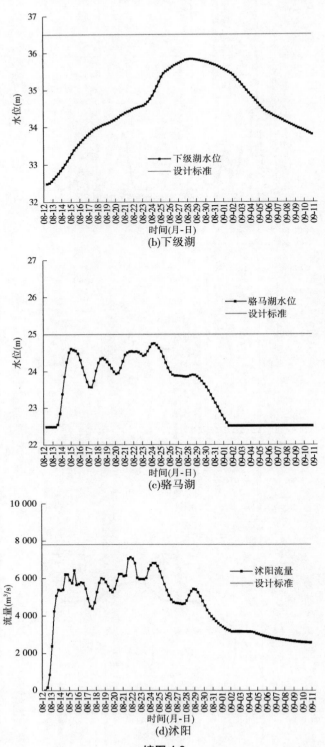

(b)下级湖

(c)骆马湖

(d)沭阳

续图 4-2

4.1.2　50 年一遇洪水调度模拟

沂沭泗流域在遭遇 50 年一遇洪水情况下，各计算节点的最大流量、最高水位和南四湖、骆马湖滞洪情况见表 4-3、表 4-4，洪水调度过程线见图 4-3、图 4-4。

表 4-3　流域 50 年一遇设计洪水沂河、沭河、中运河模拟调度结果（规则调度）

50 年一遇洪水		$Q_设$ （m^3/s）	Q_{max} （m^3/s）	$\Delta Q_超$ （m^3/s）	上游滞洪 $Q_峰$ （m^3/s）	上游滞洪 $W_滞洪$ （亿 m^3）
沂河	临沂	16 000	16 000	0	0	0
	彭道口闸	4 000	4 000	0		
	刘家道口闸	12 000	12 000	0		
	江风口闸	4 000	4 000	0		
	港上	8 000	7 912	0		
沭河	大官庄枢纽	9 500	7 308	0	0	0
	大官庄（新）	6 500	5 116	0		
	人民胜利堰闸	3 000	2 192	0		
	新安	3 000	2 041	0		
中运河	运河站	6 500	6 595	95	0	0

表 4-4　流域 50 年一遇设计洪水南四湖、骆马湖模拟调度结果（规则调度）

50 年一遇洪水		$Z_设$ （m）	Z_{max} （m）	$\Delta Z_超$ （m）	滞洪区洪峰 （m^3/s）	滞洪区洪量 （亿 m^3）
南四湖	上级湖	37.00	36.77	0.00	0	白马 0；界潮 0
	下级湖	36.50	36.26	0.00	0	蒋集 0
骆马湖	骆马湖	25.00	25.88	0.88	4 454	黄墩湖 8.15

在发生 50 年一遇设计洪水情况下，各工程节点防洪调度情况如下：

（1）沂河各工程节点中，临沂站、彭道口闸、刘家道口闸、江风口闸达到了设计流量，港上站最大流量接近设计流量。

（2）沭河上各控制节点中，大官庄（新）、人民胜利堰闸、新安站最大流量未超设计流量。

（3）中运河运河站最大流量略超设计流量（95 m^3/s）。

（4）南四湖上级湖和下级湖均不超设计水位，不需要滞洪。

（5）骆马湖最高洪水位达 25.88 m，超过设计洪水位 0.88 m，需黄墩湖滞洪区滞洪 8.15 亿 m^3（洪峰流量 4 454 m^3/s）。

因此，在发生流域 50 年一遇设计洪水情况下，南四湖、骆马湖以及沭河上游水库发挥了联动作用，大大减轻了河道防洪压力，起到了优化调度的作用。

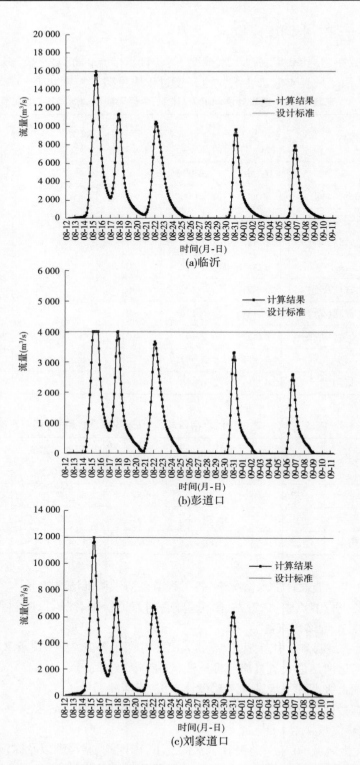

图 4-3　流域 50 年一遇设计洪水沂河、沭河、中运河模拟规则调度过程线

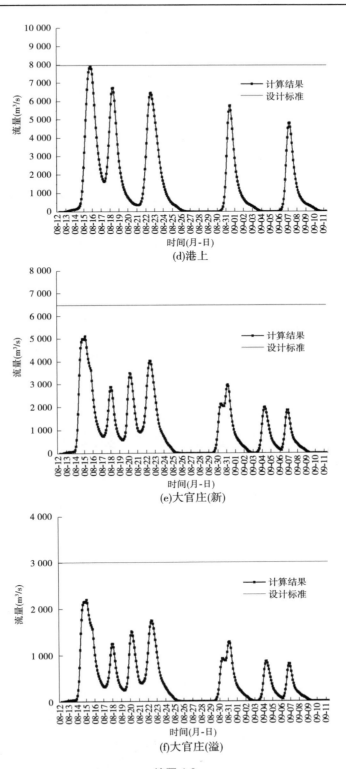

(d)港上

(e)大官庄(新)

(f)大官庄(溢)

续图 4-3

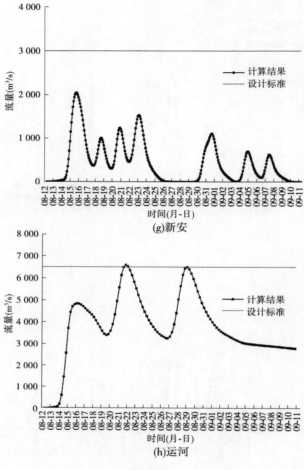

(g)新安

(h)运河

续图 4-3

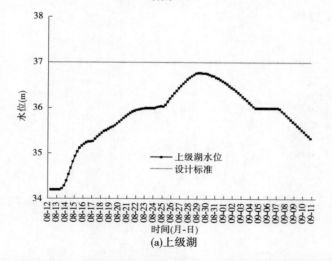

(a)上级湖

图 4-4　流域 50 年一遇设计洪水南四湖、骆马湖、沭阳模拟规则调度过程线

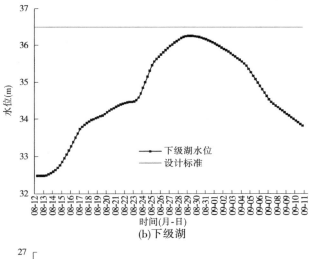

(b)下级湖

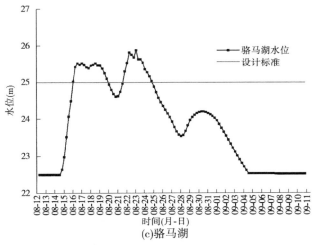

(c)骆马湖

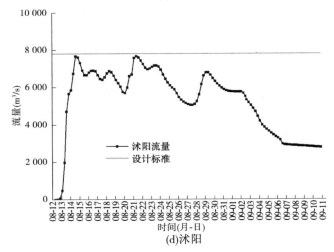

(d)沭阳

续图 4-4

4.1.3　100 年一遇设计洪水调度模拟

沂沭泗流域在遭遇 100 年一遇洪水情况下,各计算节点的最大流量、最高水位和南四湖、骆马湖滞洪情况见表 4-5、表 4-6,洪水调度过程线见图 4-5、图 4-6。

表 4-5　流域 100 年一遇设计洪水沂河、沭河、中运河模拟调度结果(规则调度)

100 年一遇洪水		$Q_设$ (m^3/s)	Q_{max} (m^3/s)	$\Delta Q_超$ (m^3/s)	上游滞洪 $Q_峰$ (m^3/s)	上游滞洪 $W_滞洪$ (亿 m^3)
沂河	临沂	16 000	18 690	2 690	2 190	0.56
	彭道口闸	4 000	4 500	500		
	刘家道口闸	12 000	12 000	0		
	江风口闸	4 000	4 000	0		
	港上	8 000	7 901	0		
沭河	大官庄枢纽	9 500	11 329	1 829	1 829	0.50
	大官庄(新)	6 500	6 500	0		
	人民胜利堰闸	3 000	3 000	0		
	新安	3 000	2 782	0		
中运河	运河站	6 500	9 032	2 532	2 532	—

表 4-6　流域 100 年一遇设计洪水南四湖、骆马湖模拟调度结果(规则调度)

100 年一遇洪水		$Z_设$ (m)	Z_{max} (m)	$\Delta Z_超$ (m)	滞洪区洪峰 (m^3/s)	滞洪区洪量 (亿 m^3)
南四湖	上级湖	37.00	37.00	0.00	350+600	白马 1.21;界潮 1.43
	下级湖	36.50	36.56	0.06	350	蒋集 0.67
骆马湖	骆马湖	25.00	27.00	2.00	5 651	黄墩湖 13.99

在发生 100 年一遇洪水情况下,各工程节点防洪调度情况如下:

(1)沂河各工程节点中,临沂站、彭道口闸均超设计流量。监沂站最大流量为 18 690 m^3/s,防洪压力很大,需要在分沂入沭以北地区滞洪最大洪峰流量 2 190 m^3/s,滞洪量 0.56 亿 m^3;江风口闸达到了设计流量,港上站最大流量接近设计流量。

(2)沭河上各控制节点中,大官庄枢纽超设计流量 1 829 m^3/s,需大官庄上游滞洪 0.50 亿 m^3,人民胜利堰最大流量达到设计流量,新安站最大流量未超设计流量。

(3)中运河站最大流量超设计流量(2 532 m^3/s),且运河站洪峰出现时下级湖已达设计水位,蒋集滞洪区也达最大滞洪量。

(4)南四湖上级湖达到最高水位,需要白马滞洪区滞洪 1.21 亿 m^3,界潮滞洪区滞洪 1.43 亿 m^3;下级湖超过最高水位 0.06 m,需要蒋集滞洪区滞洪 0.67 亿 m^3;骆马湖最高水位超过设计水位 2.00 m,需要黄墩湖滞洪区滞洪 13.99 亿 m^3(洪峰 5 651 m^3/s)。

因此,在发生流域 100 年一遇设计洪水情况下,为缓解流域各河道断面、涵闸、湖库的防洪压力,降低下游洪灾损失,沂河与沭河上游的水库,以及南四湖、骆马湖等防洪工程都联动滞洪,其优化调度作用比较明显。

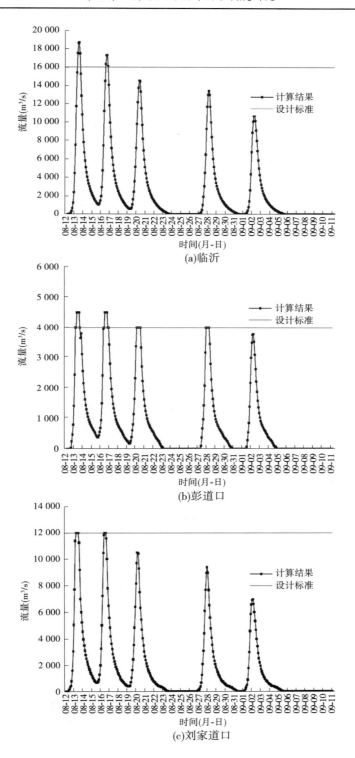

图 4-5　流域 100 年一遇设计洪水沂河、沭河、中运河模拟规则调度过程线

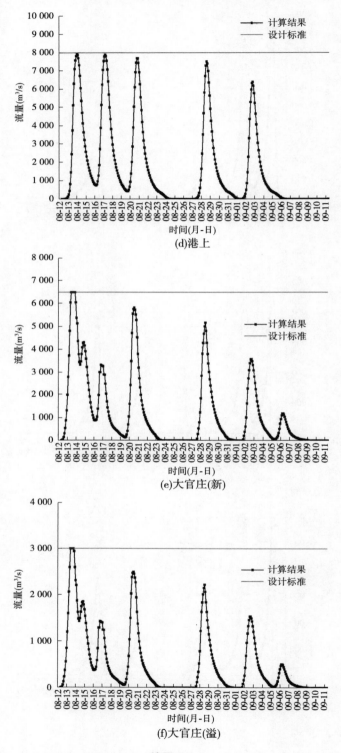

(d)港上

(e)大官庄(新)

(f)大官庄(溢)

续图 4-5

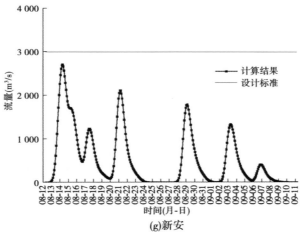

(g)新安

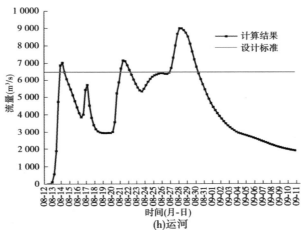

(h)运河

续图 4-5

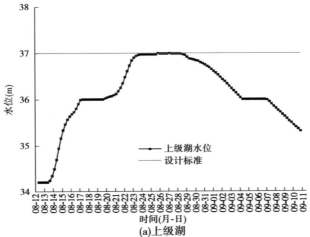

(a)上级湖

图 4-6　流域 100 年一遇设计洪水南四湖、骆马湖、沭阳模拟规则调度过程线

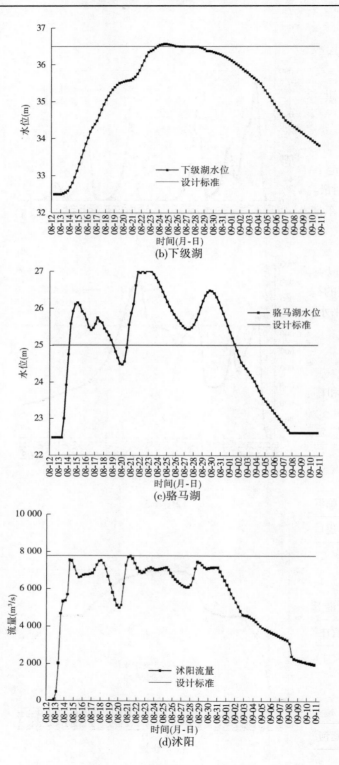

(b)下级湖

(c)骆马湖

(d)沭阳

续图 4-6

4.2 不同重现期设计洪水(考虑强迫行洪)调度结果

4.2.1 强迫行洪方案

　　强迫行洪是指:①沂河临沂站洪峰流量超过 16 000 m³/s 时,彭道口最大可分 5 000 m³/s,比设计多 1 000 m³/s;江风口最大可分 5 000 m³/s,也比设计多 1 000 m³/s;沂河江风口以下最多可走 10 000 m³/s,比设计多 2 000 m³/s。②当大官庄洪峰流量超过 8 150 m³/s 时,人民胜利堰闸最多可走 3 000 m³/s,新沭河闸最大分洪流量 7 000 m³/s,超额洪水在大官庄以上沭河以东地区采取应急措施处理。③骆马湖水位达到 25.5 m,预报将超过 26 m,启用黄墩湖滞洪。若骆马湖水位仍超 26 m,新沂河加大泄量,利用河道强迫行洪,沭阳最多可走 10 000 m³/s。

　　由表 3-1 可以看出,强迫行洪方案明显增加了沂河和新沂河的下泄能力,将有利于提高沂河和骆马湖的行洪能力。对沭河的行洪能力也有增加,但由于分沂入沭流量也同时增加,导致沭河来水量增加,所以沭河行洪能力增加不显著。

4.2.2 50 年一遇洪水强迫行洪调度模拟

　　沂沭泗流域在遭遇 50 年一遇洪水情况下,若采取强迫行洪方案,各计算节点的最大流量、最高水位和南四湖、骆马湖滞洪情况见表 4-7、表 4-8,洪水调度过程线见图 4-7、图 4-8。

表 4-7　流域 50 年一遇设计洪水沂河、沭河、中运河模拟调度结果(强迫行洪)

50 年一遇洪水		$Q_强$ (m³/s)	Q_{max} (m³/s)	$\Delta Q_超$ (m³/s)	上游滞洪 $Q_峰$ (m³/s)	上游滞洪 $W_滞洪$ (亿 m³)
沂河	临沂	20 000	16 000	0	0	0
	彭道口闸	5 000	4 000	0		
	刘家道口闸	15 000	12 000	0		
	江风口闸	5 000	4 000	0		
	港上	10 000	7 912	0		
沭河	大官庄枢纽	10 000	7 308	0	0	0
	大官庄(新)	7 000	5 116	0		
	人民胜利堰闸	3 000	2 192	0		
	新安	3 000	2 041	0		
中运河	运河站	6 500	6 595	95	—	—

表 4-8　流域 50 年一遇设计洪水南四湖、骆马湖模拟调度结果(强迫行洪)

50 年一遇洪水		$Z_设$（m）	Z_{max}（m）	$\Delta Z_超$（m）	滞洪区洪峰（m³/s）	滞洪区洪量（亿 m³）
南四湖	上级湖	37.00	36.77	0.00	0	白马 0;界湖 0
	下级湖	36.50	36.26	0.00	0	蒋集 0
骆马湖	骆马湖	25.00	25.79	0.79	4 404	黄墩湖 7.18

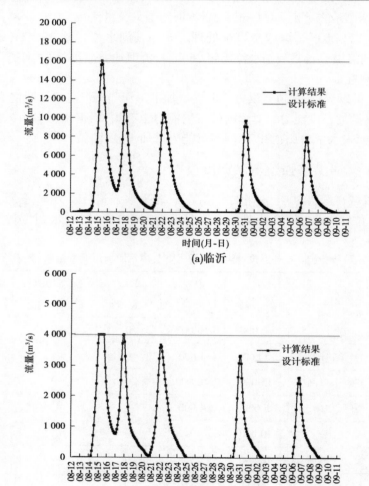

图 4-7　流域 50 年一遇设计洪水沂河、沭河、中运河模拟强迫行洪调度过程线

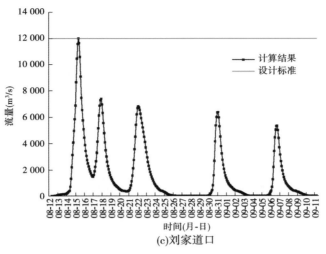

(c)刘家道口

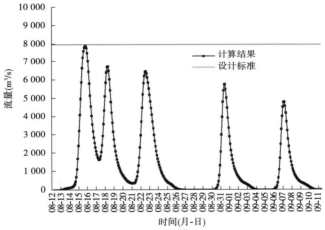

(d)港上

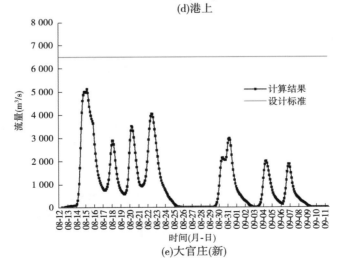

(e)大官庄(新)

续图 4-7

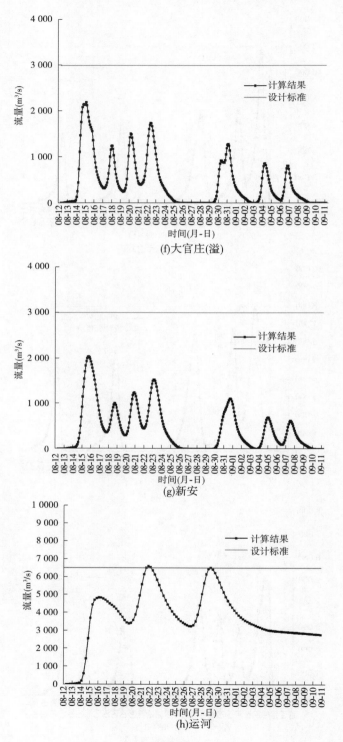

(f)大官庄(溢)

(g)新安

(h)运河

续图 4-7

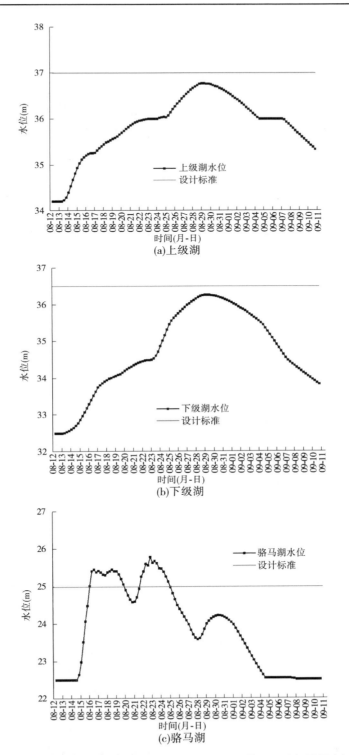

(a)上级湖

(b)下级湖

(c)骆马湖

图 4-8　流域 50 年一遇设计洪水南四湖、骆马湖、沭阳模拟强迫行洪调度过程线

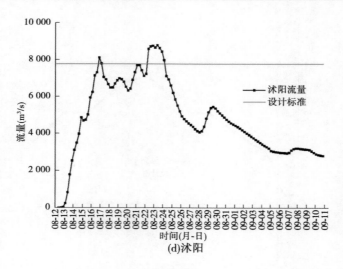

(d)沭阳

续图 4-8

在发生 50 年一遇设计洪水情况下,各工程节点防洪调度情况如下:

(1)沂河各工程节点中,临沂站、彭道口闸、刘家道口闸、江风口闸达到了设计流量,港上站最大流量接近设计流量。

(2)沭河上各控制节点中,大官庄(新)、人民胜利堰闸、新安站最大流量未超设计流量。

(3)中运河站最大流量略超设计流量(95 m³/s)。

(4)南四湖上级湖和下级湖均不超设计水位,不需要滞洪。

(5)骆马湖最高洪水位达 25.79 m,超过设计洪水位 0.79 m,需黄墩湖滞洪区滞洪 7.18 亿 m³(洪峰 4 404 m³/s)。

因此,在发生流域 50 年一遇设计洪水情况下,南四湖、骆马湖以及沭河上游水库发挥了联动作用,大大减轻了河道防洪压力,起到了优化调度的作用。通过强迫行洪,骆马湖最高水位和滞洪量均有明显降低。

4.2.3　100 年一遇洪水强迫行洪调度模拟

沂沭泗流域在遭遇 100 年一遇洪水情况下,若采用强迫行洪方案,各计算节点的最大流量、最高水位和南四湖、骆马湖滞洪情况见表 4-9、表 4-10,洪水调度过程线见图 4-9、图 4-10。

在发生 100 年一遇洪水情况下,强迫行洪方案各工程节点防洪调度情况如下:

(1)沂河各工程节点中,临沂站、彭道口闸、刘家道口闸均超设计流量,临沂站最大流量为 18 690 m³/s,超过正常设计能力,防洪压力很大,但在强迫行洪条件下可以安全下泄,不需要临沂上游滞洪;港上站最大流量接近设计流量。

(2)沭河上各控制节点中,大官庄枢纽超设计流量 1 829 m³/s,需大官庄上游滞洪 0.42 亿 m³,人民胜利堰最大流量达到设计流量,新安站最大流量未超设计流量。

表 4-9　流域 100 年一遇设计洪水沂河、沭河、中运河模拟调度结果(强迫行洪)

100 年一遇洪水		$Q_强$ (m^3/s)	Q_{max} (m^3/s)	$\Delta Q_超$ (m^3/s)	上游滞洪 $Q_峰$ (m^3/s)	上游滞洪 $W_滞洪$ (亿 m^3)
沂河	临沂	20 000	18 690	2 690	0	0
	彭道口闸	5 000	5 000	1 000		
	刘家道口闸	15 000	13 690	1 690		
	江风口闸	5 000	5 000	0		
	港上	10 000	7 872	0		
沭河	大官庄枢纽	10 000	11 829	1 829	1 829	0.42
	大官庄(新)	7 000	7 000	0		
	人民胜利堰闸	3 000	3 000	0		
	新安	3 000	2 782	0		
中运河	运河站	6 500	9 032	2 532	2 532	—

表 4-10　流域 100 年一遇设计洪水南四湖、骆马湖模拟调度结果(强迫行洪)

100 年一遇洪水		$Z_设$ (m)	Z_{max} (m)	$\Delta Z_超$ (m)	滞洪区洪峰 (m^3/s)	滞洪区洪量 (亿 m^3)
南四湖	上级湖	37.00	37.00	0.00	350+600	白马 1.21;界湹 1.43
	下级湖	36.50	36.56	0.06	350	蒋集 0.67
骆马湖	骆马湖	25.00	26.03	1.03	5 452	黄墩湖 11.25

(3)中运河运河站最大流量超设计流量(2 532 m^3/s),且运河站洪峰出现时下级湖已达设计水位,蒋集滞洪区也达最大滞洪量。

(4)南四湖上级湖达到最高水位,需要白马滞洪区滞洪 1.21 亿 m^3,界湹滞洪区滞洪 1.43 亿 m^3;下级湖超过最高水位 0.06 m,需要蒋集滞洪区滞洪 0.67 亿 m^3;骆马湖最高水位超设计水位 1.03 m,需要黄墩湖滞洪区滞洪 11.25 亿 m^3(洪峰 5 452 m^3/s)。

因此,在发生流域 100 年一遇设计洪水情况下,为缓解流域各河道断面、涵闸、湖库的防洪压力,降低下游洪灾损失,沂河与沭河上游的水库,以及南四湖、骆马湖等防洪工程都联动滞洪,结合强迫行洪,其优化调度作用比较明显。

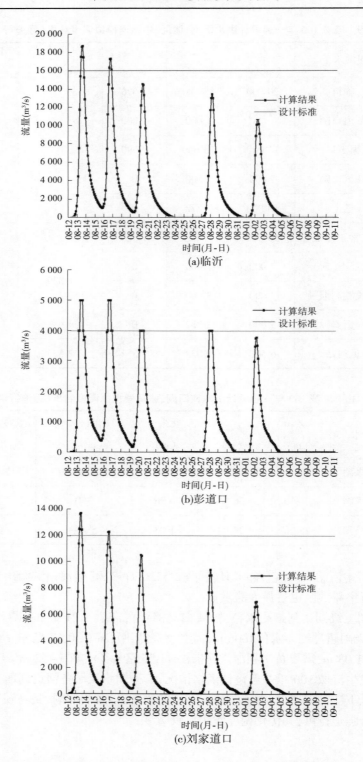

图 4-9　流域 100 年一遇设计洪水沂河、沭河、中运河模拟强迫行洪调度过程线

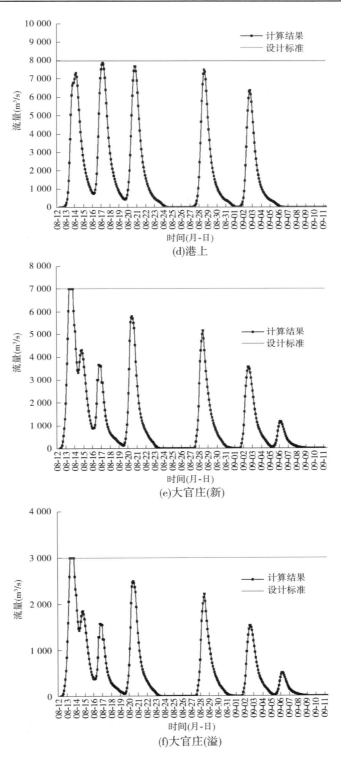

(d)港上

(e)大官庄(新)

(f)大官庄(溢)

续图 4-9

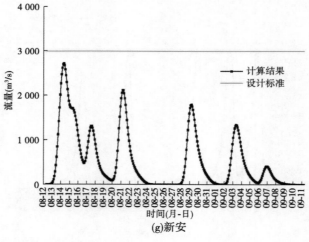

(g)新安

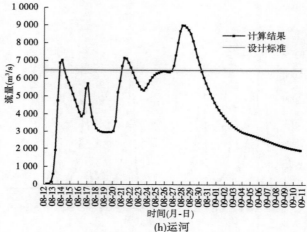

(h)运河

续图 4-9

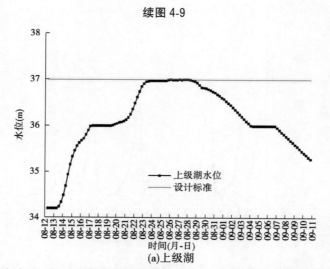

(a)上级湖

图 4-10　流域 100 年一遇设计洪水南四湖、骆马湖、沭阳模拟强迫行洪调度过程线

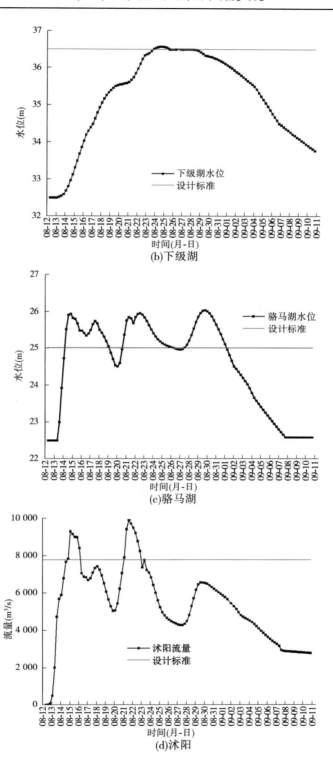

(b)下级湖

(c)骆马湖

(d)沭阳

续图 4-10

4.3　不同重现期设计洪水调度结果分析

4.3.1　50年一遇洪水调度结果分析

流域不同重现期设计洪水调度结果显示,在发生50年一遇设计洪水情形下,不考虑强迫行洪调度与考虑强迫行洪调度时,上游均未有滞洪发生。各工程节点防洪调度情况为:

(1)沂河各工程节点中,临沂站、彭道口闸、刘家道口闸、江风口闸达到了设计流量,港上站最大流量接近设计流量。

(2)沭河上各控制节点中,大官庄(新)、人民胜利堰闸、新安站最大流量未超设计流量。

(3)中运河运河站最大流量略超设计流量(95 m³/s)。

(4)南四湖上级湖和下级湖均不超设计水位,不需要滞洪。

(5)不强迫行洪调度方案下,骆马湖最高洪水位达25.88 m,超过设计洪水位0.88 m,需黄墩湖滞洪区滞洪8.15亿m³(洪峰流量4 454 m³/s);而强迫行洪方案调度方案下,骆马湖最高洪水位达25.79 m,超过设计洪水位0.79 m,需黄墩湖滞洪区滞洪7.18亿m³(洪峰流量4 404 m³/s)

因此,在发生流域50年一遇设计洪水情况下,南四湖、骆马湖以及沭河上游水库发挥了联动作用,大大减轻了河道的防洪压力,起到了优化调度的作用。强迫行洪方案调度略降低了骆马湖最高洪水位,黄墩湖滞洪区滞洪量有所减少。

4.3.2　100年一遇洪水调度结果分析

在发生100年一遇洪水情况下,两种调度方案对应的各工程节点防洪调度情况如下:

(1)不强迫行洪情况下,沂河各工程节点中,临沂站、彭道口闸均超设计流量。临沂站最大流量为18 690 m³/s,需要在分沂入沭以北地区滞洪最大洪峰流量2 190 m³/s,滞洪量0.56亿m³;江风口闸达到了设计流量,港上站最大流量接近设计流量。

强迫行洪情况下,沂河各工程节点中,临沂站、彭道口闸、刘家道口闸均超设计流量,临沂站最大流量为18 690 m³/s,超过正常设计能力,防洪压力很大,但在强迫行洪条件下可以安全下泄,不需要临沂上游滞洪;港上站最大流量接近设计流量。

(2)不强迫行洪情况下,沭河上各控制节点中,大官庄枢纽超设计流量1 829 m³/s,需大官庄上游滞洪0.50亿m³,人民胜利堰最大流量达到设计流量,新安站最大流量未超设计流量。

强迫行洪情况下,大官庄枢纽超设计流量1 829 m³/s,需大官庄上游滞洪0.42亿m³,滞洪量较不强迫行洪方案有所减少,人民胜利堰最大流量达到设计流量,新安站最大流量未超设计流量。

(3)两种方案情况下,中运河运河站最大流量超设计流量(2 532 m³/s),且运河站洪峰出现时下级湖已达设计水位,蒋集滞洪区也达最大滞洪量。

（4）不强迫行洪情况下，南四湖上级湖达到最高水位，需要白马滞洪区滞洪 1.21 亿 m³，界潮滞洪区滞洪 1.43 亿 m³；下级湖超过最高水位 0.06 m，需要蒋集滞洪区滞洪 0.67 亿 m³；骆马湖最高水位超设计水位 2.00 m，需要黄墩湖滞洪区滞洪 13.99 亿 m³（洪峰流量 5 651 m³/s）。

强迫行洪情况下，南四湖上级湖达到最高水位，需要白马滞洪区滞洪 1.21 亿 m³，界潮滞洪区滞洪 1.43 亿 m³；下级湖超过最高水位 0.06 m，需要蒋集滞洪区滞洪 0.67 亿 m³；骆马湖最高水位超设计水位 1.03 m，需要黄墩湖滞洪区滞洪 11.25 亿 m³（洪峰流量 5 452 m³/s）。

因此，在发生流域 100 年一遇设计洪水情况下，为缓解流域各河道断面、涵闸、湖库的防洪压力，降低下游洪灾损失，沂河与沭河上游的水库，以及南四湖、骆马湖等防洪工程都联动滞洪，其优化调度作用比较明显。强迫行洪方案减轻了骆马湖的防洪压力及黄墩湖滞洪区的滞洪量。

第 5 章　沂沭泗河洪水预调度研究

5.1　预调度启用条件

在发生流域大洪水情况下,尤其是遭遇流域 50 年一遇、100 年一遇的设计洪水时,沂河、沭河、南四湖、中运河段、骆马湖等均承受了比较大的防洪压力,需要上游水库或湖泊滞洪。因此,需要研究利用流域洪水预报信息,适时进行预调度,适量预泄湖泊内存水,减轻下游各工程节点的压力。本书中预调度是依据时段降雨、产流预报、水利工程等综合信息,当时段累计降雨量达到一定数值并产生了较多洪量时,即可考虑预调度。

5.2　洪水滚动预报结果

5.2.1　50 年一遇洪水滚动预报结果

根据 50 年一遇洪水典型,从 8 月 12 日至 9 月 11 日,每 6 h 一次滚动预报,共约 80 场预报洪水过程,对每场洪水进行滚动调度。由于滚动预报时段数较多,且没有降雨的时段预报结果无明显变化,图 5-1 ~ 图 5-8 中仅展示其中 21 个代表时段的滚动预报结果。

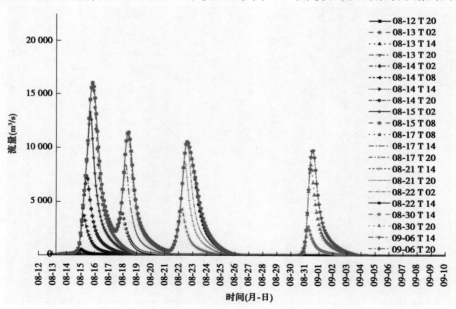

图 5-1　临沂 50 年一遇洪水滚动预报过程线

注:横坐标 08-12 对应 8 月 12 日 0 时,余同。

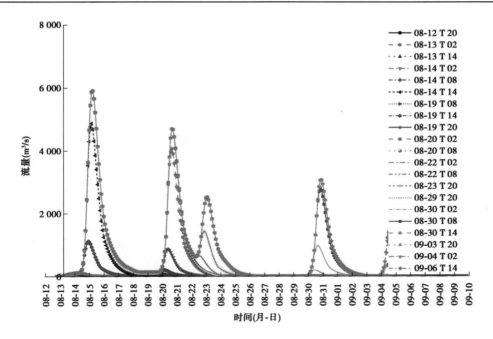

图 5-2　大官庄 50 年一遇洪水滚动预报过程线

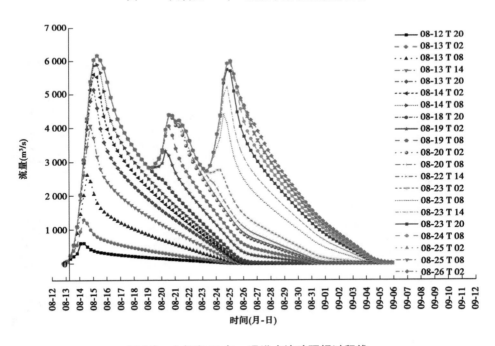

图 5-3　上级湖 50 年一遇洪水滚动预报过程线

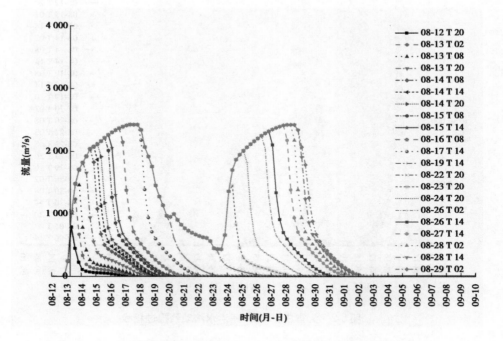

图 5-4　下级湖 50 年一遇洪水滚动预报过程线

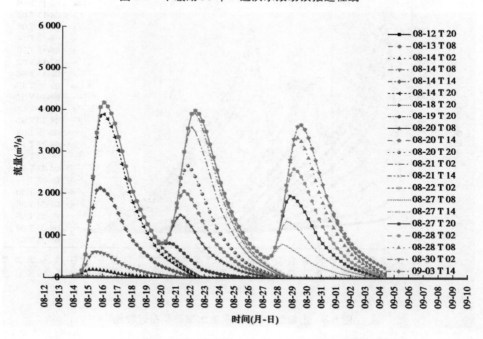

图 5-5　邳苍区间 50 年一遇洪水滚动预报过程线

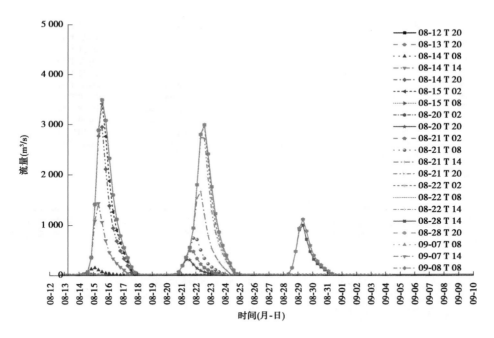

图 5-6　湖滨区间 50 年一遇洪水滚动预报过程线

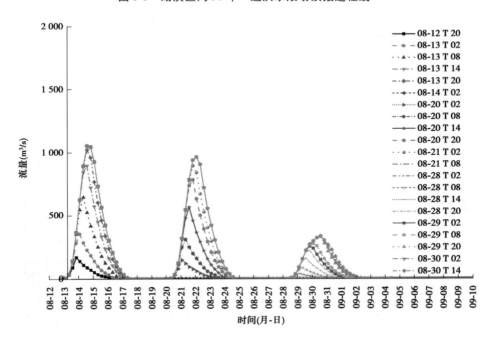

图 5-7　新安区间 50 年一遇洪水滚动预报过程线

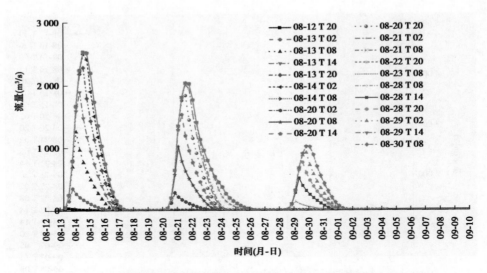

图 5-8　嶂沭区间 50 年一遇洪水滚动预报过程线

5.2.2　100 年一遇洪水滚动预报结果

　　根据 100 年一遇洪水典型,从 8 月 12 日至 9 月 11 日,每 6 h 一次滚动预报,共约 80 场预报洪水过程,对每场洪水进行滚动调度。由于滚动预报时段数较多,且没有降雨的时段预报结果别无明显变化,图 5-9 ~ 图 5-16 中仅展示其中 21 个代表时段的滚动预报结果。

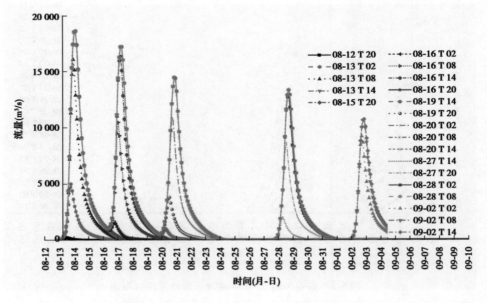

图 5-9　临沂 100 年一遇洪水滚动预报过程线

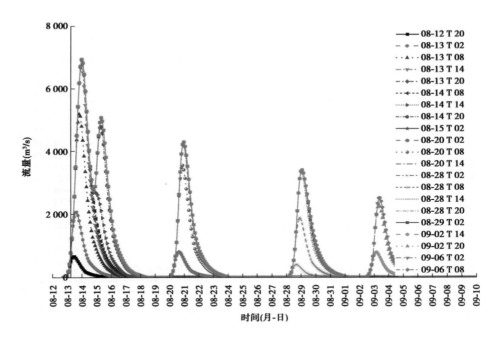

图 5-10　大官庄 100 年一遇洪水滚动预报过程线

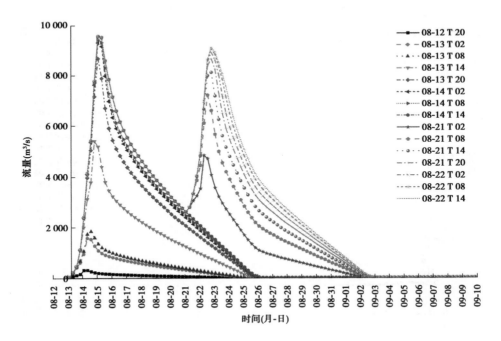

图 5-11　上级湖 100 年一遇洪水滚动预报过程线

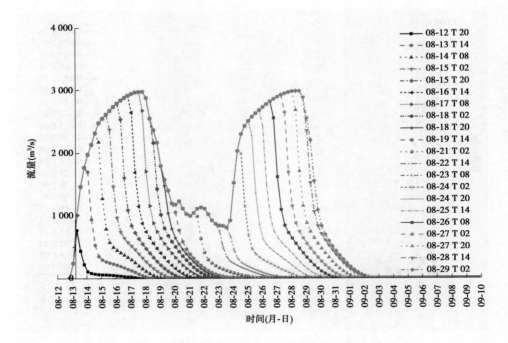

图 5-12　下级湖 100 年一遇洪水滚动预报过程线

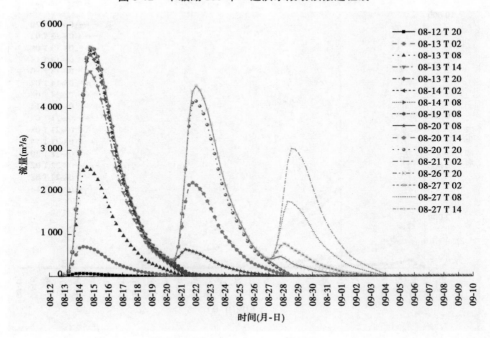

图 5-13　邳苍区间 100 年一遇洪水滚动预报过程线

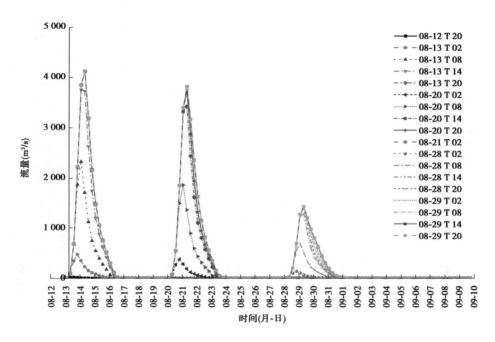

图 5-14　湖滨区间 100 年一遇洪水滚动预报过程线

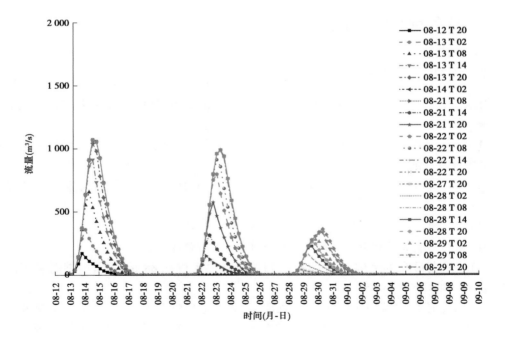

图 5-15　新安区间 100 年一遇洪水滚动预报过程线

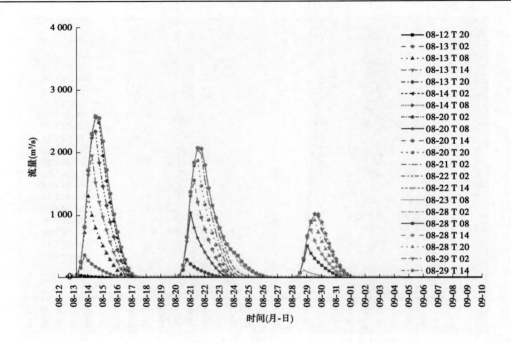

图例：
08-12 T 20
08-13 T 02
08-13 T 08
08-13 T 14
08-13 T 20
08-14 T 02
08-14 T 08
08-20 T 02
08-20 T 08
08-20 T 14
08-20 T 02
08-21 T 02
08-22 T 02
08-22 T 14
08-23 T 08
08-28 T 02
08-28 T 08
08-28 T 14
08-28 T 20
08-29 T 02
08-29 T 14

图 5-16　嶂沭区间 100 年一遇洪水滚动预报过程线

5.3　洪水预调度结果

5.3.1　50 年一遇洪水预调度结果

根据前文计算,在发生流域 50 年一遇设计洪水情况下,规则调度结果中各工程节点防洪压力如下:

(1)沂河各工程节点中,彭道口闸、刘家道口闸、江风口闸达到了设计流量,港上站最大流量接近设计流量。

(2)沭河上各控制节点中,大官庄(新)、人民胜利堰闸、新安站最大流量未超设计流量。

(3)中运河运河站最大流量略超设计流量($95\ \mathrm{m}^3/\mathrm{s}$)。

(4)南四湖上级湖和下级湖均不超设计水位,不需要滞洪。

(5)骆马湖最高洪水位达 25.88 m,超过设计洪水位 0.88 m,需黄墩湖滞洪区滞洪 8.15 亿 m^3(洪峰流量 4 454 m^3/s)。

根据预报信息,对湖泊内水量适当预泄,预调度结果见图 5-17,节点最大流量及最高水位变化统计情况见表 5-1。根据统计结果,经预泄调度后,上级湖最高水位较规则调度降低了 0.09 m,下级湖最高水位较规则调度降低了 0.08 m,骆马湖最高水位较规则调度降低了 0.1 m,黄墩湖滞洪区滞洪量减少了 2.87 亿 m^3。因此,从削减洪峰流量、降低湖泊最高水位、减少滞洪时段数和滞洪量方面,"预调度"效果都是明显优于"规则调度"的。

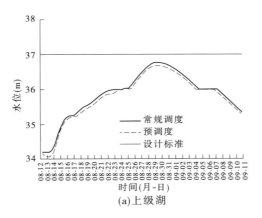

(a)上级湖

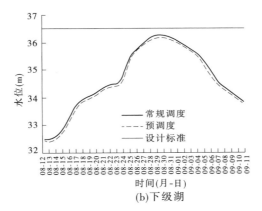

(b)下级湖

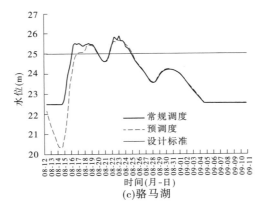

(c)骆马湖

图 5-17　50 年一遇洪水预调度结果

表 5-1　　流域 50 年一遇设计洪水南四湖、骆马湖模拟调度结果(预调度)

50 年一遇洪水		$Z_{设}$ (m)	Z_{max} (m)	$\Delta Z_{超}$ (m)	滞洪区洪峰 (m^3/s)	滞洪区洪量 (亿 m^3)
南四湖	上级湖	37.00	36.68	0	0	0
	下级湖	36.50	36.18	0	0	0
骆马湖	骆马湖	25.00	25.78	0.78	4 400	黄墩湖 5.28

5.3.2　100 年一遇洪水预调度结果

在发生 100 年一遇洪水情况下,规则调度各工程节点防洪调度情况如下:

(1)沂河各工程节点中,彭道口闸、临沂站均超设计流量。刘家道口闸最大流量为 12 000 m^3/s。防洪压力很大,需要临沂上游滞洪最大洪峰流量 2 190 m^3/s,滞洪量 0.56 亿 m^3;江风口闸达到了设计流量,港上站最大流量接近设计流量。

(2)沭河上各控制节点中,大官庄(新)超设计流量 1 829 m^3/s,需大官庄上游滞洪 0.50 亿 m^3,人民胜利堰最大流量达到设计流量,新安站最大流量未超设计流量。

(3)中运河站最大流量超设计流量(2 532 m^3/s),且运河站洪峰出现时下级湖已达设计水位,蒋集滞洪区也达最大滞洪量。

(4)南四湖上级湖达到最高水位,需要白马滞洪区滞洪 1.21 亿 m^3,界濠滞洪区滞洪 1.43 亿 m^3;下级湖超过最高水位 0.06 m,需要蒋集滞洪区滞洪 0.67 亿 m^3;骆马湖最高水位超设计水位 2.00 m,需要黄墩湖滞洪区滞洪 13.99 亿 m^3(洪峰流量 5 651 m^3/s)。

根据预报信息对湖泊内水量适当预泄后,流域优化防洪调度结果见图 5-18,南四湖和骆马湖最高水位变化统计情况见表 5-2。根据统计结果,经预泄调度后,上级湖最高水位虽然没有降低,但白马滞洪区滞洪量减少滞洪 0.3 亿 m^3,界濠滞洪区减少滞洪 0.26 亿 m^3;骆马湖最高水位从规则调度的 27.00 m 降低到 25.89 m,较规则调度降低了 1.11 m,黄墩湖滞洪区滞洪量减少了 3.65 亿 m^3。因此,从削减洪峰流量、降低湖泊最高水位、减少滞洪时段数和滞洪量方面,"预调度"效果都是明显优于"规则调度"的。

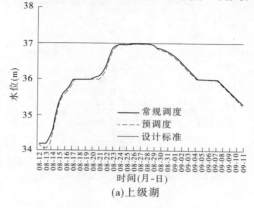

(a)上级湖

图 5-18　100 年一遇洪水预调度结果

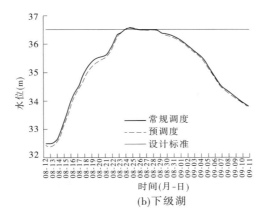

(b)下级湖

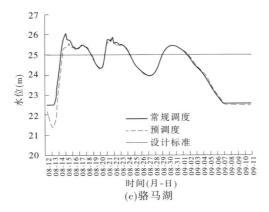

(c)骆马湖

续图 5-18

表 5-2　流域 100 年一遇设计洪水南四湖、骆马湖预调度结果(预调度)

100 年一遇洪水		$Z_{设}$ (m)	Z_{max} (m)	$\Delta Z_{超}$ (m)	滞洪区洪峰 (m^3/s)	滞洪区洪量 (亿 m^3)
南四湖	上级湖	37.00	37.00	0.00	350 + 600	白马 0.91;界潨 1.17
	下级湖	36.50	36.56	0.06	350	蒋集 0.67
骆马湖	骆马湖	25.00	25.89	0.89	5 456	黄墩湖 10.34

　　需要指出的是,在 20 年一遇、50 年一遇、100 年一遇设计洪水的预调度方案中,由于洪水预报带有一定的误差,预见期越长,误差越大,预泄对汛末兴利蓄水(蓄不满)的风险也相应加大。因此,在提前预泄时段的选择、决策上,应根据流域洪水预报合格率、大洪水发生概率,以及流域水利工程群的防护能力、面临时刻的防洪压力等综合决定,选择经济、安全方案。

5.4　各调度方案对比分析

5.4.1　50 年一遇洪水各调度方案对比分析

对 50 年一遇洪水过程进行全流域调度计算,对比"规则调度""强迫行洪调度""预调度"3 种调度模式下流域各工程控制断面与节点的洪水要素指标,结果如表 5-3 所示。

表 5-3　流域 50 年一遇设计洪水不同调度方案结果对比

50 年一遇洪水		设计值	规则调度	强迫行洪	预调度
沂河 (m^3/s)	临沂	16 000	16 000	16 000	16 000
	滞洪量	0	0	0	0
	彭道口闸	4 000	4 000	4 000	4 000
	刘家道口闸	12 000	12 000	12 000	12 000
	江风口闸	4 000	4 000	4 000	4 000
	港上	8 000	7 912	7 912	7 912
沭河 (m^3/s)	大官庄枢纽	9 500	7 308	7 308	7 308
	滞洪量	0	0	0	0
	大官庄(新)	6 500	5 116	5 116	5 116
	人民胜利堰闸	3 000	2 192	2 192	2 192
	新安	3 000	2 041	2 041	2 041
中运河(m^3/s)	运河站	6 500	6 595	6 595	6 595
南四湖	上级湖水位(m)	37.00	36.77	36.77	36.68
	白马滞洪(亿 m^3)	1.43	0	0	0
	界漕滞洪(亿 m^3)	1.57	0	0	0
	下级湖水位(m)	36.50	36.26	36.26	36.18
	蒋集滞洪(亿 m^3)	0.67	0	0	0
骆马湖	骆马湖水位(m)	25.00	25.88	25.79	25.78
	黄墩湖滞洪(亿 m^3)	11.1	8.15	7.18	5.28
新沂河	沭阳(m^3/s)	7 800	7 660	8 810	8 794

对于 50 年一遇洪水,在规则调度情况下,沂河临沂站流量达到设计流量,各控制闸节点也达到设计流量,港上站接近设计流量。由于临沂不超设计流量,因此没有达到强迫行洪条件,所以强迫行洪方案和规则调度方案相同。预调度是利用水库对洪水的调蓄能力,对沂河洪水过程没有影响。沭河和中运河的情况类似,3 种调度方案结果均相同。

南四湖上级湖和下级湖在规则调度下均不超设计水位,不需要滞洪区滞洪。强迫行洪对南四湖行洪没有影响,强迫行洪方案下结果与规则调度相同。但通过预调度,上级湖最高水位较规则调度降低了 0.09 m,下级湖最高水位较规则调度降低了 0.08 m。

骆马湖在规则调度下最高洪水位达 25.88 m,超过设计洪水位 0.88 m,需黄墩湖滞洪区滞洪 8.15 亿 m^3。在强迫行洪情况下,骆马湖最高水位降至 25.79 m,需黄墩湖滞洪区滞洪 7.18 亿 m^3。通过预调度,骆马湖最高水位降至 25.78 m,黄墩湖滞洪区滞洪量减少至 5.28 亿 m^3,减少 35% 的滞洪量。

5.4.2　100 年一遇洪水各调度方案对比分析

对 100 年一遇洪水过程进行全流域调度计算,对比"规则调度""强迫行洪调度""预调度"3 种调度模式下流域各工程控制断面与节点的洪水要素指标,结果如表 5-4 所示。

表 5-4　流域 100 年一遇设计洪水不同调度方案结果对比

100 年一遇洪水		设计值	规则调度	强迫行洪	预调度
沂河 (m^3/s)	临沂	16 000	18 690	18 690	18 690
	滞洪量	—	2 190	0	0
	彭道口闸	4 000	4 500	5 000	5 000
	刘家道口闸	12 000	12 000	13 690	13 690
	江风口闸	4 000	4 000	5 000	5 000
	港上	8 000	7 901	7 872	7 872
沭河 (m^3/s)	大官庄枢纽	9 500	11 329	11 829	11 829
	滞洪量	—	1 829	1 829	1 829
	大官庄(新)	6 500	6 500	7 000	7 000
	人民胜利堰闸	3 000	3 000	3 000	3 000
	新安	3 000	2 782	2 782	2 782
中运河(m^3/s)	运河站	6 500	9 032	9 032	9 032
南四湖	上级湖水位(m)	37.00	37.00	37.00	37.00
	白马滞洪(亿 m^3)	1.43	1.21	1.21	0.91
	界溇滞洪(亿 m^3)	1.57	1.43	1.43	1.17
	下级湖水位(m)	36.50	36.56	36.56	36.56
	蒋集滞洪(亿 m^3)	0.67	0.67	0.67	0.67
骆马湖	骆马湖水位(m)	25.00	27.00	26.03	25.89
	黄墩湖滞洪(亿 m^3)	11.1	13.99	11.25	10.34
新沂河	沭阳(m^3/s)	7 800	7 784	9 990	9 990

对于 100 年一遇洪水,在规则调度情况下,沂河临沂站、彭道口闸、刘家道口闸流量超过设计流量,需要上游滞洪 2 190 m^3/s。由于临沂达到强迫行洪条件,强迫行洪情况下,

沂河各控制闸的下泄能力有了明显提高,可以下泄全部洪水,不需要滞洪。预调度是利用水库对洪水的调蓄能力,对沂河洪水过程没有影响。

沭河大官庄枢纽的流量在规则调度下达设计流量,需沭河上游滞洪 1 829 m^3/s。强迫行洪下,大官庄(新)增加的下泄能力和分沂入沭增加的来水相等,因此强迫行洪下依然需要上游滞洪 1 829 m^3/s。预调度对沭河洪水没有影响。

南四湖上级湖和下级湖在规则调度下均达设计水位,需要启用全部滞洪区滞洪,且蒋集滞洪区达到最大滞洪量。强迫行洪对南四湖行洪没有影响,强迫行洪方案下结果与规则调度相同。通过预调度,上级湖和下级湖最高水位虽然没有降低,但白马滞洪区滞洪量减少滞洪 0.3 亿 m^3,界湛滞洪区减少滞洪 0.26 亿 m^3。

骆马湖在规则调度下最高洪水位达 27.00 m,超过设计洪水位 2.00 m,需黄墩湖滞洪区滞洪 13.99 亿 m^3。在强迫行洪情况下,骆马湖最高水位降至 26.03 m,需黄墩湖滞洪区滞洪 11.25 亿 m^3。通过预调度,骆马湖最高水位降至 25.89 m,黄墩湖滞洪区滞洪量减少至 10.34 亿 m^3。

第 6 章　沂沭泗河流域预调度时效分析

6.1　预调度效益对比分析

沂沭泗水系经过 60 多年的治理,已形成由水库、河湖堤防、控制性水闸、分洪河道及蓄滞洪工程等组成的防洪工程体系。目前,沂沭泗河洪水东调南下续建工程已基本完成,骨干河道中下游防洪工程体系基本达到 50 年一遇防洪标准。探索流域湖泊、蓄滞洪区、涵闸等防洪工程的预调度模式,在确保防洪安全的前提下,通过降雨与洪水预报提高预见期,预先做出调度安排,寻求优化、科学的预调度方法,以提高防洪效益,减轻各地、各防洪工程的防洪压力。因此,开展沂沭泗河预调度技术及应用时效研究,进一步提高降雨与洪水预报对调度的指导,对减轻流域防洪压力及经济损失具有重要意义。

根据沂沭泗流域洪水特征,本书以 1974 年洪水为原型,设计放大了 20 年一遇、50 年一遇、100 年一遇的洪水过程线,构建了沂沭泗洪水预调度模型,对比"规则调度""强迫行洪调度""预调度"3 种调度情形下流域各工程控制断面与节点的洪水要素指标。预调度效益如下:

(1)在流域发生 20 年一遇"设计洪水"情况下,流域内各工程节点均未超设计流量及设计水位,水库、湖泊无须滞洪。

(2)对于 50 年一遇洪水,流域内仅中运河运河站最大流量略超设计流量,骆马湖超过设计水位,其他各工程节点均未超设计流量及设计水位。南四湖上级湖和下级湖在规则调度下均不超设计水位,但通过预调度,上级湖最高水位较规则调度降低了 0.09 m,下级湖最高水位较规则调度降低了 0.08 m。骆马湖在规则调度下最高洪水位达 25.88 m,超过设计洪水位 0.88 m,需黄墩湖滞洪区滞洪 8.15 亿 m^3。在强迫行洪情况下,骆马湖最高水位降至 25.79 m,需黄墩湖滞洪区滞洪 7.18 亿 m^3。通过预调度,骆马湖最高水位降至 25.78 m,黄墩湖滞洪区滞洪量减少至 5.28 亿 m^3,减少 35% 的滞洪量。

(3)对于 100 年一遇洪水,在规则调度情况下,流域内各工程节点均超设计流量及设计水位,所有滞洪区均需开启滞洪。强迫行洪情况下,沂河各控制闸的下泄能力有了明显提高,不需要滞洪。沭河上游仍需滞洪 1 829 m^3/s。南四湖上级湖和下级湖在规则调度下均超设计水位,需要启用全部滞洪区滞洪,且蒋集滞洪区达到最大滞洪量,通过预调度,白马滞洪区滞洪量减少滞洪 0.3 亿 m^3,界湖滞洪区减少滞洪 0.26 亿 m^3。骆马湖在规则调度下最高洪水位达 27.00 m,超过设计洪水位 2.00 m,需黄墩湖滞洪区滞洪 13.99 亿 m^3;在强迫行洪情况下,骆马湖最高水位降至 26.03 m,需黄墩湖滞洪区滞洪 11.25 亿 m^3;通过预调度,骆马湖最高水位降至 25.89 m,黄墩湖滞洪区滞洪量减少至 10.34 亿 m^3,减少 24% 的滞洪量。

6.2　预调度风险分析及管理

在当前气象预报与洪水预报精度显著提高的支撑下,水库防洪预报调度的研究得到了广泛开展和应用。然而,风险问题是水库实施防洪预报调度方式不可回避的一个关键问题,风险程度直接影响预报调度实施的可行性和合理性。在实施水库防洪预报调度过程中,由于降雨或洪水预报信息误差及其他多种不确定性因素存在,可能会导致防洪调度决策的失误,进而造成水库自身及其上、下游的防洪风险,因此分析其风险是设计与实施防洪预报调度方式的关键。

防洪工程群联合防洪预报调度方式采用预报的洪量或入库流量等指标判断洪水量级,因此预报精度是保证工程调度安全的重要因素。此外,水库入库流量是由库水位和泄量等反推的,洪水期间的泥沙淤积、动库容、风浪等因素影响水位观测的精度,进而引起入库洪水的误差,故水位—库容关系和泄量的精度也是两个重要的影响因素。综上所述,在排除大坝等建筑物不稳定性外,工程群联合防洪预报调度方式的主要风险源为洪水预报误差、调度决策滞时、泄量误差及水位—库容关系 4 种不确定性。而众多研究指出,入库流量或者预报入库流量的不确定性是最为显著的,而其他 5 种因素则相对较为稳定,因此学者们认为,实时调度中风险主要来源于降雨预报的误差,客观分析与认识区域气象预报的精度与可靠性是洪水风险调度的关键。提高水文预报的精度,将有利于降低水库调洪风险率。因此,具有可靠的、有一定预见期和相当精度的水文预报,是实现水库预报调度的最重要条件。

洪水预报误差根据洪水包含的要素可分为洪峰、洪量和洪水过程的预报误差等,预报洪水的精度取决于当地的预报水平或预报方案的等级。为减少洪水预报误差带来的风险,应着力研究将洪水预报信息用于水库调度决策时的风险识别、风险评估和风险控制,实施风险管理。

在进行洪水预报前,应当从以下几个方面做起:

(1)预报人员必须分析和研究流域历史实测资料,同时还要调研历史洪水,为洪水预报的准确度提供基础保障。

(2)充分、全面、科学地考虑各种因素对预报准确性的影响,通过合理、科学的计算方法来降低人的主观因素对计算洪水准确性的影响。

(3)应当经过各个方面的严格审查和综合比较,最大程度地降低偶然误差。

具体来说,预报时应逐一分析风险源的起因及分布特征,分别计算不同预报精度与误差情况下的风险概率,评估洪水预报误差对防洪调度决策的定量影响。其次,将洪水预报误差分析与历史实际大洪水进行对比,总结误差修正经验,逐步提升预报的自修正能力。同时,应加强洪水预报人才队伍建设,不断补充、培训、强化预报人员的知识理论与预报能力。

防洪风险管理的本质,就是综合利用法律、行政、经济、技术、教育与工程手段,合理调整客观存在于人与自然之间以及人与人之间基于防洪风险的利害关系。在流域范围内,还应努力将预警机制、应急机制、风险转移机制和防洪工程建设等进行完美结合,保障预报调度发生之前的预警和事后评估,同时还能够正确掌握灾害发生的原因,从而制订出正确的防灾救灾方案,提升水灾风险管理的科学性。

同时,在防洪风险管理过程中,应让洪泛区及管理者明白"效益与风险共存"的道理。实施预报调度,应能承受适度风险,当洪灾发生时,坚持全局利益最高、局部服从全局的整体利益优先的原则,尽可能以最低的代价来提供最高的安全保障。同时,社会应充分认识到风险管理模式与安全管理措施是现行风险管理的理念拓展和重要组成部分,要将风险管理全面落实到管理过程中的所有环节。在风险管理过程中,要求以人为本,全面、协调地推进可持续发展的科学发展观,建立健全风险管理工作的法律法规及长效机制。

下篇　生态调度实践

第7章　国内外生态调度实践

7.1　生态调度的由来

　　水利工程及其调度为流域经济社会带来了巨大的经济效益,为地区提供了必需的电力保障,在防洪、城乡供水、灌溉、航运和水产养殖等方面发挥了巨大作用。同时,水利工程的修建与运行对河流自然状态造成了一定的影响。例如,人为调控水库出库流量过程使天然来流过程"平坦化",严重影响了流域洄游性鱼类的产卵繁殖,导致水生生物繁殖期的生态水量不足、湿地生态系统出现退化、湖区生物多样性受到威胁等。同时,水文情势规律的改变造成了下游咸潮上溯,影响了地区供水安全,河流水流流态的改变带来库区泥沙淤积问题等,这些水利工程的负面影响引起了社会的广泛关注和深思。

　　完整的河流生态系统具有动态、开放、连续的特点,但由于水利工程的大量修建、人工围垦等,使得河流系统在纵向、横向和垂向上的连通性受到了不同程度的破坏,具体表现在:①河流与湖泊的连通性受阻,破坏了江湖洄游性鱼类的生殖条件。②拦河水库的修建阻碍了河流上下游连通,割断了溯河产卵鱼类的生命路线。③堤防构筑使河流渠道化,浆砌砖石堤防使河道成为不透水面,河流与地下水的连通丧失,水生生物栖息地消失。④水利工程的建设还在其他方面对流域生态系统产生了影响,如水库的建设会导致库区的水温分层,影响下游鱼类产卵;水库蓄水对上游的支流的顶脱作用,易引发"水华";清水下泄也使得下游河道被侵蚀等。

　　水库的常规调度分为防洪调度与兴利调度,其建设与运行对河流生态系统的影响尤为严重,对河流生态系统生态环境的影响大体分为3个方面。一是水库建设对河流水文情势、河流泥沙情势以及水质变化等的影响,对能量和物质(悬浮物、生源要素等)输送通量的影响。二是水库建设对浮游生物、大型水生生物以及河道结构(河流河道形态、河道基质构成等)的影响。三是综合效应,即水库建设对河流生态系统影响的最终体现。水库建设对河流水文情势、泥沙和水体物理、化学特性的影响会改变河流生态系统的稳定性,改变水生生物的生存环境,从而影响水生生物的分布和数量;大坝的阻隔作用导致鱼类的洄游通道被堵塞,影响了鱼类产卵和繁殖,鱼类的数量和种类会发生显著变化。

因此,为了降低传统工程调度对河流生态系统带来的不利影响,有必要在新建的水利枢纽中考虑生态工程措施,或对不合理的水利工程调度方式进行调整,以缓解水利工程建设对生态的影响,由此引出了"生态调度"这一概念。它是在水库调度中更多地考虑河流生态系统的需求,兼顾水资源开发利用中的社会、经济和生态环境利益,保护天然生态环境。

生态调度是水库调度发展的高级阶段,即从以往的防洪、兴利调度转向防洪、兴利及生态调度。许多专家学者都对"生态调度"提出了自己的观点,例如,汪恕诚 2006 年在《中国水利报》发表的文章中指出,"对于宏观的水资源配置和调度中的生态问题而言,生态调度是水库在发挥各种经济效益、社会效益的同时发挥最优的生态效益";董哲仁等在2007 年发表论文阐述其水库多目标生态调度理论,"以水库多目标而言,生态调度指在实现防洪、发电、供水、灌溉、航运等社会经济多种目标的前提下,兼顾河流生态系统需求的水库调度方法"。

2011 年,水利部对生态调度给出了以下的定义:"所谓生态调度,就是在进行闸坝和河湖水库调度时,在考虑防洪、供水需求的同时,充分考虑生态水量需求,对水库下泄水量、水量过程、下泄水温、时机等要素进行调控,以发挥水库的多种功能。"从以上表述来看,生态调度是指以经济社会效益、生态效益等综合效益为目标或以保护河湖健康、修复河流生态为目标的一种调度方式。

7.2　研究进展与方法

7.2.1　研究进展

7.2.1.1　**国外研究进展**

欧美国家对水库生态调度的研究较早。针对因水资源开发利用程度不断提高而产生的河流生态系统日益退化问题,美国率先提出了保证重要水生生物栖息地环境所需的河流流量,自 1940 年便开始将其作为一项重要的生态因子。随后,英国、澳大利亚等多个国家也开始重视生态调度问题,并逐步将生态流量纳入其河流综合管理研究体系,关于鱼类栖息与河流流量之间的关系一度成为研究重点。进入 1970 年后,欧美国家的研究学者开始围绕水库对生态环境造成的负面影响展开全面研究与分析。1971 年,Schlueter 第一次提出了水库在满足人类社会经济用水的同时,需要兼顾河流的生态多样性。研究学者 Junk 于 1982 年提出了关于生态洪水脉冲的概念。1996 年,Petts 证明了大坝和水库下泄流量的季节性变化以及由取水和引水引起的流量减少对基流与河岸生态系统的影响,确定了"生态上可接受的"河流流态和下泄流量。1998 年,Hughes 和 Ziervogel 首次建立了水库生态调度模型。2014 年,Steinschneider 等提出了一种大尺度优化调度模型,在大流域水库群多目标调度问题上探讨水库协调管理措施对生态效益的贡献。2015 年,Tsai 等提出了一种基于人工智能的河流生态系统需求的量化混合方法,并通过水库优化调度为维持河漫滩生态提供合适的流型。2017 年,Xu 建立了准 3D 生态模型来模拟大型水库的水动力特征和温度条件,测试这些条件是否满足鱼类的速度和温度要求,并提出了生态友好型调度方案来恢复鱼类洄游通道。乌克兰学者以德涅斯特河流域为研究对象,提出了以防止"水华"为目标的水库生态调度模型。南非相关学者则围绕生态需水量估算与保证,提出了基于整个流域管理的水库生态调度方案。

国外学者在生态调度技术研究方面主要围绕下列两点:其一,对河流流域内水利工程与生态系统之间的关系及产生的影响进行分析,逐步对水库调度方式进行优化;其二,分析优化调度技术对流域生态系统造成的影响,并构建相关评估体系。

7.2.1.2　国内研究进展

国内关于"生态调度"的提出与研究,始于傅春在 2000 年提出的人类与自然和谐相处、共同发展的"生态水利"的理念,随后学者们在多方面开展了相关研究。2001 年,贾海峰等以北京密云水库为对象,探讨了水库调度与营养物削减间的相互关系,并结合防洪提出了防治水库富营养化的调度措施。同年,尹魁浩等建立了水库生态系统模拟模型,并以丹江口水库为例,分析了水库逐日生态变化及其数学模拟过程。2003 年,董哲仁构建了生态水工学的理论框架,指出水利工程学应与生态学理论相融合,既要满足人们的各种用水需求,又要保持河流生态系统的完整与健康发展,真正做到人与自然和谐相处。2006年,傅菁等结合水生生物对流量、流速、水温等方面的需求,计算了维持锦屏二级水电站下游减水河段生态功能所需要的水量,并确定了下泄方式。2007 年,刘兰芬等模拟了梯级水库电站下泄水温的累积影响,得出了流域开发程度越高、坝体越大,对水温累积影响越大的结论,并给出了消减影响的措施。同年,董哲仁等分析了现有我国多数水库调度方案中存在的缺点,指出水库多目标生态调度应在满足水库原有任务的同时,注意保护河流的生态系统。2008 年,梅亚东等提出了一种"生态友好型水库调度",设计了 25 组生态流量控泄方案,建立了以梯级水电站群发电量最大为目标的长期优化调度模型,比较了各方案下的下泄流量与天然流量的贴近程度,并建立了综合评价指标体系,实现了方案的综合比选。胡和平等考虑具体的生态环境目标,按照一定的规则综合出用于解决或缓解多个生态环境问题的生态流量过程线,通过水库调度优化模型求解、方案比选,提出了"在实现生态目标的情况下经济效益并未显著降低"的论点。同年,夏军等以淮河蚌埠闸为例,研究了闸坝对下游河道环境的影响,分析了水生态指标与水质指标的关系,建立了适用于淮河流域的水文－水质－生态耦合模型,提出了闸坝工程对水生态影响的评价方法。2009年,许可等以三峡水利枢纽为研究对象,采用差分进化算法,建立了以电站收益最大为目标的水库调度模型,该模型满足了宜昌流域的生态流量要求,同时利用人造洪峰、提高下泄水温等措施保护下游流域的生态环境,使流域水资源开发与保护和谐发展。2013 年,赵越等根据历史水文数据与生态流组法,推求出满足四大家鱼产卵需求的径流过程,并通过水库生态调度进行改进。2015 年,徐淑琴等考虑水文变异对径流过程的影响,推求了 3种径流状态下的生态流量,以此作为下泄流量的约束条件,建立了水文变异条件下的水库生态调度模型。2016 年,吴旭通过对系统网络图的学习研究,构建了饮马河流域生态调度系统网络图,通过对模拟模型的深入研究,研制了基于水库调度规则、计算单元供水规则、水库群调度规则的饮马河流域生态调度模型。同年,陈立华等从生态基流和洪水脉冲两方面研究了梯级水库的调度过程,并分析了 4 种生态调度方案对发电效益的影响。

在河流生态保护中,还需要对生态调度的效果进行评价,而选取合适的评价指标是正确评价的关键。比较常用的评价指标包括河流生态环境需水量、河流水质状况、水生生物多样性、湿地状况等,其中,河流生态环境需水量是研究的重点。针对不同的生态保护对象,生态调度有下泄生态基流调度、人造洪峰流量过程调度、控制低温水下泄或溶解氧过饱和调度、调水调沙调度、下游湿地生态补水调度、下游鱼类产卵期生态流量调度等类型。因此,生态调度是以生态流量为出发点,在考虑防洪、供水需求的同时,满足河流生态流量的需求,对水库或水库群的下泄水量、水量过程、下泄时机等要素进行调控。

7.2.2　生态环境需水

按照研究对象和所需资料的不同,生态环境需水研究可分为水文学方法、水力学方法、生境模拟法、系统学方法和整体法。

(1)水文学方法。根据简单的水文指标对河流所需生态流量进行界定,如 Tennant 法、7Q10 法等。其中,Tennant 法主要考虑保护鱼类等水生生物以及娱乐、景观等环境资源所需的河道流量;7Q10 法则主要考虑水污染防治水量。国内学者在 7Q10 法基础上提出了改进的最枯月流量法。此类方法仅需通过历史水文资料人为设定流量比例或采用保证率概念确定河流所需生态流量,不需现场进行野外观测工作,简单易行,但此类方法多用于经验取值,或为其他方法提供参考。

(2)水力学方法。根据河道水力参数(如河宽、水深、流速和湿周等)确定河流所需流量,如湿周法等。此类方法主要考虑生物栖息地与水力条件的关系,只需简单地测量河道断面水力参数,不需要详细的物种(生境)数据。由于此类方法无法体现需水的季节变化因素,故常与其他方法结合使用。

(3)生境模拟法。以生物学为基础,将水文、水化学条件与特定水生生物不同生长阶段的生物学信息相结合,例如物理栖息地模拟法(PHABSIM)以及在此基础上建立的河道内流量增加法(IFIM),通过模拟流速变化与栖息地类型的关系,评价流量变化对栖息地的影响,进而得出适宜流量。虽然这种方法针对的生态恢复目标更为具体,但所需要的生物信息一般较难获得,故应用受到限制。

(4)系统学方法。这种方法首先需建立表征生态系统健康状况的指标体系和评估机制,对各指标进行评估并确定其天然变化范围,然后拟定不同生态流量模式,分别计算指标体系的评估结果,同时参考其他河流功能的满足程度,最终确定河流的生态流量。这种方法基于一个核心思想,即以自然条件下的河流水文条件为生态系统健康的参照标准。常用的指标体系是水文改变度指标(IHA),考虑了包含水流量级、频率、持续时间、变化率等流量组分在内的波动过程。

(5)整体法。从河流生态系统整体出发,利用专家经验和不同学科领域关于河流天然水情、地形地貌与水生生物信息等方面的知识,研究生态环境需水量,如建立分区法(BBM)、基准法、流量变化下游响应法(DRIFT)等。

7.3　法律与保障体系

专业技术是生态调度的基础,但生态调度的执行与管理则取决于各地的社会经济条件,也与历史、文化及由此形成的法律政策有关。

7.3.1　国外法规政策

美国生态调度的法律政策框架主要包括对水利工程制定专门的监管程序、对各州(省)制定各具特色的水流保护法规和规划。以州(省)法律为主导,通过执行环境法律来保护河流;联邦政府通过对州际通航水道、水质、濒危物种保护、大型水利设施和水电的监管来实现对河流的管理。

美国通过构建多层次、多角度的法律体系,以复杂而系统的方式对水利生态调度加以管理。例如《净水法案》(Clean Water Act)主要从水质监管角度、《濒危物种法》(Endangered Species Act,ESA)从物种保护角度、《自然与风景河流法案》(Wild and Scenic Rivers Act)从维持河流自然景观角度对水流调度加以约束。而《麦格森 - 史蒂芬渔业保护与管理法》(MSFCMA)则要求此类工程对鱼类必要生境的影响进行评估,《海岸带管理法》要求沿岸区域内的工程实施必须遵守本州的海岸保护计划。另外,种类繁多的水流保护计划对特定河流和物种的保护进行规定,也对水利工程的调度提出要求,如根据《西北太平洋电力规划和保护法案》,制订了哥伦比亚流域鱼类和野生动物保护计划(Columbia River Basin Fish and Wildlife Program)。

日本比较重视用法律的约束作用和行政手段来保证生态流量。1995 年日本河川审议会提出了《未来日本河川应有的环境状态》,指出"推进保护生物的多样生息、生育环境""确保水循环系统健全""重构河川和地域的关系"的必要性。1997 年日本审议通过新的《河川法》,规定流域日常管理的重要工作内容包括河流环境整治和保护等,在此法案的基础上,日本通过对大坝设置排沙闸及加大水库下游放水等措施,将水库蓄积的泥沙泄放于大坝下游河道,使大坝下游的河道生态得到了有效恢复。

澳大利亚《2007 年联邦水法》关于 Murray - Darling 流域水资源管理的主要目标是优化水资源分配、利用和管理,该法案要求为流域内各州设定一个"可持续的封顶"制度,具体内容是,各州在用于生态环境的水量不足以阻止生态环境损坏的情况下,全面实施河流引水量的封顶,即停止水库的蓄水并限制其他行业从水库引水。美国联邦和州确定自然和景观河流的基本流量,规定河道内大多数水生生物在主要生长期拥有优良的栖息条件,具备多种娱乐用途,"所对应的推荐径流量为 50% 保证率下的河道径流量的 60%"。"保持大多数水生生物在全年生存所推荐的最低径流量,即 50% 保证率下河道径流量的10%"。法国《乡村法》规定,河流最低流量的下限不得低于多年平均流量的 1/20。

7.3.2　国内相关政策

我国在一些涉水法律、办法与规划中对生态调度做了相关规定。《水法》规定,开发、利用水资源,应当首先满足城乡居民生活用水,并兼顾农业、工业、生态环境用水以及航运等需要。《水量分配暂行办法》规定，水量分配应当统筹安排生活、生产、生态与环境用水。《建设项目水资源论证导则》规定，涉水工程必须保证最小下泄流量的有关要求。《制订地方水污染物排放标准的技术原则和方法》中，对于一般河流采用近 10 年最枯月平均流量或 90% 保证率最枯月平均流量作为最小设计流量。2015 年，《水污染防治行动计划》中明确提出，加强江河湖库水量调度管理；完善水量调度方案；采取闸坝联合调度、生态补水等措施，合理安排闸坝下泄水量和泄流时段，维持河湖基本生态用水需求，重点保障枯水期生态基流。在黄河、淮河等流域进行试点，分期分批确定生态流量（水位），作为流域水量调度的重要参考。

《全国水资源综合规划》中对河流生态环境需水量提出了具体要求，在计算地表水资源可利用量时，明确首先要扣除河道内生态环境流量，将生态环境用水作为水资源配置的重要内容。《长江流域水资源综合规划》中，对长江生态基流一般采用 90% 或 95% 保证率最枯月平均流量。由于我国地域辽阔，流域、区域特征差异大，在已经完成的规划中，各地因地制宜地确定了维持河道基本功能的生态流量标准。

7.4　调水实践

7.4.1　国外生态调度

国外的生态调度实践开始于 20 世纪 40 年代，随后欧美一些国家相继展开了保护河流生态的调度实践。1970—1972 年，南非潘勾拉水库为了使溯河产卵鱼类获得适宜的水栖条件，通过水库调度人为地制造了一系列的洪峰过程。

美国从 1980 年开展的大古力水坝以及其他水利工程生态调度，充分考虑了满足维持或增强溯河产卵的鱼类种群溯流至产卵场的需求，为之后哥伦比亚流域鱼类种群的恢复起到了重要的作用。

在美国佛罗里达州基西米河，为了恢复河流原有的生态面貌，从 1990 年开始进行了一系列的生态修复试验，其中包括改变上游水库的运用方式，塑造具有季节性变化的、与天然状态尽可能接近的来流条件，以及人为抬高水位以恢复两岸的湿地。从调度目标看，主要包括增加河流最低流量和改善水质、控制河道水位变动及恢复河滨植被、改善栖息地适宜性等。自 1991 年开始，田纳西流域管理局通过提高水库泄流的水量及水质，并以下游河道最小流量和溶解氧为指标，对其流域内 20 座水库的调度运行方式进行了优化调整，具体措施包括：通过适当的日调节、涡轮机脉动运行、设置小型机组、再调节堰等提高下游河道最小流量；通过涡轮机通风、涡轮机掺气、表面水泵、掺氧装置、复氧堰等设施，提高水库下泄水流的溶解氧浓度。这些调整对改善下游水域生态环境起到了重要作用。美国中央河谷工程将保护和恢复鱼类与野生动物需求放在优先于发电需求的位置考虑。

俄罗斯为了恢复严重损坏的生态系统，在对伏尔加河下游的水流调度可行性研究报告中进行了深入研究。在 1960 年伏尔加格勒大坝建成以后，俄罗斯通过人造洪水的方式实现增加大坝下游放水，有效地改善了农田灌溉以及鱼类的生存条件。

此外，在发达国家的水库再调度实践中，通常采用适应性管理方式调整水库调度，以消除不利生态环境的影响,如美国格伦峡谷大坝通过适应性管理,对下游生物多样性及沙洲被破坏的生态环境问题开展泄流试验,取得了显著效果。

7.4.2　国内生态调度

自 2000 年开始,我国以塔里木河、黑河应急生态调水、黄河调水调沙试验为开端,陆续进行了扎龙湿地、南四湖、引江济太、珠江压咸补淡应急补水等生态调度实践尝试。

为了充分利用沂沭泗水系洪水资源补给淮河水系,统筹对洪水进行调度,2000—2017 年,沂沭泗水系洪水经中运河和徐洪河反向流入洪泽湖,调水总量共计 99.55 亿 m³,年平均调水量为 5.53 亿 m³,年最大调水量为 2011 年的 17.38 亿 m³,年最小调水量为 2016 年的 0.16 亿 m³。引沂济淮工程充分利用沂沭泗洪水资源跨水系调水,不仅有效地缓解了淮河中下游地区的旱情,为苏北地区工农业生产用水和城市供水储备了极为宝贵的水源;恢复了航道,改善了水运。同时也改善了洪泽湖日益恶化的生态环境,使洪泽湖水质由调水前的Ⅳ类改善达到Ⅱ类,有效地增加了对淮河干流污染水体的承接能力,为避免淮河干流污染水体进入洪泽湖时发生水污染事故起到了重要作用。

2000—2007 年,为改善当地生态环境,新疆塔里木河(简称“塔河”)管理局与巴音郭楞州、生产建设兵团第二师 11 次协同开展了向塔河下游生态应急输水行动,终结了该河下游河道近 30 年的断流史,台特玛湖面积达到了 200 余 km² 的历史最大水域,塔河下游地下水位普遍回升。

为了改善下游生态环境,水利部门对黑河实施统一调度。2001 年,黑河流域中游取水口 8 处实施“全线闭口,集中下泄”,分水至下游额济纳旗,滋润林草地,挽救胡杨树。2002 年、2003 年将黑河水分别送至已干涸 10 年、42 年的东居延海、西居延海,2004 年东居延海达到了自 20 世纪 50 年代中期以来的最大水域面积 36 km²,次年还首次实现该水域全年不干涸,黑河生态环境得到明显改善。

2001 年 7 月至 2005 年 4 月,松辽水利委员会连续 5 年从嫩江调水 10.5 亿 m³ 补给扎龙湿地,取得了显著的生态保护效果和经济效益。

黄河调水调沙实践是近些年水库生态调度的一个经典案例。为保证下游不断流,满足下游生活、生产和生态用水需求,黄河电调服从水调。2000 年枯水期,小浪底水库弃电放水 12.2 亿 m³。2002—2015 年,黄河每年实施调水调沙,依靠上游大型水库的调节制造出冲刷下游河床泥沙的人造洪峰,输沙入海。该实践不仅探索了黄河汛前调水调沙的合理水量,还实现了水库排沙减淤以及对黄河三角洲的生态补水,是在多泥沙河流水沙联合调度理论及方法方面的突破,实现了不同水沙组合的时空“精确对接”和适宜水沙组合的再造。

2007 年,为应对太湖梅梁湖等湖湾大规模暴发的蓝藻问题,太湖流域管理局实施“引江济太”应急调度,后太湖生态调度成为常态化。“引江济太”通过从沿江口门调引长江水,增加了水资源供给条件并促进河湖有序流动,改善了太湖及河网水质。2007—2017 年期间,“引江济太”调度实践中,常熟枢纽累计引江水近 200 亿 m³,望亭立交入湖 91 亿 m³。2011 年太湖地区发生干旱,常熟枢纽全年累计引水 32 亿 m³、入湖 16 亿 m³,增加了湖体环境容量,太湖水质得以改善,生态安全得到有效保障。

　　三峡水库自 2008 年以来实施了一系列试验性调度,例如,2011 年长江中下游干旱期间,三峡水库共向下游补水 212.42 亿 m^3,4、5 月抬高荆江河段水位 0.9～1.2 m,抬高长江中游干流河段水位 0.7～1.2 m,抬高下游河段水位 0.6～0.9 m,有效缓减了中下游旱情,发挥了巨大的生态效益和社会效益。2012 年与 2013 年,三峡水库开展了库尾减淤调度试验,2012 年长江干流段泥沙冲刷量为 224.3 万 m^3,嘉陵江段泥沙冲刷量为 16.8 万 m^3;2013 年水库库尾大渡口至涪陵段(含嘉陵江段)河床冲刷量达 441.3 万 m^3,为今后进一步开展减淤调度积累了宝贵经验。围绕三峡工程对四大家鱼的影响问题,我国分别在 2011—2013 年 5 次加大三峡水库泄量,使宜昌以下江段形成持续涨水过程,以促进四大家鱼的自然繁殖。在此过程中,长江中游主要控制站点监测到了明显的涨水过程,四大家鱼卵苗监测结果表明,生态调度对四大家鱼自然繁殖起到了一定的促进作用。

　　总结以上生态调度实践,目前我国生态调度的目标主要集中在以下 3 个方面:一是保证河道的生态基流,主要是在保证经济效益的基础上,维持河道不断流,维持河道下游最小生态流量;二是为改善水质实施生态调度,即调水冲污、调水冲沙,主要为促进水体的流动,增加流量并改善水质,如"引江济太"等;三是为缓解水资源短缺而实施的应急供水,如塔里木河生态应急输水、南四湖生态补水调度等。经过 10 余年的发展,生态调度已经融入我国流域综合管理的日常工作之中,成为河流综合管理的重要调控手段。

第 8 章 沂沭河生态流量调度

8.1 沂河、沭河河流概况

8.1.1 沂河概况

8.1.1.1 河源

沂河发源于沂源县西部,有 4 源。

(1)徐家庄河:发源于沂源县与新泰市交界处的黑山交岭之阴的龙子峪(石头疙瘩山西),北流经徐家庄东、艾山之西,继东北流,在鲁村西南左汇三府山南麓草埠河之后东流入田庄水库,流域面积 175.4 km²(含草埠河),河长 23.5 km。

(2)大张庄河:发源于沂源、蒙阴和新泰 3 县(市)交界处的老松山北麓,源地海拔 688 m,东北流经大张庄东、沟泉东,在店门南左汇南岩河(也叫仁里庄河),源出张家旁峪南;又东北流,在仁里庄北左汇支流四门地河入田庄水库,河长 32 km,流域面积 184.2 km²。此源在众源中河最长,流域面积最大。《沂沭泗河道志》等书籍将此源定为沂河正源。

(3)高村河:又称为田庄河,发源于狼窝山北麓、天门顶东侧,河源高程 600 m,古称桑预水,东北流入田庄水库,河长 20.5 km,流域面积 52.4 km²。

上述 3 源皆入田庄水库后东流,在沂源县城南左汇螳螂河。

(4)螳螂河:又叫沧浪河,源于鲁山南、三府山东,经董家庄东流,汇鲁山南之水,经土门镇东南流,经沂源县城西,在城南入干流,河长 27 km,流域面积 187 km²。

8.1.1.2 干流

干流出沂源县田庄水库后,左汇螳螂、儒林、悦庄、石桥、大泉、复来、长旺、暖阳等河,右汇燕子崖、杨家庄、韩庄、苗庄、马庄、马连庄诸河后经沂水县境;南流入跋山水库。出库南流,左汇顺天、小沂、埠东等河,右汇荆山、黄坡两河,入北社拦河坝,南流入斜午拦河坝,南流右汇邵家宅河进沂南县境;再南流左汇苏村西、苗家曲、张家沟等河,右汇铜井、娥庄、东汶等河,再汇石沟河入葛沟拦河坝,又南流右汇蒙河,入临沂市境;南流经茶山拦河坝,再西南流,右汇新河、孝河、柳青河、祊河、涑河,经临沂市东(进入中游)向东南流。经沂河漫水桥、公路桥、铁路桥入小埠东拦河坝后左汇李公河,经分沂入沭水道口左岸入郯城县境,又经江风口分洪闸前南流,右岸入郯城县境,入李庄拦河坝,折向西南,经土山拦河坝,至多福庄东右岸入苍山县境,行 5.5 km,右岸入郯城县境;经马头拦河坝,又西南流,在吴道口村南入江苏境。沂河过苏、鲁边界仍西南流至石坝窝有芦口坝堵口。折转东南流 20.5 km,至华沂村东北,右岸有老沂河口筑坝及节制闸。过老沂河口 2.5 km,左岸有白马河汇入,再 5.7 km,左岸有浪清河经毛墩涵洞汇入,再 7.7 km,左岸有新戴河汇入,再 4.5 km 至苗圩东南流入骆马湖。沂河山东境内流域面积 10 772 km²,江苏境内流域面积

1 048 km²,源头至省界长 287.5 km,省界至骆马湖河道长 45.5 km。

8.1.1.3　支流

沂河支流河长在 10 km 以上的一级支流共 40 条,其中从右岸汇入的 17 条、从左岸汇入的 23 条。较大的支流多从右岸汇入。主要有东汶河、蒙河、祊河,其次是涑河、柳青河、白马河等。为了分泄沂洪,1953 年开挖分沂入沭水道,分沂河洪水入老沭河;1957—1958年开挖邳苍分洪道,分沂洪入中运河。

1. 东汶河

东汶河在蒙阴、沂南两县境内,流向为西北向东南。据《水经注》记载,"桑泉水,上源之叟崮水,俗名汶水",宋、元以前遂称桑泉水,全流为汶水。后为区别泰山之阳大汶河,改称东汶河。岸堤水库以上分为两支,南支叫东汶河,北支称梓河。南支东汶河发源于蒙阴县常马乡与平邑县交界处的青山北麓。经新泰、蒙阴岱崮山区的雪山后,经蒙阴、沂水入岸堤水库,河长 56 km,流域面积 794.7 km²。北支梓河发源于蒙阴县岱崮山区的雪山后,经蒙阴、沂水,于蒙阴入岸堤水库,河长 66 km,流域面积 2 428.46 km²。汛期水流湍急,1957 年 7 月 19 日在付庄站测得最大洪峰流量 5 050 m³/s。

东汶河河长在 10 km 以上的支流有 18 条,在东汶河一、二级支流上有黄土山、张庄、高庄、高湖、朱家坡 4 座中型水库。

2. 蒙河

蒙河在蒙阴、沂南两县境内。《沂州府志》称为"蒙山水"。因源于蒙山,故名蒙河,发源于蒙阴县界牌乡境内,蒙山山脉中山南麓,东流至垛庄,折向东南,经西师古庄东入沂南县境、蜿蜒曲折,至沂南县砖埠乡洙阳村南入沂河,全长 62 km,河床最宽 200 m,流域面积 632.31 km²。1960 年 8 月 17 日在高里水文站测得最大洪峰流量 4 150 m³/s。汇入蒙河长在 10 km 以上的一级支流有 8 条,在一级支流上有黄仁、施庄 2 座中型水库。

3. 祊河

祊河在《水经注》中为洛水,是沂河最大的一级支流。祊河上游分南、北两支,北支名浚河,南支叫温凉河。北支浚河发源于邹县东部南王村西山,在平邑县北庞王村西入平邑进唐村水库。东流经平邑镇于地方镇东北入费县境,在南东州与南支温凉河相汇。温凉河长 86 km,流域面积 750 km²,源出平邑县南部太皇崮,东流经平邑镇于地方镇东北入费县境,又经梁邱镇东北流,入许家崖水库,出库绕费县东南,在南东州处汇浚河东流经麻绪东南入临沂市境内,在临沂城东北汇入沂河。祊河全长 158 km(按照浚河源至河口),流域面积 3 376.32 km²,下游河床宽 400 m,汇河口以上浚河长 112 km,流域面积 2 323.32 km²。1956 年汛期在角沂站测得最大洪峰流量 6 330 m³/s,河长在 10 km 以上的一级支流有 22 条,在干、支流上有唐村、许家崖两座大型水库,在一、二级支流上有公家庄、吴家庄、安靖、岳庄、大夫宁、龙王口等 11 座中型水库。

4. 涑河

涑河又叫小涑河、北涑河,在费县、临沂市兰山区境内,源出芍药山乡鱼鳞山东,东流入马庄水库,经西埠东入临沂市兰山区境,经水磨头折北而去,过大芝房,复东南流,经堰东、堰西之间,于郭庄西北分为两股。南股经两孔 1.46 m 宽、2 m 高引水闸南流,称南涑河,在汤庄东入郯城境,南流入邳苍分洪道;北股继东南流,在临沂西分两股,环城入沂河,称北涑河,系明嘉靖年间泾王倡议开挖的,河源至沂河口长 60.4 km,流域面积 297.2 km²,最大行洪量 532 m³/s,长 10 km 以上的支流 2 条。

5. 柳青河

柳青河位于沂河、祊河之间的三角地带,源出费县汪沟乡双山子南麓,至谭家庄西南流入刘庄水库,东南流入临沂市境,再东南流汇半程、枣沟头等地坡水,左汇枣林河,复东南流,原入祊河,因祊河口逐渐南移,柳青河逐渐脱离祊河而独立流入沂河。柳青河河长 34 km,流域面积 295.2 km²,入口处河口宽 72 m,设计洪峰流量 531 m³/s。柳青河河长 10 km 以上的支流有 3 条。

6. 白马河

白马河跨苏、鲁两省,系郯城县主要排涝河道,因水流湍急得名,原源于郯城北部分沂入沭水道南,1953 年上游东部开新白马河入老沭河后,现起源于李庄。自东北向西南流,纵贯郯城,经北涝沟入江苏邳州,全长 50.8 km,其中郯城境内长 38.8 km。流域面积 552 km²,其中郯城境内 442 km²。最大行洪能力 552 m³/s,河底在省界宽 70 m,堤距约为 250 m。

8.1.2　沭河概况

8.1.2.1　干流

沭河原名沭水,俗称茅河,原为入淮支流,"沭入泗,泗入淮",自 1194 年黄河决口南侵夺淮后,沭无入淮通道,尾闾在苏北游荡数百年。1949—1953 年间,山东开展导沭整沂,在临沭大官庄兴建拦河大坝,向东南开挖新沭河,从此将沭河分为 3 部分,大官庄以上仍叫沭河;洪水下泄一股向东经石梁河水库在临洪口入海,叫新沭河;一股南流改称老沭河,入江苏开挖的新沂河向东在燕尾港入海。在山东境内 3 段河相加总长度 273 km,流域面积 6 003.5 km²。

沭河发源于沂水县东于沟乡沂山南麓,有东、西二源,西源叫石槽峪河,东源叫寺峪河。西源(《沂沭泗河道志》将此源定为正源)出泰薄顶西,南流经石槽峪村东,转流大东峪村至上流庄折东南,在霹雳石村东南与东源相汇,河长 11.2 km,流域面积 28.5 km²。东源在泰薄顶东侧,老婆山东麓,南流经寺峪西折南流,在霹雳石村东南与西源相汇,河长 8.8 km,流域面积 11.9 km²。两源相汇后始称沭河,东南流,左汇张马河、右汇青水河后入沙沟水库,出库东南流,左汇砚河,折南至仁村南入莒县境,右汇珠龙河、道托河,左汇秀珍河,入青峰岭水库,出库南流,左汇茅埠河,经张宋拦河坝,南流,右汇洛河入杨店子拦河坝,左汇袁公河、店子集河,经莒县东,左汇鹤河、汀水河、鲁沟河,右汇柳青河,西南流,在西野埠村右岸入临沂市河东区境;有石拉渊拦河坝,过沭河铁路大桥,左汇新、老高榆河,入龙窝拦河坝,西南流,左岸入临沭县境;南流在临沂禹屋右汇汤河,以下称中游。左汇韩村河,至侯宅子北,右岸入临沭县境,南流至临沭大官庄村西北,右汇分沂入沭水道,下游分老沭河和新沭河。源头至大官庄西,河长 196.34 km,流域面积 4 518.8 km²。

河道在莒县城东河口宽 400 m,大官庄处宽 340 m。河长在 10 km 以上的一级支流 24 条。

沭河在临沭县大官庄西北过人民胜利堰节制闸西南流后称为老沭河,右岸在岭南头村入郯城县境,左岸于小岱家村南入郯城县境,行 5 km 至社子庄西南入江苏,南行 4 km 又入郯城。经清泉寺西流出山谷入平原南流,在老子庄村南入江苏,河长 56.66 km。区间流域面积 770 km²,防洪流量 3 000 m³/s。河道在苏鲁边境河口宽 255 m。老沭河过省界南流至新沂城东南,新戴河从右汇入。至塔山西麓,黄墩河从左汇入。再下至塔山拦河闸,西南流,新墨河从右汇入。再东南流过王庄拦河闸,继东南流至口头入新沂河。省界至口头长 47 km,河底高程 25.10 ~ 9.64 m,平均比降 0.33‰。

8.1.2.2 主要支流

流域面积在 200 km² 以上的支流有:

(1)袁公河。发源于五莲县青山西,从莒县桑圆乡东庄入莒县境,上有石亩子中型水库,流向西北入小仕阳水库,到招贤大仕阳北折向南,左汇有峤山水库的大石头河,至店子乡徐家城子西南入沭河。流域面积 544.06 km²,全长 62 km,河道比降 1/300,行洪能力 1 094 m³/s,河长在 10 km 以上的一级支流 5 条。

(2)鹤河。发源于莒县杨家沟东北的峤子山西麓,东北至西南流向,经龙山、寨里河至长乡后小河村入沭河。流域面积 259.1 km²,河道比降 1/700,河长在 10 km 以上的一级支流有 3 条。

(3)浔河。发源于日照北垜山北麓陈家沟一带,汇黄墩镇内各支流,在大株洲村西入莒县,经马亓山西侧入陡山水库,入莒南境南去,再折而西流,入铃铛口拦河坝,继西流,在大店镇大公书村南入沭河。因傍马亓山处水深而得名。全长 67.5 km,流域面积 535.26 km²,河长在 10 km 以上的支流有 3 条。

(4)高榆河。发源于莒南县唐庄北鸡山西麓,西南流入石泉湖水库,至十字路镇折西北流,汇岭泉河西南流,从高榆村西南入沭。全长 52 km,流域面积 424 km²。1956 年列为治淮工程进行治理,在原入沭河口处以上 10 km 处,高榆河向西改道由大白常村北入沭,全长 37.9 km,流域面积 307.5 km²,河底平均比降 1/1 000。河长在 10 km 以上的一级支流 5 条。在高榆河上游建有石泉湖水库。在封闭口以下的原高榆河,成为武阳河的一级支流入沭河。

(5)柳青河。原名吕青河,在沂水、莒县境内,沭河右侧,发源于沂水县四十里堡北部,东南流,在三十里堡东南入莒县境,东南流至前云西入沭河。全长 32.8 km,流域面积 302.5 km²,干流平均比降 1/770,现有行洪能力 1 165 m³/s,河长在 10 km 以上的一级支流 4 条。

(6)汤河。在沂、沭河之间,又名温水河。发源于沂南县杨家坡乡南左泉村北,南流至大墩庄南长沟入临沂市河东区,东南流,经汤头有温泉汇入,水温增高,故得名。再南至疙瘩墩北分两支,一支西南流,名管子河;一支东南流,至何家湾拦河闸汇合南去入沭。全长 56.0 km,流域面积 486 km²,河长在 10 km 以上的一级支流 4 条。

(7)分沂入沭水道。是中华人民共和国成立后新开挖的人工河道,作用是分泄沂河洪水入沭河。长 20.0 km,在进口处建有 19 孔的彭道口分洪闸,东南流,穿临、郯边界,在韩家埠东入临沭境,区间支流流域面积 256.1 km²。其中左侧有黄白沟汇入,汇水面积 170 km²,在黄庄穿越该水道底入总干排水沟,也可通过抢排闸进该分水道。继流向东南,在朱村以下开始调尾,至沭河大官庄人民胜利堰节制闸以上入沭河。防洪标准已达 50 年一遇,设计流量 4 000 m³/s,相应控制站水位分别为:新沭河闸上 372 m(0 + 000)处水位 55.89 m(56 黄海高程),拦河坝起点(中泓 0 + 200)水位 55.95 m,裹头(中泓 1 + 600)设计水位 56.50 m,彭道口闸下(中泓 19 + 940)设计水位 60.50 m。

(8)总干排。是由于开挖分沂入沭水道引起的黄白排水沟及华大沟等排水不畅而兴建的排水工程,上起黄庄倒虹吸以北 750 m 处,承接黄白沟,南流过黄庄倒虹吸,沿华大沟旧道在人民胜利堰闸下 3.59 km 处入老沭河,全长 11.5 km,堤防长度 23.1 km,其中左岸 11.6 km、右岸 11.5 km。流域面积 213 km²,其中黄白沟 170 km²、华大沟 43 km²。分沂入沭河道不行洪时,黄白排水沟来水可直接由黄庄抢排闸入分沂入沭水道;分沂入沭河道行洪时,黄白排水沟来水经黄庄倒虹吸通过总干排入老沭河。为防止老沭河洪水倒灌和拦截部分尾水用于灌溉,在总干排末端建有泄水闸。

(9)新墨河。墨河发源于郯城镇东,过大黄楼村东折西南,汇西柳沟河,南流至宋窑村西再会东柳沟河,过张墩村西,入新沂市境,至房庄村东入新墨河。新墨河自鲁、苏省界附近的小张庄、郯新河与老墨河汇流处开始,东南流至房庄东,左岸有柳沟河(山东郯城境改道后墨河)汇入。至小马庄东南与新戴河交汇,至龙泉北入老沭河。全长 61.9 km,其中江苏省境内新墨河长 19.5 km。流域总面积 357 km²。

8.2　水资源及其可利用量

8.2.1　水资源量

8.2.1.1　地表水资源量

地表水资源量是指河流、湖泊、河川等地表水体中由当地降水形成的、可以逐年更新的动态水量,用天然河川径流量表示。本节中地表水资源量采用《淮河流域及山东半岛水资源综合规划》评价成果,该成果系通过对实测径流还原计算和一致性修正,得到的能反映近期下垫面条件的 1956—2000 年天然径流系列。

根据 2016 年 7 月水利部下发的《水利部关于沂河流域水量分配方案的批复》(水资源〔2016〕264 号),沂河多年平均地表水资源量为 30.92 亿 m³,50%、75%、90%、95% 来水频率地表水资源量分别为 27.56 亿 m³、18.00 亿 m³、11.65 亿 m³ 和 8.66 亿 m³。沂河不同来水频率地表水资源量见表 8-1。

表 8-1　沂河不同来水频率地表水资源量　　　　　　　(单位:亿 m³)

河流	省份	多年平均	50%	75%	90%	95%
沂河	山东	28.49	25.31	16.70	10.91	8.33
	江苏	2.43	2.25	1.30	0.74	0.33
	合计	30.92	27.56	18.00	11.65	8.66

根据 2016 年 7 月水利部下发的《水利部关于沭河流域水量分配方案的批复》(水资源〔2016〕263 号),沭河多年平均地表水资源量为 18.19 亿 m³,50%、75%、90%、95% 来

水频率地表水资源量分别为 16.38 亿 m³、11.10 亿 m³、7.51 亿 m³ 和 5.85 亿 m³。沭河不同来水频率地表水资源量见表 8-2。

表 8-2　沭河不同来水频率地表水资源量　　　　　　（单位：亿 m³）

河流	省份	多年平均	50%	75%	90%	95%
沭河	山东	15.21	13.56	9.30	6.35	5.09
	江苏	2.98	2.82	1.80	1.16	0.76
	合计	18.19	16.38	11.10	7.51	5.85

8.2.1.2　地下水资源量

浅层地下水是指赋存于地面以下饱和带沿途空隙中参与水循环的、与大气降水及当地地表水有直接补排关系且可以逐年更新的动态重力水。地下水资源评价时段为 1980—2000 年,重点评价矿化度(M)小于等于 2 g/L 的浅层淡水。对于矿化度大于 2 g/L 的微咸水或咸水资源量进行估算。

根据沂河、沭河水量分配方案,沂河、沭河地下水资源量为区内地下水资源量与山丘区地下水资源量之和,扣除重复计算量。沂河多年平均浅层地下水资源量淡水为 13.99 亿 m³,其中山东省 11.59 亿 m³、江苏省 2.40 亿 m³。沭河多年平均浅层地下水资源量淡水为 6.55 亿 m³,其中山东省 5.25 亿 m³、江苏省 1.30 亿 m³。

沂河、沭河多年平均浅层地下水(M≤2 g/L)资源量见表 8-3。

表 8-3　沂河、沭河多年平均浅层地下水(M≤2 g/L)资源量　　　　（单位：亿 m³）

河流	省份	山丘区	平原区	地下水资源总量
沂河	山东省	10.00	1.65	11.59
	江苏省	0.04	2.41	2.40
	合计	10.04	4.06	13.99
沭河	山东省	4.78	0.49	5.25
	江苏省	0.07	1.25	1.30
	合计	4.85	1.74	6.55

8.2.1.3　水资源总量

一定区域内的水资源总量是指当地降水形成的地表水和地下水产水量,即地表径流量与降水入渗补给地下水量之和。水量分配方案中采用 1956—2000 年的水资源总量系列。

沂河多年平均水资源总量 39.10 亿 m³,50%、75%、90%、95% 来水频率情况下水资源总量分别为 36.73 亿 m³、26.49 亿 m³、19.37 亿 m³、15.67 亿 m³。沭河多年平均水资源总量 22.84 亿 m³,50%、75%、90%、95% 来水频率情况下水资源总量分别为 21.05 亿 m³、14.52 亿 m³、10.14 亿 m³、7.96 亿 m³。沂河、沭河不同来水频率水资源总量见表 8-4。

表 8-4　沂河、沭河不同来水频率水资源总量　　　（单位:亿 m³）

河流	省份	多年平均	50%	75%	90%	95%
沂河	山东省	34.76	32.47	23.45	17.02	13.79
	江苏省	4.34	4.26	3.04	2.35	1.88
	合　计	39.10	36.73	26.49	19.37	15.67
沭河	山东省	18.99	17.34	11.91	8.18	6.41
	江苏省	3.85	3.71	2.61	1.96	1.55
	合　计	22.84	21.05	14.52	10.14	7.96

8.2.2　水资源可利用量

　　地表水资源可利用量是指在可预见的时期内,统筹考虑生活、生产和生态环境用水,协调河道内与河道外用水的基础上,通过经济合理、技术可行的措施可供河道外一次性利用的最大水量(不包括回归水)。水资源可利用总量为地表水资源可利用量与浅层地下水资源可开采量之和,再扣除两者之间重复计算量估算。根据《淮河流域及山东半岛水资源综合规划》,沂河、沭河流域多年平均地表水资源可利用量为:

　　沂河流域:多年平均地表水资源可利用量 17.82 亿 m³,地下水资源可开采量 3.25 亿 m³,水资源可利用总量 18.53 亿 m³。

　　沭河流域:多年平均地表水资源可利用量 10.40 亿 m³,地下水资源可开采量 1.45 亿 m³,水资源可利用总量 10.94 亿 m³。

8.3　水量分配与调度方案

　　沂河、沭河是全国水资源较为短缺的区域之一,随着区域经济社会的快速发展,用水量大幅增长,水资源供需矛盾突出。为合理配置水资源,维系良好的生态环境,促进水资源可持续利用,保障流域经济社会可持续发展,2011 年,淮河水利委员会成立了淮河流域主要江河流域水量分配工作领导小组,正式启动淮河流域主要跨省河流水量分配工作,制订了包括沂河、沭河在内的主要河流水量分配方案,并报国家发展改革委和水利部批准。现成果有水量分配方案批复成果和水量调度方案初步成果。

　　2016 年 7 月,水利部下发了《水利部关于沭河流域水量分配方案的批复》(水资源〔2016〕263 号)和《水利部关于沂河流域水量分配方案的批复》(水资源〔2016〕264 号),两文件明确指出,沂河、沭河流域水资源短缺,用水矛盾和生态环境问题突出,组织实施方案对保障流域经济社会可持续发展具有重要意义。江苏省、山东省人民政府要加强组织领导,将方案的实施纳入地方经济社会发展规划和最严格水资源管理制度考核内容,按照方案确定的水量份额,合理配置水资源,实行用水总量控制,确保流域主要控制断面下泄水量。淮河水利委员会要组织制订流域水量调度方案、年度水量分配方案和调度计划,加强流域水资源统一调度管理;加快省界断面监测设施建设,实施省界断面出境水量管理;

强化方案的组织实施和监督检查。

2016 年 12 月,中水淮河规划设计研究有限公司编制了《沂河水量调度方案》和《沭河水量调度方案》。沂沭河流域水量分配方案的制订,遵循下列原则:

(1)公平公正、科学合理;

(2)强化节水、优化配置;

(3)保护生态、可持续利用;

(4)尊重现状、统筹兼顾;

(5)民主协商、行政决策。

8.3.1　沂河水量分配方案

沂河是沂沭泗水系的重要支流之一,流经山东、江苏两省,干流全长 333 km,流域面积 11 820 km²,多年平均水资源总量 39.10 亿 m³,其中地表水资源量 30.92 亿 m³。随着区域经济社会发展,用水量大幅增长,水资源供需矛盾突出。

8.3.1.1　分配意见

2030 水平年,沂河流域河道外地表水多年平均分配水量分别为:山东省 16.30 亿 m³、江苏省 3.36 亿 m³。

沂河流域不同来水情况下山东省、江苏省水量份额,由淮河水利委员会会同山东省、江苏省水行政主管部门根据沂河流域水资源综合规划成果、河道外地表水多年平均水量分配方案,结合沂河流域水资源特点、来水情况、区域用水需求、水源工程调蓄能力及河道内生态用水需求,在沂河流域水量调度方案中确定。

8.3.1.2　主要断面控制指标

1.下泄水量控制指标

确定临沂、苏鲁省界、沂河末端 3 个断面为沂河流域水量分配控制断面,断面下泄水量控制指标见表 8-5。

表 8-5　沂河流域主要断面 2030 水平年下泄水量控制指标

断面名称	来水频率	天然径流量(亿 m³)	下泄水量(亿 m³)
临沂	75%	15.29	9.08
	95%	7.08	4.98
	多年平均	26.10	14.27
苏鲁省界	75%	10.71	6.07
	95%	5.29	1.97
	多年平均	18.28	9.64
沂河末端	75%	12.01	4.46
	95%	5.62	1.06
	多年平均	20.71	9.56

山东省出境水量以苏鲁省界水文站实测径流量核定。

2.最小生态下泄流量控制指标

沂河干流选择临沂、苏鲁省界、沂河末端 3 个主要控制断面,断面最小生态下泄流量控制指标见表 8-6。

表 8-6　沂河流域主要断面最小生态下泄流量控制指标

控制断面	最小生态下泄流量(m^3/s)
临沂	2.48
苏鲁省界	1.74
沂河末端	1.97

8.3.1.3　保障措施

(1)加强领导,落实责任。山东省、江苏省人民政府要将水量分配方案实施作为最严格水资源管理制度的重要内容,实行水资源管理行政首长负责制,明确责任、加强管理、完善措施、强化监督管理和绩效考核,将水量分配方案确定的任务层层分解落实。

(2)强化水资源节约利用。将水量分配方案的实施纳入地方经济社会发展规划,按照确定的水量份额,调整经济结构和产业机构,合理配置水资源,实行用水总量控制。落实节水优先方针,强化用水需求管理,推广农业节水灌溉技术,发展高效节水灌溉;强化工业和服务业节水技术改造,提高公众的节水意识,促进水资源高效利用,建设节水型社会。

(3)加大水资源保护力度。加强入河排污口和水功能区监督管理,全面推行水功能区限制纳污总量控制;加大工业和农业面源水污染防治力度,严格饮用水水源保护;实施水资源保护与生态修复,保证河道内基本用水需求;加强闸坝调度,改善河流水质。完善水污染联防工作机制和应急预案,加强水质动态监测,提高应对突发性重大水污染事件的处置能力。

(4)加强水资源统一调度管理。淮河水利委员会负责沂河流域水资源统一调度,组织制订流域水量调度方案、年度水量分配方案和调度计划,实施水量统一调度、流域用水总量控制和主要断面下泄水量控制。淮河水利委员会沂沭泗水利管理局直接管理沂河干流跋山水库以下至骆马湖口河道及主要水利枢纽;对流域用水影响较大的沂河干支流跋山等大型水库及桃园橡胶坝、小埠东橡胶坝、刘家道口枢纽、李庄闸、马头拦河坝等蓄水工程要纳入流域统一调度。加快建设水资源监测监控设施,提高水资源监控和管理能力。

8.3.2　沭河水量分配方案

沭河是淮河流域沂沭泗水系的重要支流之一,流经山东省、江苏省,干流全长 300 km,流域面积 6 400 km^2,多年平均水资源总量 22.84 亿 m^3,其中地表水资源量 18.19 亿 m^3。沭河流域水资源短缺,时空分布不均,水旱灾害频繁。随着经济社会的快速发展,用水量大幅度增长,水资源供需矛盾突出,水污染严重。

8.3.2.1　分配意见

2030 水平年,沭河流域河道外地表水多年平均分配水量分别为:山东省 8.52 亿 m^3、江苏省 3.02 亿 m³。

沭河流域不同来水情况下山东省、江苏省水量份额,由淮河水利委员会会同山东省、江苏省水行政主管部门根据沭河流域水资源综合规划成果、河道外地表水多年平均水量分配方案,结合沭河流域水资源特点、来水情况、区域用水需求、水源工程调蓄能力及河道内生态用水需求,在沭河流域水量调度方案中确定。

8.3.2.2　主要断面控制指标

1. 下泄水量控制指标

确定大官庄、苏鲁省界、老沭河末端 3 个断面为沭河流域水量分配控制断面,断面下泄水量控制指标见表 8-7。

表 8-7　沭河流域主要断面 2030 水平年下泄水量控制指标

断面名称	来水频率	天然径流量(亿 m³)	下泄水量(亿 m³)
大官庄	75%	7.24	4.50
	95%	3.66	2.17
	多年平均	11.70	7.07
苏鲁省界	75%	4.05	1.97
	95%	2.24	0.95
	多年平均	6.64	3.90
老沭河末端	75%	5.85	1.94
	95%	3.00	0.30
	多年平均	9.62	4.62

山东省出境水量以苏鲁省界水文站实测径流量核定。

2. 最小生态下泄流量控制指标

沭河干流选择大官庄、苏鲁省界、老沭河末端 3 个主要控制断面,断面最小生态下泄流量控制指标见表 8-8。

表 8-8　沭河流域主要断面最小生态下泄流量控制指标

控制断面	最小生态下泄流量(m³/s)
大官庄	1.14
苏鲁省界	0.65
老沭河末端	0.94

8.3.2.3　保障措施

(1)加强领导,落实责任。山东省、江苏省人民政府要将水量分配方案实施作为最严格水资源管理制度的重要内容,实行水资源管理行政首长负责制,明确责任、加强管理、完善措施、强化监督管理和绩效考核,将水量分配方案确定的任务层层分解落实。

　　(2)强化水资源节约利用。将水量分配方案的实施纳入地方经济社会的发展规划,按照确定的水量份额,调整经济结构和产业机构,合理配置水资源,实行用水总量控制。落实节水优先方针,强化用水需求管理,推广农业节水灌溉技术,发展高效节水灌溉;强化工业和服务业节水技术改造,提高公众的节水意识,促进水资源的高效利用,建设节水型社会。

　　(3)加大水资源保护力度。加强入河排污口和水功能区的监督管理,全面推行水功能区限制纳污总量控制;加大工业和农业面源水污染防治力度,改善沭河流域水质。加大饮用水保护工作机制和预案,加强水质动态监测和预警预报,提高应对突发性重大水污染事件的处置能力。

　　(4)加强水资源统一调度管理。淮河水利委员会负责沭河流域的水资源统一调度,组织制订流域水量调度方案、年度水量分配方案和调度计划,实施水量统一调度、流域用水总量控制和主要断面下泄水量控制。淮河水利委员会沂沭泗水利管理局直接管理沭河干流青峰岭水库以下至入新沂河口河道及主要水利枢纽;对流域用水影响较大的沭河干支流青峰岭等大型水库及大官庄枢纽、龙窝拦河坝、重沟拦河坝、清泉寺拦河坝等蓄水工程要纳入流域统一调度。加快建设水资源监测监控设施,提高水资源监控和管理能力。

8.3.3　沂河水量调度方案

　　2016 年 12 月,淮河水利委员会组织开展《沂河水量调度方案》和《沭河水量调度方案》的制订工作,初步明确了沂河、沭河水资源调度规则、目标、范围及调度期,确定了调度控制目标,制定了水量调度规则,提出了应急调度和调度管理的要求。

　　沂河水量调度方案包括常规调度及应急调度两部分。调度区域从沂河干流及主要支流取水的用水户,主要涉及山东、江苏两省,以省级行政区为单元,调度的重点河段是沂河干流。

　　水量调度次序按先支流后干流、先上后下调度。临沂以上断面,先调度上游大型水库,到下游控制闸依次调度。临沂到省界断面基本无支流汇入,主要按先后次序调度控制闸坝。省界以下的工程不多,主要调度授贤橡胶坝,保证下泄水量。

8.3.3.1　临沂以上调度

　　临沂以上调度以重要控制节点临沂断面的下泄量控制指标为目标开展。

　　(1)临沂断面的月下泄控制指标主要由上游支流水库和闸坝调度控制,当断面的下泄控制指标不满足要求时,及时核减山东省临沂以上取用水量指标,上游支流水库和闸坝根据相应调度方案加大泄量,同时修正下月用水指标,如有超计划用水量,则在之后相邻的 1 个月或几个月内扣除。

　　(2)田庄、跋山和岸堤水库。

　　田庄和跋山水库在同一支流上,跋山水库的下泄量偏小时,及时核减跋山水库的用水量,优先核减农业用水量,上游田庄水库相应加大下泄量。同时修正下月用水指标,如有超计划用水量,则在之后相邻的 1 个月或几个月内扣除。

　　岸堤水库的下泄量偏小时,及时核减岸堤水库的用水量,优先核减临沂农业用水量,同时修正下月用水指标,如有超计划用水量,则在之后相邻的 1 个月或几个月内扣除。

田庄、跋山和岸堤水库可联合调度其供用水量,控制综合总下泄量。

(3)唐村水库和许家崖水库。

唐村水库和许家崖水库的下泄量偏小时,及时核减两水库的用水量,优先核减平邑和费县的农业用水量,同时修正下月用水指标,如有超计划用水量,则在之后相邻的 1 个月或几个月内扣除。

唐村水库和许家崖水库可联合调度其供用水量,控制综合总下泄量。

8.3.3.2　临沂到省界之间调度

临沂到省界之间调度以重要控制节点省界断面的下泄量控制指标为目标开展。

1. 小埠东橡胶坝

小埠东橡胶坝的下泄量根据下泄指标进行调度,根据下泄要求调度工程运行方式,严格控制最小生态下泄量,下泄量偏小时及时核减闸上农业用水量,同时修正下月用水指标,如有超计划用水量,则在之后相邻的 1 个月或几个月内扣除。

2. 刘家道口枢纽

刘家道口枢纽中彭道口闸的汛期调度按照工程本身的防洪调度方案进行,非汛期调度可根据沂河、沭河来水情况,在不影响刘家道口闸的下泄水量的前提下,研究适时开启彭道口闸,使沂河、沭河水量联合调度。

刘家道口闸的下泄水量根据下泄指标进行调度,根据下泄要求调度工程运行方式,严格控制最小生态下泄量,下泄量偏小时及时核减闸上农业用水量,同时修正下月用水指标,如有超计划用水量,则在之后相邻的 1 个月或几个月内扣除。

3. 李庄闸

李庄闸的下泄水量根据下泄指标进行调度,根据下泄要求调度工程运行方式,严格控制最小生态下泄量,下泄量偏小时及时核减闸上农业用水量,同时修正下月用水指标,如有超计划用水量,则在之后相邻的 1 个月或几个月内扣除。

4. 马头闸

马头闸为接近省界的最后一处闸坝,其下泄水量直接影响省界断面,其下泄水量应根据下泄指标进行调度,根据下泄要求调度工程运行方式,严格控制最小生态下泄量,下泄量偏小时及时核减闸上农业用水量,同时修正下月用水指标,如有超计划用水量,则在之后相邻的 1 个月或几个月内扣除。

8.3.3.3　省界以下调度

省界以下调度以重要控制节点沂河末端的下泄量控制指标为目标开展。

授贤橡胶坝的下泄水量根据下泄指标进行调度,根据下泄要求调度工程运行方式,严格控制最小生态下泄量,下泄量偏小时及时核减坝上农业用水量,同时修正下月用水指标,如有超计划用水量,则在之后相邻的 1 个月或几个月内扣除。

8.3.3.4　实时滚动调度

水量调度按月滚动调度、年总量控制。按省级用水单元上报的月用水计划,首先利用水资源配置系统情景共享模型进行模拟调度,预测是否满足重要断面下泄量,并根据调度实测断面下泄量调整用水计划。调度随着水文测报调整的月取用水量及下泄指标进行逐月滚动,最终按年总取用水量控制。

8.3.3.5　汛期调度

汛期水量调度服从防洪调度,由国家防汛抗旱总指挥部(简称国家防总)会同淮河水利委员会负责对沂河干支流大型水库的蓄泄水和河道径流流量进行统一调度。

8.3.3.6　特枯年份调度

特枯干旱年份的水量调度,以保证上、下游生活用水为主,限制农业用水,必要时限制工业用水。

8.3.4　沭河水量调度方案

沭河水量调度区域从沭河干流及主要支流取水的用水户,主要涉及山东、江苏两省,以省级行政区为单元,调度的重点河段是沭河干流。

水量调度次序按先支流后干流、先上后下调度。大官庄以上断面,先调度上游大型水库,从支流上中游水库到下游控制闸依次调度。大官庄到省界断面基本无支流汇入,主要按先后次序调度控制闸坝。省界以下的工程不多,主要保证沭河末端下泄水量。

8.3.4.1　大官庄以上调度

大官庄以上调度以重要控制节点大官庄断面的下泄控制指标为目标开展。

(1)大官庄断面的月下泄控制指标主要由上游支流水库和闸调度控制,当断面的下泄控制指标不满足要求时,及时核减山东省大官庄以上取用水指标,上游支流水库和闸坝根据相应调度方案加大泄量,同时修正下月用水指标,如有超计划用水量,则在之后相邻的1个月或几个月内扣除。

(2)沙沟、青峰岭和小仕阳水库。

沙沟和青峰岭水库在同一支流上,青峰岭水库的下泄量偏小时,及时核减青峰岭水库的用水量,优先核减农业用水量,上游沙沟水库相应加大下泄量。同时修正下月用水指标,如有超计划用水量,则在之后相邻的1个月或几个月内扣除。

小仕阳水库的下泄量偏小时,及时核减小仕阳水库的用水量,优先核减农业用水量,同时修正下月用水指标,如有超计划用水量,则在之后相邻的1个月或几个月内扣除。

沙沟、青峰岭和小仕阳水库可联合调度其供用水,控制综合总下泄量。

(3)陡山水库。

陡山水库的下泄量偏小时,及时核减水库的用水量,优先核减农业用水量,同时修正下月用水指标,如有超计划用水量,则在之后相邻的1个月或几个月内扣除。

(4)华山橡胶坝。

华山橡胶坝的下泄量直接影响大官庄来水,其下泄水量根据下泄指标进行调度,根据下泄要求调度工程运行方式,严格控制最小生态下泄量,下泄量偏小时及时核减坝上农业用水量,同时修正下月用水指标,如有超计划用水量,则在之后相邻的1个月或几个月内扣除。

(5)大官庄枢纽。

大官庄断面的月下泄控制指标主要由大官庄枢纽调度控制。

新沭河闸的汛期调度按工程本身的防洪调度方案进行调度,非汛期在不影响防洪安全的情况下,不开启新沭河闸。

非汛期下泄主要为人民胜利堰,当人民胜利堰的下泄控制指标不满足要求时,及时核减山东省大官庄以上取用水指标,上游支流水库和闸根据相关调度方案加大下泄量,同时修正下月用水指标,如有超计划用水量,则在之后相邻的 1 个月或几个月内扣除。

非汛期,可根据沂河、沭河来水情况,在不影响刘家道口闸下泄水量的前提下,研究适时开启彭道口闸,使沂河、沭河水利联合调度。

8.3.4.2　大官庄到省界之间调度

大官庄至省界之间调度以重要控制节点省界断面的下泄量控制指标为目标开展。

清泉寺闸的下泄水量根据下泄指标进行调度,根据下泄要求调度工程运行方式,下泄量偏小时及时核减闸上农业用水量,同时修正下月用水指标,如有超计划用水量,则在之后相邻的 1 个月或几个月内扣除。

8.3.4.3　省界以下调度

省界以下调度以重要控制节点沭河末端的下泄量控制指标为目标开展。下泄偏小时及时核减江苏农业用水量,同时修正下月用水指标,如有超计划用水量,则在之后相邻的 1 个月或几个月内扣除。

8.3.4.4　实时滚动调度

水量调度按月滚动调度、年总量控制。按省级用水单元上报的月用水计划,首先利用水资源配置系统情景共享模型进行模拟调度,预测是否满足重要断面下泄量,并根据调度实测断面下泄量调整用水计划。调度随着水文测报调整的月取用水量及下泄指标进行逐月滚动,最终按年总取用水量控制。

8.3.4.5　汛期调度

汛期水量调度服从防洪调度,由国家防总会同淮河水利委员会负责对沭河干支流大型水库的蓄泄水和河道径流流量进行统一调度。

8.3.4.6　特枯年份调度

特枯干旱年份的水量调度,以保证上、下游生活用水为主,限制农业用水,必要时限制工业用水。

8.4　主要控制断面生态流量控制研究

8.4.1　淮河流域生态流量(水位)试点工作实施方案

根据国务院、水利部对淮河流域科学确定河湖生态流量(水位)的工作部署,水利部门在《淮河流域综合规划(2012—2030)》等规划、科研工作的基础上,进行了淮河水系和沂沭泗河水系 7 条河流和 3 个湖泊的重要断面生态流量(水位)的确定工作,并提出了不同来水保证率下的生态流量(水位)日满足程度指标。生态流量(水位)的计算及确定工作按照河流及湖泊分别开展。

依据淮河水利委员会制订的《淮河流域生态流量(水位)试点工作实施方案》(2016年 12 月)中确定的生态流量成果(简称 2016 成果),确定了沂河、沭河干流 4 个主要控制断面不同时期的生态流量。沂河干流主要控制断面为临沂及沂河省界断面(港上),沭河干流的主要控制断面是大官庄及沭河苏鲁省界(新安)。每年分 3 个时段(10 月至翌年 3

月、4—5 月、6—9 月),不同时期生态流量指标不同,生态流量控制成果见表 8-9。

表 8-9　沂河、沭河控制断面生态流量控制成果

河名	控制断面	生态流量(m³/s)		
		10月至翌年3月	4—5月	6—9月
沂河	临沂	2.48	3.13	19.81
	港上	1.74	3.11	12.79
沭河	大官庄	1.14	1.53	9.15
	新安	0.65	1.76	10.52

沂沭河生态调度的目标是保障沂河、沭河生态系统健康,保障临沂、港上、大官庄、新安主要控制断面的生态流量。调度期按日历年计,分 10 月至翌年 3 月、4—5 月、6—9 月 3 个时段,重点关注非汛期(10 月至翌年 3 月、4—5 月)调度,实现全年生态流量控制。

8.4.1.1　生态流量成果分析

1. 多年平均流量分析

根据淮河水利委员会(简称淮委)水文局提供的 1956—2010 年的天然径流量资料对生态流量进行占比分析(见表 8-10)。分析结果表明,各断面非汛期、汛前期、汛期生态流量占 1956—2010 年多年平均流量的比例分别为 2% ~ 6%、3.5% ~ 19.4%、9.9% ~ 57.1%,比例稍高于《淮河流域综合规划(2012—2030)》中的成果。

淮河流域地表水开发利用率较高,现状生态用水量相对较少。根据《淮河流域综合规划(2012—2030)》,淮河流域现状地表水开发利用率为 44.4%,中等干旱以上年份,地表水资源供水量已经接近当年地表水资源量。

淮河流域水资源时空分布不均,目前各河流在不同水期均按照不同的下泄流量控制河道生态环境用水,符合流域的水资源开发利用特点,同时也能满足河道生态环境的基本需求,流域水生态环境得以改善。沂河、沭河控制断面生态流量占多年平均流量的比例分析见表 8-10。

表 8-10　沂河、沭河控制断面生态流量占多年平均流量的比例分析

河流	控制断面	年均天然径流量(万 m³)	多年平均流量(m³/s)	生态流量(m³/s)			占比(%)		
				10月至翌年3月	4—5月	6—9月	10月至翌年3月	4—5月	6—9月
沂河	临沂	267 898	84.95	2.48	3.13	19.81	2.9	3.7	23.3
	港上	278 474	88.30	1.74	3.11	12.79	2.0	3.5	14.5
沭河	大官庄	122 219	38.75	1.14	1.53	9.15	2.9	3.9	23.6
	新安	58 076	18.42	0.65	1.76	10.52	3.5	9.6	57.1

2. 与水量分配方案的协调性

《淮河流域主要江河流域水量分配方案》中已确定了淮河干流、沂河、沭河、沙颍河、洪汝河、涡河、史灌河共 7 条河流 19 个断面的最小生态流量。沂河、沭河具体流量设置情况及与确定的生态流量控制指标对比情况见表 8-11。

表 8-11　沂河、沭河主要断面最小生态流量控制指标对比　　　　（单位：m³/s）

河流	控制站	分水方案 最小生态流量	确定的生态流量	
			非汛期（10 月至翌年 3 月）	全年均值
沂河	临沂	2.48	2.48	8.37
	苏鲁省界	1.74	1.74（港上）	5.65
	沂河末端	1.97	—	—
沭河	大官庄	1.14	1.14	3.88
	苏鲁省界	0.65	0.65（新安）	4.13
	老沭河末端	0.94		

　　将生态流量控制指标与水量分配方案中的断面生态流量成果进行对比，结果显示，水量分配方案中的生态流量为最小生态流量值，与确定的非汛期（10 月至翌年 3 月）生态流量指标完全一致。确定的生态流量指标成果为考虑非汛期、汛前期和主汛期不同流量的过程线，全年均值比水量分配方案的最小生态流量大。

　　汛期的生态流量满足程度较高，一般情况下实际下泄流量能满足生态流量的要求，非汛期的生态流量是生态流量确定的重点。

　　3. 生态流量控制指标的可达性分析

　　采用 2000—2014 年的各断面实测逐日流量过程，分析各断面生态流量的现状日满足程度（见表 8-12），即流量达到生态流量的天数占全部天数的百分比。

表 8-12　试点河流各断面生态流量的现状日满足程度

河流	断面	生态流量日满足程度（%）
沂河	临沂	75.75
	港上	85.06
沭河	大官庄	—
	新安	28.88

8.4.1.2　生态流量日满足程度指标

　　淮河流域不同来水频率情况下，河道的水文情况变化较大，对生态流量的要求也应不同，因此提出不同来水频率的生态流量满足程度指标。

　　根据流域水资源开发利用及用水矛盾的实际情况，按照不同来水频率提出河流生态流量日满足程度控制要求。沭河由于河流蓄水条件及调度条件限制，枯水年与特枯年不做下泄生态流量要求，沂河特枯年不做下泄生态流量要求。具体见表 8-13。

表 8-13　实际情况下不同来水频率下的生态流量日满足程度

来水频率	平水年（50%）	枯水年（75%）	特枯年（95%）
沂河	80%	50%	—
沭河	50%	—	—

注：生态流量日满足程度指一年内控制断面流量达到生态流量的天数占全年天数的百分比。

8.4.2　主要控制站生态流量保证程度分析

8.4.2.1　水文站网

1. 沂河水文站网

沂河干流共有水文站 6 处,水位站 3 处。上游有田庄水库、东里店和跋山水库水文站。跋山水库水文站控制流域面积 1 782 km²,设立于 1960 年,实测有水位、流量等水文资料,1974 年 8 月 14 日历史实测最大流量 1 420 m³/s。往下有斜午水位站和葛沟水文站,其中,葛沟水文站控制流域面积 5 579 km²,设立于 1951 年,实测有水位、流量等水文资料,1957 年 7 月 19 日历史实测最大流量 8 730 m³/s。中下游有临沂、港上水文站和刘家道口、江风口水位站,其中,临沂水文站控制流域面积 10 315 km²,设立于 1950 年,实测有水位、流量等水文资料,1957 年 7 月 19 日历史实测最大流量15 400 m³/s。刘家道口水文站位于郯城县李庄镇刘家道口村北,本站有两个监测断面,刘家道口(沂)设立于 1950 年 8 月,彭家道口(分)设立于 1952 年 6 月,刘家道口水文站控制流域面积 10 438 km²。

自 20 世纪 50 年代末期至 60 年代初期,沂河上游新建了一批大中型水利工程,其中 5 座大型水库(田庄、跋山、岸堤、唐村、许家崖)相继在 1959 年 10 月至 1960 年 6 月建设完成。沂河干流及主要支流建有多座拦河坝。近年来在临沂站上游又兴建了多座橡胶坝。临沂水文站的实测径流资料受到了上游地区兴建的各种水利工程的较大影响,工程兴建前后时期的实测中小洪水径流资料也有着较明显的不一致性。为使沂河上游来水量分析成果具有一定的代表性和可靠性,重点对 1961—2014 年上中游大型水库建成以后的临沂水文站来水量资料进行统计分析。

苏鲁省界是沂河水量在两省交界的重要节点,是理论上的控制站点,目前没有设置水文站,在未建成前,可参考港上站的相关数据进行分析计算。

2. 沭河水文站网

沭河干流共有水文站 7 处。上游有沙沟水库、青峰岭 2 个水文站,往下有莒县、石拉渊水文站,中下游有重沟、大官庄和新安水文站。其中,重沟水文站控制流域面积 4 511 km²,重沟水文站设立于 2011 年,实测有水位、流量等水文资料;大官庄站以上控制流域面积 4 529 km²,设立于 1951 年,实测有水位、流量等水文资料,1974 年 8 月 13 日历史实测最大流量 5 400 m³/s。新安水文站始建于 1918 年,1918—1949 年断续观测,自 1950 年 6 月以来连续观测至今,历史实测最高水位 30.94 m,最大流量 3 320 m³/s(1974 年)。

8.4.2.2　沂河临沂站来水分析

1. 降水量分析

临沂站系沂河干流控制站,降水量采用沂河临沂站的降水资料,降水资料序列采用 1961—2014 年,统计分析临沂站年、月降水量。临沂站多年平均降水量为 853 mm,年内分布不均匀,其中汛期(6—9 月)占全年降水量的 71.5%。年际分布也很不均匀,最大降水量年份为 1974 年,降水量为 1 346.3 mm;最小降水量年份为 1981 年,降水量为 523.8 mm,最小年降水量仅为最大年降水量的 38.9%。保证率为 50%、75%、90% 和 95% 的降水量分别为 843 mm、685 mm、603 mm 和 535 mm。

临沂站多年平均月降水量见表 8-14,多年平均降水量频率计算成果见表 8-15。临沂站年降水量过程线见图 8-1。

表 8-14 临沂站多年平均月降水量

月份	1	2	3	4	5	6	
降水量(mm)	11.4	18.3	25.3	42.4	72.1	97.4	
所占比重(%)	1.34	2.15	2.97	4.97	8.45	11.42	
月份	7	8	9	10	11	12	合计
降水量(mm)	249.6	183.4	79.3	36.3	24.4	13.1	853
所占比重(%)	29.26	21.50	9.30	4.25	2.86	1.53	100

表 8-15 临沂站多年平均降水量频率计算成果 (单位:mm)

多年平均降水量	C_v	C_s	降水频率			
			50%	75%	90%	95%
853	0.24	0.48	843	685	603	535

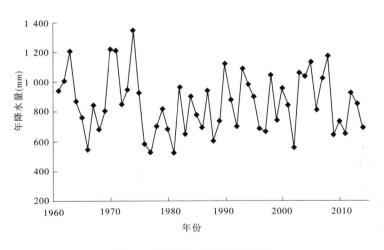

图 8-1 临沂站年降水量过程线

2.来水分析

根据沂河临沂站 1961—2014 年的实测流量分析,沂河临沂站多年平均来水量为 18.04 亿 m³,频率为 50%、75%、90% 和 95% 的来水量分别为 14.70 亿 m³、6.55 亿 m³、3.48 亿 m³ 和 1.76 亿 m³。临沂站断面年平均流量统计计算见表 8-16,不同频率年来水量见表 8-17。

表 8-16　临沂站断面年平均流量统计计算　　　　　　（单位：m³/s）

年份	年平均流量	年份	年平均流量	年份	年平均流量	年份	年平均流量
1961	105	1975	67.3	1989	4.61	2003	94
1962	147	1976	30.9	1990	87.9	2004	87.1
1963	197	1977	18.2	1991	94	2005	122
1964	189	1978	26.1	1992	9.92	2006	35.95
1965	86.2	1979	39.3	1993	56.9	2007	67.7
1966	36	1980	57.5	1994	56.4	2008	79
1967	34.6	1981	17	1995	58.9	2009	69.3
1968	17.4	1982	24.8	1996	28.8	2010	26.2
1969	24.3	1983	6.7	1997	30.5	2011	62.8
1970	108	1984	27.5	1998	118	2012	91.7
1971	155	1985	59.8	1999	13.9	2013	47.8
1972	33.9	1986	22.6	2000	24.4	2014	4.05
1973	53.8	1987	18.6	2001	50.3		
1974	115	1988	12.2	2002	8.63		

表 8-17　临沂站断面不同频率年来水量　　　　　　（单位：亿 m³）

多年平均来水量	C_v	C_s	来水频率			
			50%	75%	90%	95%
18.04	0.82	1.64	14.70	6.55	3.48	1.76

3. 典型年选择

由于受季风影响，沂河流域内降水具有明显的季节性，年内分配不均匀，加之沂河上游多为山丘区，植被条件差，流域涵蓄能力低，地表径流的 80% 集中在汛期的 6—9 月，地表径流和地下水补给量多系几场暴雨所形成。

根据沂河临沂站断面 1961—2014 年的逐日平均流量资料，选择年径流接近、年内分配接近长系列情况的典型年。来水频率为 50%、75%、90% 和 95% 的对应典型年分别为 2013 年、1986 年、1999 年和 1983 年，临沂站断面不同频率各典型年逐月来水量过程见表 8-18，不同典型年月平均水位见表 8-19。临沂站断面不同典型年月平均水位变化见图 8-2。

表 8-18　临沂站断面不同频率典型年逐月来水量过程　　　　　　（单位：万 m³）

来水频率	50%	75%	90%	95%
年来水量	147 031	65 487	34 783	17 600
典型年份	2013	1986	1999	1983

续表 8-18

月份	来水量			
1	4 901	7 955	1 837	1 725
2	3 605	3 895	1 427	994
3	1 661	11 597	1 144	978
4	2 696	1 996	275	811
5	13 526	3 214	905	2 459
6	8 191	3 629	2 405	2 561
7	47 943	5 866	26 784	3 803
8	43 390	25 204	1 543	356
9	9 746	2 107	257	2 177
10	7 419	2 014	726	2 973
11	6 376	1 786	345	1 724
12	1 192	1 910	782	557
合计	150 646	71 173	38 430	21 118

表 8-19　临沂站断面不同典型年月平均水位　　　（单位：m）

月份	2013 年	1986 年	1999 年	1983 年	多年平均水位
1	58.25	60.37	59.1	60.26	59.92
2	58.13	60.25	58.88	60.18	59.88
3	57.47	60.44	58.87	60.16	59.86
4	59.16	60.16	58.93	60.11	59.85
5	58.71	60.20	58.77	60.20	59.89
6	58.34	60.18	59.02	60.21	60.00
7	58.25	60.24	58.93	60.25	60.31
8	58.65	60.53	58.76	60.10	60.28
9	58.75	60.14	58.81	60.24	60.07
10	58.85	60.11	59.00	60.27	59.94
11	57.76	60.13	58.95	60.26	59.89
12	58.39	60.14	58.58	60.17	59.86
年平均水位	58.39	60.24	58.88	60.20	59.98

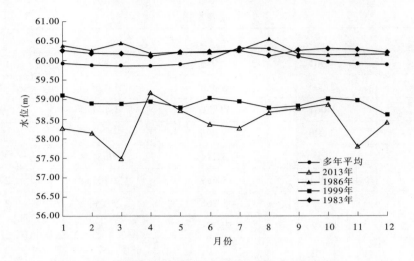

图 8-2　临沂站断面不同典型年月平均水位变化

4. 生态流量保证程度

根据 1961—2014 年的临沂站断面实测逐日流量过程,分析临沂站断面生态流量现状满足程度,即流量达到生态流量的天数占全部天数的百分比。1961—2014 年 54 年间,临沂站断面下泄流量达到生态流量以上的天数共有 14 456 d,综合保证率为 73.3%,其中 10 月至翌年 3 月保证率为 81.6%,4—5 月保证率为 65.2%,6—9 月保证率为 64.9%。6—9 月生态流量保证率最低,其次为 4—5 月。平水年(50%)、枯水年(75%)、特枯年(95%)相应时间段的生态流量综合保证率分别为 83.8%、71.8%、57.0%,具体见表 8-20。

表 8-20　临沂站断面生态流量日保证率

频率	10 月至翌年 3 月				4—5 月				6—9 月				综合保证率(%)
	生态流量(m³/s)	保证天数(d)	天数(d)	保证率(%)	生态流量(m³/s)	保证天数(d)	天数(d)	保证率(%)	生态流量(m³/s)	保证天数(d)	天数(d)	保证率(%)	
多年平均	2.48	8 031	9 840	81.6	3.13	2 149	3 294	65.2	19.81	4 276	6 588	64.9	73.3
50%	2.48	140	182	76.9	3.13	61	61	100	19.81	105	122	86.1	83.8
75%	2.48	163	182	89.6	3.13	61	61	100	19.81	38	122	31.1	71.8
95%	2.48	129	182	70.9	3.13	61	61	100	19.81	18	122	14.8	57.0

以临沂站断面 2013 年(近似平水年)实测流量资料为例进行分析(见图 8-3),2013 年 6 月 14 日至 7 月 3 日及 3 月 1—17 日等共 60 d 出现了不满足生态流量的情况。6 月 14 日至 7 月 3 日,临沂站实测平均流量为 12.21 m³/s,目标生态流量为 19.81 m³/s,缺少流量 7.60 m³/s,不满足期前 10 d 平均实测流量为 55.55 m³/s,不满足期后 10 d 的平均实测流量为 116.28 m³/s,适当通过上游小埠东橡胶坝平衡 6 月下旬和 7 月上旬橡胶坝下泄流

量来达到满足生态流量控制指标的要求。

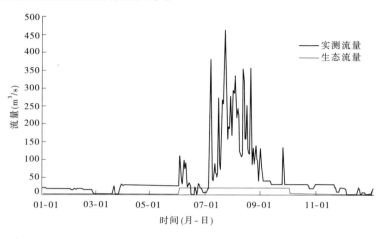

图 8-3　临沂站断面 2013 年实测流量与生态流量对比

8.4.2.3　沂河港上站来水分析

1. 降水量分析

降水量采用港上站的降水资料,降水资料序列采用 1972—2014 年,统计分析港上站年、月降水量。港上站多年平均降水量为 793 mm,年内分布不均匀,其中汛期(6—9 月)占全年降水量的 69.5%。年际分布也很不均匀,最大降水量年份为 1974 年,降水量为 1 228.5 mm;最小降水量年份为 1988 年,降水量为 445.7 mm,最小年降水量仅为最大年降水量的 36.3%。频率为 50%、75%、90% 和 95% 的降水量分别为 787 mm、685 mm、588 mm 和 539 mm。

港上站多年平均月降水量见表 8-21,多年平均降水量频率计算成果见表 8-22。港上站年降水量过程线见图 8-4。

表 8-21　港上站多年平均月降水量

月份	1	2	3	4	5	6	
降水量(mm)	12.3	21.0	27.5	44.3	64.8	91.5	
所占比重(%)	1.55	2.65	3.48	5.58	8.18	11.54	
月份	7	8	9	10	11	12	合计
降水量(mm)	225.8	160.4	73.4	36.8	22.2	12.6	792.6
所占比重(%)	28.49	20.23	9.26	4.64	2.81	1.59	100

表 8-22　港上站多年平均降水量频率计算成果　　　　(单位:mm)

多年平均降水量	C_v	C_s	降水频率			
			50%	75%	90%	95%
792.6	0.21	0.42	787	685	588	539

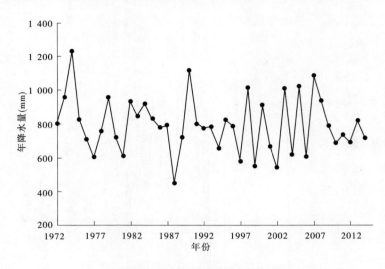

图 8-4　港上站年降水量过程线

2. 流量分析

根据港上站 1972—2014 年的实测流量,沂河港上站多年平均来水量为 14.28 亿 m³, 50%、75%、90% 和 95% 频率来水量分别为 11.68 亿 m³、5.09 亿 m³、1.30 亿 m³ 和 0.86 亿 m³。港上站断面年平均流量统计计算见表 8-23,不同频率年来水量见表 8-24。

表 8-23　港上站断面年平均流量统计计算　　　　　　　（单位:m³/s）

年份	年平均流量	年份	年平均流量	年份	年平均流量
1972	21.9	1986	18.1	2000	25.4
1973	42.7	1987	14.9	2001	54.5
1974	91.1	1988	8.86	2002	3.52
1975	59.4	1989	3.31	2003	131
1976	20.9	1990	92.8	2004	108
1977	13.3	1991	89.9	2005	140
1978	21.2	1992	5.21	2007	62.8
1979	28.3	1993	59.4	2008	89.8
1980	43.7	1994	67.1	2009	75.7
1981	7.78	1995	68.5	2010	29.5
1982	19.9	1996	33.3	2011	67.1
1983	2.78	1997	20.5	2012	66.8
1984	22.4	1998	111	2013	47.1
1985	51.1	1999	4.87	2014	0.82

表 8-24　港上站断面不同频率年来水量　　　　（单位：亿 m³）

多年平均来水量	C_v	C_s	来水频率			
			50%	75%	90%	95%
14.28	0.83	1.66	11.68	5.09	1.30	0.86

3. 典型年选择

根据沂河港上站断面 1961—2014 年的逐日平均流量资料，选择年径流接近、年内分配接近长系列的典型年，频率为 50%、75%、90% 和 95% 对应的典型年分别为 1996 年、1986 年、1999 年和 1983 年，按月对典型年来水量及水位进行分析计算，港上站断面典型年不同频率来水量过程见表 8-25。

表 8-25　港上站断面典型年不同频率来水量过程　　　　（单位：万 m³）

频率	50%	75%	90%	95%
年来水量	116 804	50 903	12 970	8 585
典型年份	1996	1986	1999	1983
月份	来水量			
1	2 866	6 053	4 393	142
2	873	3 121	1 824	208
3	51	10 821	59	99
4	1 203	161	0	54
5	129	190	0	27
6	2 696	2 123	0	26
7	26 195	5 571	1 029	3 161
8	49 283	26 248	0	273
9	7 646	710	0	894
10	2 480	1 229	4 098	1 816
11	8 165	422	3 473	1 656
12	3 777	375	477	404
合计	105 364	57 024	15 353	8 760

4. 生态流量保证程度

采用 1972—2014 年的港上站断面实测逐日流量过程，分析港上站断面生态流量的现状满足程度，即流量达到生态流量的天数占全部天数的百分比。1972—2014 年 43 年间，港上站断面下泄流量达到生态流量以上的天数共有 7 584 d，综合保证率为 48.3%，其中 10 月至翌年 3 月保证率为 56.3%，4—5 月保证率为 24.5%，6—9 月保证率为 48.2%。4—5 月生态流量保证率最低，其次是 6—9 月。平水年（50%）、枯水年（75%）、特枯年（95%）相应时间段的生态流量综合保证率为 66.0%、41.6%、18.4%，具体见表 8-26。

表 8-26　港上站断面生态流量日保证率

| 频率 | 10 月至翌年 3 月 | | | | 4—5 月 | | | | 6—9 月 | | | | 综合保证率（%） |
	生态流量（m³/s）	保证天数（d）	天数（d）	保证率（%）	生态流量（m³/s）	保证天数（d）	天数（d）	保证率（%）	生态流量（m³/s）	保证天数（d）	天数（d）	保证率（%）	
多年平均	1.74	4 411	7 837	56.3	3.11	642	2 623	24.5	12.79	2 531	5 246	48.2	48.3
50%	1.74	151	182	83.0	3.11	21	61	34.4	12.79	69	122	56.6	66.0
75%	1.74	116	182	63.7	3.11	0	61	0	12.79	36	122	29.5	41.6
95%	1.74	58	182	31.9	3.11	0	61	0	12.79	9	122	7.4	18.4

以港上站断面 2013 年（近似平水年）实测流量资料为例进行分析（见图 8-5），10 月至翌年 3 月生态流量保证天数 105 d，保证天数 57.7%；4—5 月保证天数 21 d，保证程度 35.0%；6—9 月保证天数 86 d，保证程度 70.5%。2013 年港上出现阶段性断流情况，最长断流时间 6 月 14 日至 7 月 3 日共 20 d，断流前 10 d 平均实测流量为 67.53 m³/s，断流后 10 d 的平均实测流量为 192.29 m³/s，目标生态流量 12.79 m³/s，可适当通过上游李庄闸、土山闸调整 6 月下旬和 7 月上旬下泄流量，均化流量过程来达到满足生态流量控制指标的要求。

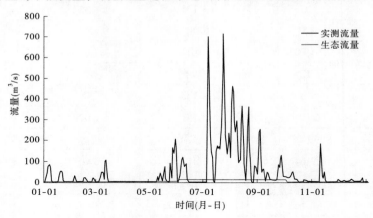

图 8-5　港上站断面 2013 年实测流量与生态流量对比

8.4.2.4　沭河大官庄站来水分析

1. 降水量分析

采用大官庄站 1961—2014 年降水资料统计分析其降水特征。大官庄站多年平均降水量为 892.4 mm，年内分布不均匀，其中汛期（6—9 月）占全年降水量的 71.2%。年际间变化较大，最大降水量年份为 2007 年，降水量为 1 364.8 mm；最小降水量年份为 1966 年，降水量为 506 mm，最小年降水量仅为最大年降水量的 37.1%。频率为 50%、75%、90% 和 95% 的年降水量分别为 884 mm、750 mm、671 mm 和 622 mm。

大官庄站多年平均月降水量见表 8-27，多年平均降水量频率计算成果见表 8-28。大官庄站年降水量过程线见图 8-6。

表 8-27 大官庄站多年平均月降水量

月份	1	2	3	4	5	6	
降水量（mm）	13.5	21.9	29.7	46.3	67.8	96.5	
所占比重（%）	1.51	2.45	3.32	5.17	7.60	10.81	
月份	7	8	9	10	11	12	合计
降水量（mm）	260.7	192.4	86.2	36.2	26.9	14.3	892.4
所占比重（%）	29.21	21.56	9.66	4.05	3.01	1.60	100

表 8-28 大官庄站多年平均降水量频率计算成果 （单位：mm）

多年平均降水量	C_v	C_s	降水频率			
			50%	75%	90%	95%
892.4	0.21	0.42	884	750	671	622

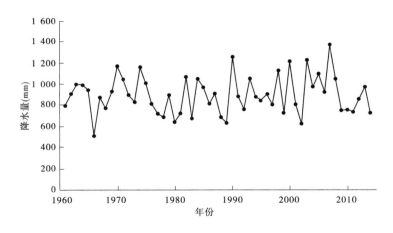

图 8-6 大官庄站年降水量过程线

2.流量分析

根据沭河大官庄站 1961—2014 年的实测流量分析，大官庄站多年平均来水量为 10.55 亿 m³，频率为 50%、75%、90% 和 95% 的来水量分别为 9.19 亿 m³、5.5 亿 m³、3.09 亿 m³ 和 2.2 亿 m³。大官庄站断面年平均流量统计计算见表 8-29，不同频率来水量见表 8-30。

3.典型年选择

根据沂河大官庄站断面 1961—2014 年的逐日平均流量资料，选择年径流接近、年内分配接近长系列情况的典型年。来水频率为 50%、75%、90% 和 95% 的对应典型年分别为 2006 年、1986 年、1992 年和 2002 年，按月对典型年来水量及水位进行分析计算，大官庄站断面典型年不同频率来水量过程见表 8-31。

表 8-29　大官庄站断面年平均流量统计计算　　　　　（单位：m³/s）

年份	年平均流量	年份	年平均流量	年份	年平均流量	年份	年平均流量
1961	44.76	1975	52.90	1989	3.58	2003	64.30
1962	71.68	1976	33.30	1990	37.01	2004	58.60
1963	64.77	1977	10.31	1991	37.60	2005	75.00
1964	58.81	1978	18.32	1992	8.87	2006	29.90
1965	47.64	1979	19.20	1993	21.01	2007	56.80
1966	22.43	1980	24.25	1994	33.01	2008	73.53
1967	20.21	1981	8.66	1995	28.40	2009	36.29
1968	13.38	1982	14.82	1996	22.90	2010	40.90
1969	16.87	1983	6.78	1997	15.11	2011	35.87
1970	50.70	1984	20.34	1998	52.80	2012	54.50
1971	72.90	1985	22.52	1999	19.43	2013	45.70
1972	33.80	1986	15.94	2000	26.88	2014	8.31
1973	25.50	1987	13.23	2001	31.30		
1974	64.50	1988	11.55	2002	8.05		

表 8-30　大官庄站断面不同频率年来水量　　　　　　（单位：亿 m³）

多年平均来水量	C_v	C_s	来水频率			
			50%	75%	90%	95%
10.55	0.67	1.34	9.19	5.5	3.09	2.2

表 8-31　大官庄站断面典型年不同频率来水量过程　　　（单位：万 m³）

频率	50%	75%	90%	95%
年来水量	91 920	55 040	30 920	22 030
典型年份	2006	1986	1992	2002
月份	来水量			
1	2 882	1 631	576	1 085
2	1 611	1 207	305	687
3	3 046	885	452	757
4	3 712	1 838	187	814
5	3 428	943	876	2 062

续表 8-31

月份	来水量			
6	1 096	3 655	376	2 286
7	29 489	12 599	13 162	8 057
8	18 347	19 017	2 116	3 937
9	20 606	4 997	8 333	2 799
10	4 232	2 081	1 074	1 296
11	1 905	912	233	1 345
12	3 452	541	271	141
合计	93 808	50 306	27 961	25 266

4. 生态流量保证程度

根据 1961—2014 年的大官庄站断面实测逐日流量过程,分析大官庄站断面生态流量的现状满足程度,即流量达到生态流量的天数占全部天数的百分比。1961—2014 年 54 年间,大官庄站断面下泄流量达到生态流量以上的天数共有 13 737 d,综合保证率为 69.6%,其中 10 月至翌年 3 月保证率为 70.3%,4—5 月保证率为 65.1%,6—9 月保证率为 70.9%。平水年(50%)、枯水年(75%)、特枯年(95%)相应时间段的生态流量综合保证率分别为 57.8%、85.5%、33.2%,见表 8-32。

表 8-32　大官庄站断面生态流量日保证率

频率	10 月至翌年 3 月				4—5 月				6—9 月				综合保证率(%)
	生态流量(m³/s)	保证天数(d)	天数(d)	保证率(%)	生态流量(m³/s)	保证天数(d)	天数(d)	保证率(%)	生态流量(m³/s)	保证天数(d)	天数(d)	保证率(%)	
多年平均	1.14	6 915	9 840	70.3	1.53	2 144	3 294	65.1	9.15	4 668	6 588	70.9	69.6
50%	1.14	117	182	64.3	1.53	32	61	52.5	9.15	62	122	50.8	57.8
75%	1.14	179	182	98.4	1.53	46	61	75.4	9.15	87	122	71.3	85.5
95%	1.14	91	182	50.0	1.53	0	61	0	9.15	30	122	24.6	33.2

以大官庄站断面最近年份的平水年 2001 年实测流量资料为例进行分析(见图 8-7),10 月至翌年 3 月生态流量保证天数 158 d,保证程度 86.8%;4—5 月保证天数 40 d,保证程度 66.7%;6—9 月保证天数 89 d,保证程度 73.0%。2001 年大官庄站出现阶段性断流情况,共 83 d,最长连续断流时间 6 月 15 日至 7 月 3 日共 19 d,断流前 10 d 平均实测流量为 9.59 m³/s,断流后 10 d 的平均实测流量为 47.0 m³/s,目标生态流量 9.15 m³/s,可适当通过上游石拉渊坝、华山坝调整 6 月下旬和 7 月上旬的下泄流量,均化流量过程来达到

满足生态流量控制指标的要求。

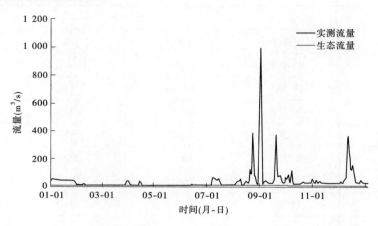

图 8-7　大官庄站断面 2001 年实测流量与生态流量对比

8.4.2.5　沭河新安站来水分析

1. 降水量分析

采用新安站 1961—2014 年的降水资料统计分析其降水量变化。新安站多年平均降水量为 853.5 mm,年内分布不均匀,其中汛期(6—9 月)占全年降水量的 68.7%。年际间变化较大,最大降水量年份为 1974 年,降水量为 1 363.4 mm;最小降水量年份为 1966 年,降水量为 511.7 mm,最小年降水量仅为最大年降水量的 37.5%。频率为 50%、75%、90% 和 95% 的降水量分别为 796 mm、700 mm、594 mm 和 549 mm。

新安站多年平均月降水量见表 8-33,多年平均降水量频率计算成果见表 8-34。新安站年降水量过程线见图 8-8。

表 8-33　新安站多年平均月降水量

月份	1	2	3	4	5	6
降水量(mm)	15.7	23.7	30.4	52.1	66.4	96.5
所占比重(%)	1.83	2.78	3.56	6.11	7.78	11.31
月份	7	8	9	10	11	12	合计
降水量(mm)	236.4	166.6	87.1	36.0	28.0	14.6	853.5
所占比重(%)	27.69	19.52	10.20	4.22	3.28	1.71	100

表 8-34　新安站降水量频率计算成果　　　　　　（单位:mm）

多年平均降水量	C_v	C_s	降水频率			
			50%	75%	90%	95%
853.5	0.25	0.5	796	700	594	549

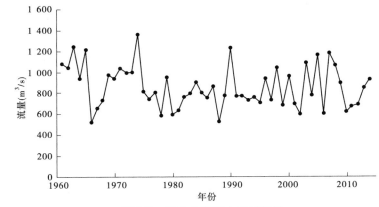

图 8-8　新安站年降水量过程线

2.流量分析

　　根据沭河新安站 1961—2014 年的实测流量分析,新安站多年平均来水量为 4.72 亿 m³,频率为 50%、75%、90% 和 95% 的来水量分别为 4.43 亿 m³、1.86 亿 m³、1.06 亿 m³ 和 0.81 亿 m³。新安站断面年平均流量计算见表 8-35,不同频率年来水量见表 8-36。

表 8-35　新安站断面年平均流量计算　　　　　　　　　　（单位:m³/s）

年份	年平均流量	年份	年平均流量	年份	年平均流量	年份	年平均流量
1961	10.60	1975	23.90	1989	2.88	2003	23.50
1962	20.00	1976	17.10	1990	38.95	2004	16.40
1963	37.10	1977	6.68	1991	22.50	2005	30.20
1964	23.80	1978	8.24	1992	3.15	2006	10.3
1965	21.40	1979	14.90	1993	13.50	2007	37.10
1966	5.09	1980	15.60	1994	3.77	2008	14.80
1967	5.23	1981	3.39	1995	20.50	2009	3.46
1968	4.46	1982	15.85	1996	14.60	2010	9.56
1969	9.13	1983	3.46	1997	4.11	2011	7.26
1970	35.50	1984	20.18	1998	19.80	2012	12.40
1971	43.60	1985	14.24	1999	5.25	2013	13.70
1972	14.40	1986	13.20	2000	10.70	2014	0.03
1973	15.30	1987	11.60	2001	14.50		
1974	44.40	1988	7.41	2002	2.36		

表 8-36　新安站断面不同频率年来水量　　　　（单位：亿 m³）

多年平均来水量	C_v	C_s	来水频率			
			50%	75%	90%	95%
4.72	0.80	1.60	4.43	1.86	1.06	0.81

3. 典型年选择

根据沂河新安站断面 1961—2014 年的逐日平均流量资料，选择年径流接近、年内分配接近长系列情况的典型年，频率为 50%、75%、90% 和 95% 的对应典型年分别为 2001 年、1999 年、2009 年和 2002 年，逐月对典型年来水量及水位进行分析计算，新安站断面典型年不同频率来水量过程见表 8-37。

表 8-37　新安站断面典型年不同频率来水量过程　　　　（单位：万 m³）

频率	50%	75%	90%	95%
年来水量	44 290	18 599	10 600	8 095
典型年份	2001	1999	2009	2002
月份	来水量			
1	0	343	881	0
2	0	302	503	0
3	1 136	40	1 819	0
4	0	0	1 327	0
5	96	0	0	1 417
6	249	0	0	70
7	16 017	434	3 964	5 196
8	24 936	1 117	1 722	678
9	2 670	11 301	687	70
10	0	2 946	0	0
11	327	75	0	0
12	228	0	0	0
合计	45 659	16 558	10 903	7 431

4. 生态流量保证程度

根据 1961—2014 年的新安站断面实测逐日流量过程，分析新安断面生态流量的现状满足程度,即流量达到生态流量的天数占全部天数的百分比。1961—2014 年 54 年间,新安站断面下泄流量达到生态流量以上的天数共有 6 276 d,综合保证率为 31.8%,其中 10 月至翌年 3 月保证率为 29.1%,4—5 月保证率为 13.5%,6—9 月保证率为 45.1%。平水年(50%)、枯水年(75%)、特枯年(95%)相应时间段的生态流量综合保证率分别为 25.5%、28.5%、7.9%,见表 8-38。

表 8-38　新安站断面生态流量日保证率

频率	10 月至翌年 3 月				4—5 月				6—9 月				综合保证率(%)
	生态流量(m³/s)	保证天数(d)	天数(d)	保证率(%)	生态流量(m³/s)	保证天数(d)	天数(d)	保证率(%)	生态流量(m³/s)	保证天数(d)	天数(d)	保证率(%)	
多年平均	0.65	2 863	9 840	29.1	1.76	445	3 294	13.5	10.52	2 968	6 588	45.1	31.8
50%	0.65	18	182	9.9	1.76	2	61	3.3	10.52	72	122	59.0	25.5
75%	0.65	79	182	43.4	1.76	0	61	0	10.52	25	122	20.5	28.5
95%	0.65	0	182	0	1.76	11	61	18.0	10.52	18	122	14.8	7.9

以新安站断面最近年份的平水年 2001 年实测流量资料为例进行分析(见图 8-9),10 月至翌年 3 月生态流量保证天数 18 d,保证程度 9.89%;4—5 月生态流量保证天数 2 d,保证程度 3.33%;6—9 月生态流量保证天数 72 d,保证程度 59.02%。2001 年共 273 d 生态流量未满足,其中 257 d 实际流量为 0,断流现象严重,全年生态需水量缺失 6 103 万 m³。为满足新安站断面的生态流量,上游塔山闸、人民胜利堰闸等必须持续下泄流量来达到满足生态流量控制指标的要求。

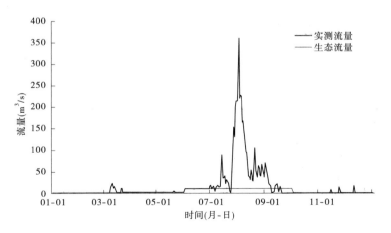

图 8-9　新安站断面 2001 年实测流量与生态流量对比

8.4.3　控制断面生态需水量计算

沂河干流主要控制断面为临沂及沂河苏鲁省界(港上),沭河干流的主要控制断面是大官庄及沭河苏鲁省界(新安)。

生态调度目标是保障沂河、沭河生态系统健康,当控制断面监测流量小于生态流量时启动生态流量调度。当控制断面上游最近的蓄水工程不能满足生态流量调度要求时,根据距离控制断面的远近,由近及远依次调度河道蓄水工程以及河道上游大型水库等蓄水工程,尽量满足控制断面的生态流量需求。

考虑到生态流量调度的原则是尽可能地满足各断面的生态流量要求,而非全年完全保障生态流量。生态流量调度终止的控制条件包括以下3方面:①当控制断面监测流量大于生态流量时;②当河道拦蓄工程已塌坝运行(或闸坝无蓄水)且上游大型水库水位已降至死水位时;③沂河特枯年、沭河枯水年与特枯年不做下泄生态流量达标考核要求。

根据各个断面生态流量控制指标,计算各个断面的生态需水量,见表8-39。沂河临沂断面年生态需水量2.64亿 m³,港上断面年生态需水量1.53亿 m³;沭河大官庄断面年生态需水量1.22亿 m³,新安断面年生态需水量1.30亿 m³。

表8-39　沂河、沭河控制断面的生态需水量

| 月份 | 控制断面 | | | | | | | |
| | 临沂 | | 港上 | | 大官庄 | | 新安 | |
	生态流量 (m³/s)	生态需水量 (万 m³)	生态流量 (m³/s)	生态需水量 (万 m³)	生态流量 (m³/s)	生态需水量 (万 m³)	生态流量 (m³/s)	生态需水量 (万 m³)
1	2.48	664	1.74	466	1.14	305	0.65	174
2	2.48	600	1.74	421	1.14	276	0.65	157
3	2.48	664	1.74	466	1.14	305	0.65	174
4	3.13	811	3.11	806	1.53	397	1.76	456
5	3.13	838	3.11	833	1.53	410	1.76	471
6	19.81	5 135	12.79	806	9.15	2 372	10.52	2 727
7	19.81	5 306	12.79	3 426	9.15	2 451	10.52	2 818
8	19.81	5 306	12.79	3 426	9.15	2 451	10.52	2 818
9	19.81	5 135	12.79	3 315	9.15	2 372	10.52	2 727
10	2.48	664	1.74	466	1.14	305	0.65	174
11	2.48	643	1.74	451	1.14	295	0.65	168
12	2.48	664	1.74	466	1.14	305	0.65	174
合计	—	26 430	—	15 348	—	12 244	—	13 038

8.4.3.1　临沂站断面

沂河临沂站断面以上大型水库有 5 座,主要干流拦河闸坝 13 座,支流拦河闸坝 6 座,沂河临沂站断面上游距离小埠东橡胶坝 2.5 km,距离下游刘家道口节制闸 11.8 km。大型水库位于沂河上游,19 座拦河闸坝设计蓄水总量为 2.72 亿 m³,见表 8-40。临沂站断面年生态需水量 2.64 亿 m³。临沂站断面流量上游受小埠东橡胶坝调度的影响,下游受刘家道口枢纽调度及蓄水回水顶托的影响。

表 8-40　沂河临沂站断面以上拦河闸坝基本情况

序号	拦河闸坝名称	正常蓄水位(m)	设计蓄水总量(万 m³)	设计蓄水量(万 m³)			汛期蓄水位(m)	汛期蓄水量(万 m³)
				25%	50%	75%		
1	沂水橡胶坝	135.0	515.0	128.8	257.5	386.3	—	—
2	岜山橡胶坝	128.5	235.0	58.8	117.5	176.3	—	—
3	北社橡胶坝	125.0	675.0	168.8	337.5	506.3	—	—
4	斜午拦河坝	119.0	20.0	5.0	10.0	15.0	—	—
5	辛集橡胶坝	101.5	302.4	75.6	151.2	226.8	—	—
6	大庄橡胶坝	97.5	1 195.5	298.9	597.8	896.6	—	—
7	袁家口子拦河闸	96.5	3 960	990.0	1 980.0	2 970.0	—	—
8	葛沟橡胶坝	89.9	301.0	75.3	150.5	225.8	88.5	195.0
9	河湾拦河闸	87.0	5 860.0	1 465.0	2 930.0	4 395.0	—	—
10	茶山橡胶坝	81.0	3 948.0	987.0	1 974.0	2 961	—	—
11	柳杭橡胶坝	74.0	2 200.0	550.0	1 100.0	1 650.0	72.0	867.0
12	桃园橡胶坝	69.0	1 250.0	312.5	625.0	937.5	68.0	828.0
13	小埠东橡胶坝	65.5	2 830.0	707.5	1 415.0	2 122.5	64.5	2 622.0
14	姜庄湖橡胶坝	93.5	421.0	105.3	210.5	315.8	—	—
15	三南尹橡胶坝	87.0	820.0	205.0	410.0	615.0	—	—
16	葛庄橡胶坝	81.0	1 560.0	390.0	780.0	1 170.0	79.0	775.0
17	花园橡胶坝	77.5	320.0	80.0	160.0	240.0	75.5	135.0
18	角沂橡胶坝	70.5	550.0	137.5	275.0	412.5	69.5	270.0
19	柳青河橡胶坝	67.8	200.0	50.0	100.0	150.0	66.0	90.0
	合计	—	27 162.9	6 791.0	13 581.5	20 372.4	—	—

沂河 2001—2014 年多年平均年总用水量 13.58 亿 m³,其中沂河山东省总用水量 9.82 亿 m³,沂河江苏省总用水量 3.76 亿 m³。沂河山东省用水包括城镇居民生活用水 0.47 亿 m³、公共与环境用水 0.44 亿 m³、工业用水 1.17 亿 m³、农村生活用水 0.83 亿 m³、

农田灌溉用水 6.12 亿 m³、林牧渔畜用水 0.79 亿 m³。沂河江苏省用水包括城镇居民生活用水 0.14 亿 m³、公共与环境用水 0.11 亿 m³、工业用水 0.53 亿 m³、农村生活用水 0.13 亿 m³、农田灌溉用水 2.59 亿 m³、林牧渔畜用水 0.26 亿 m³。

沂河临沂站以上控制流域面积 10 438 km²,省界断面以上控制流域面积 10 772 km²,采用面积法计算沂河临沂站断面以上总用水量 9.52 亿 m³。19 座拦河闸坝按设计蓄水量依次蓄满,加上临沂站断面年生态需水量,共需水量 14.88 亿 m³,与临沂水平年(50%)14.7 亿 m³ 水量接近。19 座拦河闸坝按设计蓄水量的 50% 蓄水,加上临沂站断面年生态需水量,共需水量 13.52 亿 m³。

8.4.3.2 港上站断面

沂河临沂站到港上站断面区间主要拦河闸坝 6 座,设计蓄水总量为 1.22 亿 m³,见表 8-41。港上站以上主要拦河闸坝 25 座,设计蓄水总量为 3.94 亿 m³,港上站断面距离上游马头拦河闸 20.6 km,距离下游授贤橡胶坝 8.1 km。港上站断面年生态需水量 1.53 亿 m³。

表 8-41　沂河临沂—港上区间拦河闸坝基本情况

序号	拦河闸坝名称	正常蓄水位(m)	设计蓄水总量(万 m³)	设计蓄水量(万 m³) 25%	50%	75%	汛期蓄水位(m)	汛期蓄水量(万 m³)
1	刘道口节制闸	59.5	2 200	550	1 100	1 650	57.5	1 523
2	李庄拦河闸	53.3	1 200	300	600	900	—	—
3	土山拦河坝	49.8	3 960	990	1 980	2 970	—	—
4	洪福寺拦河闸	44.5	1 410	352.5	705	1 057.5	—	—
5	马头拦河闸	40.5	680	170	340	510	—	—
6	授贤橡胶坝	29.5	2 770	692.5	1 385	2 077.5	—	—
	合计	—	12 220	3 055	6 110	9 165	—	—

沂河现状 2014 年总用水量 13.58 亿 m³,其中沂河山东省总用水量 9.82 亿 m³,临沂站至港上站区间用水量 0.3 亿 m³。6 座拦河闸坝按设计蓄水量依次蓄满,加上港上站断面年生态需水量,共需水量 3.04 亿 m³。6 座拦河闸坝按设计蓄水量的 50% 蓄水,加上港上站断面年生态需水量,共需水量 2.43 亿 m³。

8.4.3.3 大官庄站断面

沭河大官庄站断面以上大型水库有 4 座,主要干流拦河闸坝 7 座,大型水库位于沭河上游,7 座拦河闸坝设计蓄水总量为 0.92 亿 m³,见表 8-42。大官庄站断面年生态需水量 1.22 亿 m³。

沭河 2001—2014 年多年平均年总用水量 8.91 亿 m³,其中沭河山东省总用水量 5.11 亿 m³,沭河江苏省总用水量 3.80 亿 m³。沭河山东省用水包括城镇居民生活用水 0.26 亿 m³、公共与环境用水 0.22 亿 m³、工业用水 0.68 亿 m³、农村生活用水 0.40 亿 m³、农田灌溉用水 3.19 亿 m³、林牧渔畜用水 0.36 亿 m³。沭河江苏省用水包括城镇居民生活用水 0.31 亿 m³、公共与环境用水 0.10 亿 m³、工业用水 0.46 亿 m³、农村生活用水 0.12 亿 m³、农田灌溉用水 2.32 亿 m³、林牧渔畜用水 0.49 亿 m³。

表 8-42　沭河大官庄站断面以上拦河闸坝基本情况

序号	拦河闸坝名称	正常蓄水位 (m)	设计蓄水量 (万 m³)	设计蓄水量(万 m³)		
				25%	50%	75%
1	庄科橡胶坝	107.07	441.85	110.5	220.9	331.4
2	陵阳橡胶坝	101.90	708	177	354	531
3	朱家庄橡胶坝	84.05	476	119	238	357
4	石拉渊拦河坝	74.78	60	15	30	45
5	青云橡胶坝	66.50	958.5	239.6	479.3	718.9
6	华山橡胶坝	58.00	1 516	379	758	1 137
7	人民胜利堰节制闸	54.93	5 000	1 250	2 500	3 750
	合计	—	9 160.35	2 290.1	4 580.2	6 870.3

沭河大官庄站以上控制流域面积 4 529 km²,省界断面以上控制流域面积 5 352 km²,采用面积法计算沭河大官庄站断面以上总用水量 4.32 亿 m³。7 座拦河闸坝按设计蓄水量依次蓄满,加上大官庄站断面年生态需水量,共需水量 6.46 亿 m³,比大官庄水平年 (50%)来水量 5.26 亿 m³ 多 1.2 亿 m³。7 座拦河闸坝按设计蓄水量的 50% 蓄水,加上大官庄站断面年生态需水量,共需水量 6.0 亿 m³。

8.4.3.4　新安站断面

沭河大官庄至新安断面区间主要拦河闸坝 5 座,设计蓄水总量为 0.49 亿 m³,见表 8-43。沭河新安以上拦河闸坝共 12 座,设计蓄水总量为 1.41 亿 m³,新安断面年生态需水量 1.30 亿 m³。

表 8-43　沭河大官庄—新安区间拦河闸坝基本情况

序号	拦河闸坝名称	正常蓄水位 (m)	设计蓄水量 (万 m³)	设计蓄水量(万 m³)		
				25%	50%	75%
1	清泉寺拦河闸	48	1 196	299	598	897
2	卸甲营橡胶坝	44.5	276.17	69	138.1	207.1
3	龙门橡胶坝	38.5	1 050	262.5	525.0	787.5
4	塔山闸	27.5	600	150	300.0	450
5	王庄闸	21.3	1 800	450	900.0	1 350
	合计	—	4 922.17	1 230.5	2 461.1	3 691.6

沭河 2001—2014 年多年平均年总用水量 8.91 亿 m³,其中沭河山东省总用水量 5.11

亿 m³,大官庄至新安区间用水量 0.79 亿 m³。5 座拦河闸坝按设计蓄水量依次蓄满,加上新安断面年生态需水量,共需水量 2.58 亿 m³。5 座拦河闸坝按设计蓄水量的 50% 蓄水,加上新安断面年生态需水量,共需水量 2.34 亿 m³。

8.4.4　生态调度控制指标

8.4.4.1　沂河

1.水量分配方案中控制指标

根据 2016 年 7 月水利部下发的《水利部关于沂河流域水量分配方案的批复》(水资源〔2016〕264 号)文件,2030 水平年,沂河流域河道外地表水多年平均分配水量分别为山东省 16.30 亿 m³、江苏省 3.36 亿 m³。

沂河流域不同来水情况下山东省、江苏省水量份额,由淮河水利委员会会同山东省、江苏省水行政主管部门;根据沂河流域水资源综合规划成果、河道外地表水多年平均水量分配方案,结合沂河流域水资源特点、来水情况、区域用水需求、水源工程调蓄能力及河道内生态用水需求,在沂河流域水量调度方案中确定。

1)主要断面下泄水量控制指标

确定临沂、苏鲁省界、沂河末端 3 个断面为沂河流域水量分配控制断面,断面 2030 水平年下泄水量控制指标见表 8-5。

山东省出境水量以苏鲁省界水文站实测径流量核定。

2)最小生态下泄流量控制指标

沂河干流选择临沂、苏鲁省界、沂河末端 3 个主要控制断面,断面最小生态下泄流量控制指标见表 8-6。

2.生态流量与水量控制

沂河生态流量调度要综合考虑防洪调度、水量分配和水量调度,沂河控制断面生态流量和累计水量见表 8-44,沂河主要断面 2030 水平年下泄水量与生态流量进行比较分析,结果见表 8-45。

表 8-44　沂河控制断面生态流量和累计水量

河名	控制断面	流量	10月至翌年3月	4—5月	6—9月	合计
沂河	临沂	生态流量 (m³/s)	2.480	3.130	19.810	—
		累计水量 (亿 m³)	0.390	0.165	2.088	2.643
	港上	生态流量 (m³/s)	1.740	3.110	12.790	—
		累计水量 (亿 m³)	0.274	0.164	1.348	1.786

表 8-45　沂河主要断面 2030 水平年下泄水量与生态流量对比　（单位:亿 m³）

断面名称	来水频率	下泄水量	生态需水量	生态需水量占比
临沂	75%	9.08	2.64	29.1%
	95%	4.98	2.64	53.0%
	多年平均	14.27	2.64	18.5%
苏鲁省界	75%	6.07	1.79	29.5%
	95%	1.97	1.79	90.9%
	多年平均	9.64	1.79	18.6%

经比较分析,沂河临沂断面每年生态需水量为 2.64 亿 m³,沂河流域 2030 年临沂断面多年平均下泄水量为 14.27 亿 m³,生态需水量占比 18.5%;枯水年(75%)下泄水量为 9.08 亿 m³,生态需水占比 29.1%;特枯年(95%)下泄水量 4.98 亿 m³,生态需水占比 53.0%。沂河水量分配方案中临沂断面下泄水量总量可满足每年断面生态需水量。

沂河苏鲁省界港上站每年需水量为 1.79 亿 m³,沂河流域 2030 年港上断面多年平均下泄水量为 9.64 亿 m³,生态需水占比 18.6%;枯水年(75%)下泄水量为 6.07 亿 m³,生态需水占比 29.5%;特枯年(95%)下泄水量 1.97 亿 m³,生态需水占比 90.9%。沂河水量分配方案中港上断面下泄水量总量可满足每年断面生态需水量。

根据沂河流域水资源开发利用及用水矛盾的实际情况,依据淮河水利委员会制订的《淮河流域生态流量(水位)试点工作实施方案》(2016 年 12 月),按照不同来水保证率提出了河流生态流量日满足程度控制要求。生态流量日满足程度指一年内控制断面流量达到生态流量的天数占全年天数的百分比。沂河平水年生态流量日满足程度达到 80%,枯水年日满足程度达到 50%,特枯年不做下泄生态流量要求。

3. 可分配水量

2016 年中水淮河规划设计研究有限公司编制的《沂河水量调度方案》初步成果中,在水量分配方案总量的基础上,细化沂河地表水的逐月供水过程。多年平均沂河各省月可分配水量见表 8-46。

表 8-46　多年平均沂河各省月可分配水量　（单位:亿 m³）

月份	可分配水量		
	沂河	山东省	江苏省
1	0.65	0.56	0.09
2	0.77	0.68	0.09
3	2.08	1.95	0.13
4	1.29	1.16	0.13
5	1.31	0.94	0.37
6	3.01	2.56	0.45

续表 8-46

月份	可分配水量		
	沂河	山东省	江苏省
7	2.47	1.95	0.52
8	3.51	2.92	0.59
9	1.26	0.75	0.51
10	1.54	1.46	0.08
11	0.78	0.69	0.09
12	0.99	0.68	0.31
合计	19.66	16.30	3.36

以沂河苏鲁省界港上站为例,沂河苏鲁省界港上站每年生态需水量 1.53 亿 m^3。多年平均沂河江苏省年可分配水量为 3.35 亿 m^3,沂河江苏省各月可分配水量与港上站断面各月生态需水量对比见图 8-10。沂河江苏省各月可分配水量全部大于港上站断面各月生态需水量,这表明江苏省各月可分配水量可以满足港上站断面各月生态需水量,优化可分配水量下泄过程可提高生态流量的保证程度。

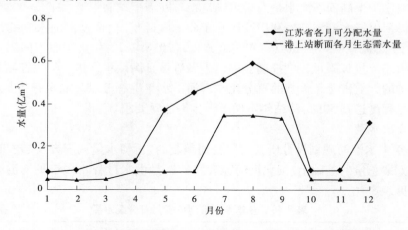

图 8-10 沂河江苏省各月可分配水量与港上站各月生态需水量对比

根据港上站 1972—2014 年逐日流量资料,计算港上站断面各旬下泄水量,分析上、中、下旬占各月下泄水量的比例,依据占比分配沂河江苏省各月上、中、下旬水量,与生态需水量比对,见表 8-47、图 8-11。通过比对分析,只有 7 月上旬港上站断面生态需水量大于沂河江苏省可分配水量,其余时间段均小于沂河江苏省可分配水量,生态流量调度结合水量分配方案进行调度,保证程度高。

当沂河临沂、港上控制断面下泄流量过大时,生态流量调度期间,做到兼顾上下游工程蓄水情况,可控制下泄流量,利用拦河闸坝均化流量过程,做好水资源的合理利用。

表 8-47　各月、旬港上站生态需水量与沂河江苏省可分配水量对比　（单位:万 m³）

时间		港上站生态需水量	沂河江苏省分配水量	时间		港上站生态需水量	沂河江苏省分配水量
1 月	上旬	150	335	7 月	上旬	1 105	778
	中旬	150	225		中旬	1 105	1 751
	下旬	165	740		下旬	1 216	2 571
2 月	上旬	150	289	8 月	上旬	1 105	3 137
	中旬	150	345		中旬	1 105	1 355
	下旬	120	266		下旬	1 216	1 408
3 月	上旬	150	477	9 月	上旬	1 105	2 329
	中旬	150	442		中旬	1 105	1 425
	下旬	165	381		下旬	1 105	1 346
4 月	上旬	269	303	10 月	上旬	150	311
	中旬	269	442		中旬	150	301
	下旬	269	555		下旬	165	288
5 月	上旬	269	1 032	11 月	上旬	150	320
	中旬	269	1 291		中旬	150	310
	下旬	296	1 377		下旬	150	270
6 月	上旬	269	738	12 月	上旬	150	1 241
	中旬	269	1 766		中旬	150	884
	下旬	269	1 995		下旬	165	976

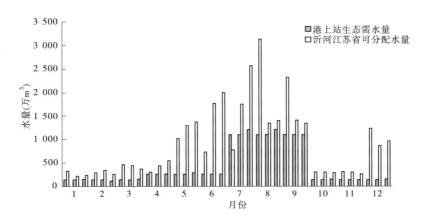

图 8-11　沂河江苏省各月、旬可分配水量与港上站各月、旬生态需水量对比

8.4.4.2 沭河

1. 水量分配方案中控制指标

根据 2016 年 7 月水利部下发的《水利部关于沭河流域水量分配方案的批复》(水资源〔2016〕263 号)文件,2030 水平年,沭河流域河道外地表水多年平均分配水量分别为山东省 8.52 亿 m³、江苏省 3.02 亿 m³。

沭河流域不同来水情况下山东省、江苏省水量份额,由淮河水利委员会会同山东省、江苏省水行政主管部门,根据沭河流域水资源综合规划成果、河道外地表水多年平均水量分配方案,结合沭河流域水资源特点、来水情况、区域用水需求、水源工程调蓄能力及河道内生态用水需求,在沭河流域水量调度方案中确定。

1)主要断面下泄水量控制指标

确定大官庄、苏鲁省界、老沭河末端 3 个断面为沭河流域水量分配控制断面,断面 2030 水平年下泄水量控制指标见表 8-7。

山东省出境水量以苏鲁省界水文站实测径流量核定。

2)最小生态下泄流量控制指标

沭河干流选择大官庄、苏鲁省界、老沭河末端 3 个主要控制断面,断面最小生态下泄流量控制指标见表 8-8。

2. 生态流量与水量控制

实施沭河生态流量控制时要综合考虑防洪调度方案要求、水量分配和水量调度要求,沭河控制断面生态流量和累计水量见表 8-48,沭河主要断面 2030 水平年下泄水量与生态流量进行比较分析,结果见表 8-49。

表 8-48 沭河控制断面生态流量和累计水量

河名	控制断面	流量	10 月至翌年 3 月	4—5 月	6—9 月	合计
沭河	大官庄	生态流量(m³/s)	1.14	1.53	9.15	—
		累计水量(亿 m³)	0.179	0.081	0.964	1.224
	新安	生态流量(m³/s)	0.65	1.76	10.52	—
		累计水量(亿 m³)	0.102	0.093	1.109	1.304

表 8-49　沭河主要断面 2030 水平年下泄水量与生态流量指标对比　（单位：亿 m³）

断面名称	来水频率	下泄水量	生态需水量	生态需水量占比
大官庄	75%	4.50	1.22	27.1%
	95%	2.17	1.22	56.2%
	多年平均	7.07	1.22	17.3%
苏鲁省界	75%	1.97	1.30	66.0%
	95%	0.95	1.30	136.8%
	多年平均	3.90	1.30	33.3%

经比较分析，沭河大官庄断面生态每年需水量为 1.22 亿 m³，沭河流域 2030 年大官庄断面多年平均下泄水量为 7.07 亿 m³，生态需水量占比 17.3%；枯水年（75%）下泄水量为 4.50 亿 m³，生态需水占比 27.1%；特枯年（95%）下泄水量 2.17 亿 m³，生态需水占比 56.2%。沭河临沂站断面水量分配方案中下泄水量总量可满足每年断面生态需水量。

沭河苏鲁省界新安站每年需水量为 1.30 亿 m³，沭河流域 2030 年新安站断面多年平均下泄水量为 3.90 亿 m³，生态需水占比 33.3%；枯水年（75%）下泄水量为 1.97 亿 m³，生态需水占比 66.0%；特枯年（95%）下泄水量 0.95 亿 m³，不能满足断面年生态需水量。沭河新安站断面水量分配方案下泄水量总量中特枯年下泄水量不能满足每年的断面生态需水量。

根据沭河流域水资源开发利用及用水矛盾的实际情况，由于沭河河流蓄水条件及调度条件限制，沭河平水年生态流量日满足程度达到 50%，枯水年与特枯年无下泄生态流量要求。

3. 水量分配

2016 年中水淮河规划设计研究有限公司编制的《沭河水量调度方案》初步成果中，在水量分配方案总量的基础上，细化沭河地表水的逐月供水过程。多年平均沭河各省月可分配水量见表 8-50。

表 8-50　多年平均沭河各省月可分配水量　（单位：亿 m³）

月份	可分配水量		
	沭河	山东省	江苏省
1	0.37	0.30	0.07
2	0.44	0.36	0.08
3	1.14	1.02	0.12
4	0.73	0.61	0.12
5	0.82	0.49	0.33
6	1.75	1.34	0.41
7	1.48	1.02	0.46

续表 8-50

月份	可分配水量		
	沭河	山东省	江苏省
8	2.06	1.53	0.53
9	0.85	0.39	0.46
10	0.84	0.76	0.08
11	0.44	0.36	0.08
12	0.64	0.36	0.28
合计	11.56	8.54	3.02

沭河苏鲁省界新安站每年生态需水量 1.30 亿 m^3。多年平均沭河江苏省年可分配水量为 3.02 亿 m^3，沭河江苏省各月可分配水量与新安站断面各月生态需水量对比见图 8-12。沭河江苏省各月可分配水量全部大于新安站断面各月生态需水量，这表明江苏省各月可分配水量可以满足新安站断面各月生态需水量，优化可分配水量下泄过程可提高生态流量的保证程度。

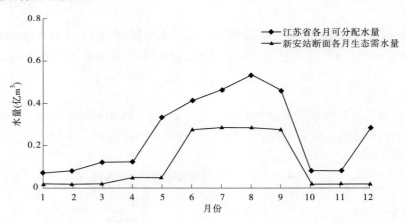

图 8-12　沭河江苏省各月可分配水量与新安站断面各月生态需水量对比

根据新安站 1961—2014 年逐日流量资料，计算新安站断面各旬下泄水量，分析上、中、下旬占各月下泄水量的比例，根据占比分配沭河江苏站各月上、中、下旬水量，与生态需水量比对，见表 8-51、图 8-13。通过比对分析，只有 7 月上旬新安站断面生态需水量大于沭河江苏省可分配水量，其余时间段均小于沭河江苏省可分配水量。

表 8-51　各月、旬新安站生态需水量与沭河江苏省可分配水量对比　（单位：万 m³）

时间		新安站生态需水量	沭河江苏省分配水量	时间		新安站生态需水量	沭河江苏省分配水量
1 月	上旬	56	243	7 月	上旬	909	859
	中旬	56	255		中旬	909	1 419
	下旬	62	201		下旬	1 000	2 322
2 月	上旬	56	133	8 月	上旬	1 288	2 012
	中旬	56	363		中旬	909	1 719
	下旬	45	304		下旬	1 000	1 368
3 月	上旬	56	409	9 月	上旬	909	1 860
	中旬	56	366		中旬	909	1 590
	下旬	62	425		下旬	909	1 150
4 月	上旬	152	229	10 月	上旬	56	279
	中旬	152	372		中旬	56	310
	下旬	152	599		下旬	62	212
5 月	上旬	152	951	11 月	上旬	56	286
	中旬	152	1 062		中旬	56	317
	下旬	167	1 287		下旬	56	197
6 月	上旬	909	973	12 月	上旬	56	1 100
	中旬	909	1 208		中旬	56	1 068
	下旬	909	1 919		下旬	62	632

当沭河大官庄、新安控制断面下泄流量过大时,实施生态流量控制期间,做到兼顾上下游工程蓄水情况,可控制下泄流量,利用拦河闸坝尽可能均化流量过程,做好水资源的合理利用。

8.5　生态流量调度方案研究

生态流量调度目标是保障沂河、沭河生态系统健康,手段是保障临沂、港上、大官庄、新安主要控制断面的生态流量。根据沂河、沭河开发利用情况,控制性工程分布情况,分别编制相对应的生态流量调度指导意见(方案)。

8.5.1　调度原则与指标

8.5.1.1　调度原则

(1)统一调度原则。以人为本,兼顾生态,统一调度,分级管理,分级负责。

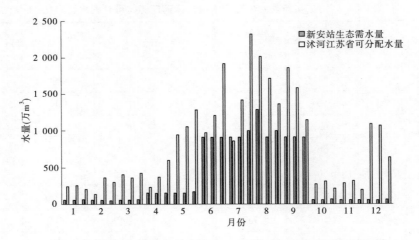

图 8-13　沭河江苏省各月、旬可分配水量与新安站各月、旬生态需水量对比

（2）协作原则。统筹兼顾,上下联动,团结协作,局部利益服从全局利益。

（3）多目标原则。在不影响水库、闸坝原有调度运用方案原则的基础上,在用水总量控制的前提下,统筹水量调度和生态流量调度。

（4）维系生态安全的原则。沂、沭河上游来水正常年份或丰水年份,应在确保防洪安全的前提下,调度拦河蓄水工程尽可能多蓄水,按照控制断面生态流量控制指标,优化调配水量,满足流域上下游生活、生产和生态用水需要。枯水年份,应统筹流域上下游、左右岸和各行业用水需求,注重公平,最大限度地减少干旱对生态环境的影响。

8.5.1.2　满足程度指标

淮河水利委员会制订的《淮河流域生态流量（水位）试点工作实施方案》（2016 年 12月）中计算并确定了沂河、沭河干流 4 个主要控制断面不同时期的生态流量。生态调度沂河干流主要控制断面为临沂及沂河苏鲁省界（港上）,沭河干流的主要控制断面是大官庄及沭河苏鲁省界（新安）。调度期按日历年计,每年分 3 个时段:10 月至翌年 3 月、4—5月、6—9 月,重点关注非汛期（10 月至翌年 3 月、4—5 月）调度,不同时期生态流量指标不同,实现全年生态流量控制。生态流量控制指标见表 8-52。

表 8-52　沂河、沭河控制断面生态流量控制指标

河名	控制断面	生态流量		
		10 月至翌年 3 月	4—5 月	6—9 月
沂河	临沂	2.48	3.13	19.81
	港上	1.74	3.11	12.79
沭河	大官庄	1.14	1.53	9.15
	新安	0.65	1.76	10.52

采用《淮河流域生态流量（水位）试点工作实施方案》中确定的生态流量日满足程度指标作为生态流量调度的考核依据,根据河流蓄水条件及调度条件限制,沂河特枯年、沭

河枯水年与特枯年不做下泄生态流量要求(见表 8-53)。

表 8-53　沂河、沭河控制断面生态流量调度日满足程度指标　　　　(％)

河流	日满足程度指标		
	平水年	枯水年	特枯年
沂河	80	50	—
沭河	50	—	—

8.5.2　主要控制工程与调度范围

8.5.2.1　主要控制工程

沂河、沭河干支流上水文站点较多,可以在河道断面监测相应的降水、流量、蒸发、水位等数据资料。根据沂河、沭河年度水量的调度方案,综合考虑沂河水资源开发利用特点、省界控制点、重要控制性工程及有监测设施的河道断面等因素,确定生态调度的重要控制工程。

1.沂河重要控制工程

临沂以上主要有田庄、跋山、岸堤、唐村、许家崖 5 座大型水库,5 座大型水库是沂河上重要的供水工程,承担了大部分的城市供水和农业灌溉任务。水库的调度直接影响着下游河道的下泄水量及流量,影响着临沂断面流量,因此将 5 座大型水库作为生态调度的重要控制工程。

临沂到省界区间主要控制工程有刘家道口枢纽、李庄闸和马头闸。临沂到刘家道口枢纽之间的用水为工业用水和农业用水,刘家道口枢纽到李庄闸和马头闸之间的用水均为农业用水。这几处工程基本控制临沂到省界区间的用水,可作为生态调度工程。

2.沭河重要控制工程

大官庄以上主要有沙沟、青峰岭、小仕阳和陡山 4 座大型水库,4 座大型水库是沭河上重要的供水工程,承担了大部分的城市供水和农业灌溉任务。水库的调度直接影响着下游河道的下泄水量及流量,影响着大官庄断面流量,因此将 4 座大型水库作为生态调度的重要控制工程。

沭河主要控制工程有石拉渊拦河坝、华山橡胶坝、大官庄枢纽、清泉寺闸及龙门橡胶坝等。这些闸坝在非汛期拦蓄上游的水资源直接影响了下游的用水,可作为生态调度工程。

8.5.2.2　调度范围

1.沂河流域

沂河分析范围包括沂河山东和江苏两省,总面积约 11 820 km²,其中山东境内 10 772 km²、江苏境内 1 048 km²。沂河涉及的水资源分区及行政分区情况见表 8-54。

2.沭河流域

沭河分析范围包括沭河山东和江苏两省,总面积约 6 400 km²。沭河涉及的水资源分区及行政分区情况见表 8-55。

表 8-54　沂河涉及的水资源分区及行政分区

水资源分区		行政区		面积
二级区	三级区	省份	地市	（km²）
沂沭泗河区	沂沭河区	山东	淄博	1 637
			临沂	8 843
	中运河区	山东	临沂	292
		江苏	徐州	1 048

表 8-55　沭河涉及的水资源分区及行政分区

水资源分区		行政区		面积
二级区	三级区	省份	地市	（km²）
沂沭泗河区	沂沭河区	山东	日照	2 140
			临沂	3 212
		江苏	徐州	780
			连云港	268

8.5.3　调度方案

沂河干流的主要控制断面为临沂及沂河苏鲁省界（港上），沭河干流的主要控制断面是大官庄及沭河苏鲁省界（新安）。

控制断面监测流量等于或小于预警流量时启动生态流量预警调度。

控制断面监测流量小于生态流量时启动生态流量调度。

根据沂河临沂、沭河大官庄控制断面生态流量合理确定预警值，预警值的设定应能有效预防流量低于生态流量的情况发生。根据 2016 年《全国水资源承载能力监测预警技术大纲（修订稿）》（办水总函〔2016〕1429 号文），取 10% 的安全系数控制，预警流量的计算公式如下：

$$预警流量 = 1.1 × 生态流量 \tag{8-1}$$

根据每日断面监测的流量数据以及未来可能的发展趋势对流量目前所处的状态进行评估，分为安全、警戒和危险 3 种。生态流量状态评估见表 8-56。

表 8-56　生态流量状态评估

流量阈值	预报趋势	状态	是否开展生态调度
实测流量 > 预警流量	—	安全	否
生态流量 < 实测流量 < 预警流量	增加	警戒	否
	减少	危险	是
实测流量 < 生态流量	—	危险	是

当控制断面下泄流量均大于生态流量,可以保障沂河、沭河河道生态系统健康,无须调度;当控制断面上游最近的蓄水工程不能满足生态流量调度要求时,根据距离控制断面的远近,由近及远依次调度河道蓄水工程以及河道上游大型水库等蓄水工程,满足控制断面生态流量需求。

终止生态流量调度的控制条件包括以下几项:

(1)当控制断面监测流量大于预警流量时。

(2)当河道拦蓄工程已坍坝运行(或闸坝无蓄水)且上游大型水库水位已降至死水位时。

(3)沂河特枯年、沭河枯水年与特枯年不做下泄生态流量达标考核要求。

8.5.3.1　临沂断面生态流量调度

沂河临沂断面上游距离小埠东橡胶坝 2.5 km,距离下游刘家道口节制闸 11.8 km。临沂断面流量上游受小埠东橡胶坝调度影响,下游受刘家道口枢纽调度及蓄水回水顶托影响,为保障临沂断面下泄流量满足生态流量要求,小埠东橡胶坝及刘家道口节制闸的下泄流量也应满足不小于生态流量调度的要求。

当沂河上游来水遭遇特枯年时,不做下泄生态流量达标考核要求。

1.预警流量调度

当临沂断面监测流量等于或小于预警流量时,淮河水利委员会进行预警流量调度会商,并向山东省水行政主管部门发出预警流量调度意见,除沿河居民生活用水外,应停止农业取水、限制工业取水,尽量保障临沂断面流量不小于阶段生态流量。

2.生态流量调度

当临沂断面监测流量小于生态流量时,淮河水利委员会进行生态流量调度会商,并向山东省水行政主管部门发出生态流量调度意见,除沿河居民生活用水外,停止农业取水、限制工业取水,依次调度临沂断面上游蓄水工程,保障临沂断面流量不小于生态流量。

1)10 月至翌年 3 月生态流量调度

当临沂断面监测流量小于 2.48 m³/s 时,开启距离临沂断面最近的上游小埠东橡胶坝泄水设施,使得临沂断面流量不小于 2.48 m³/s。当小埠东橡胶坝蓄水量不足设计蓄水量的 75%,即相应水位 64.95 m 时,依次顺序开启小埠东橡胶坝上游桃园橡胶坝、柳杭橡胶坝、茶山橡胶坝等其他的河道蓄水工程,逐级类推。当河道蓄水工程蓄水量均不足设计蓄水量的 75% 时,依距离远近依次调度上游大型水库进行水量下泄,当调度水库蓄水量兴利库容不足 75% 时,依次顺序调度其他大型水库,保障临沂断面流量不小于 2.48 m³/s。

沂河临沂断面生态流量调度上游蓄水工程运用先后顺序及优先级别见表 8-57。

2)4—5 月生态流量调度

当临沂断面监测流量小于 3.13 m³/s 时,开启距离临沂断面最近的上游小埠东橡胶坝泄水设施,使得临沂断面流量不小于 3.13 m³/s。当小埠东橡胶坝蓄水量不足设计蓄水量的 50%,即相应水位低于 64.15 m 时,依次顺序开启小埠东橡胶坝上游桃园橡胶坝、柳杭橡胶坝、茶山橡胶坝等其他的河道蓄水工程,逐级类推。当河道蓄水工程蓄水量均不足设计蓄水量的 50% 时,依距离远近依次调度上游大型水库进行水量下泄,当调度水库蓄水量兴利库容不足 50% 时,依次顺序调度其他大型水库,保障临沂断面流量不小于

3.13 m³/s。

表 8-57　沂河临沂断面生态流量调度上游蓄水工程运用先后顺序及优先级别

级别	工程名称
第一级	沂河小埠东橡胶坝、桃园橡胶坝、祊河角沂橡胶坝、柳杭橡胶坝、祊河葛庄橡胶坝、茶山橡胶坝、河湾拦河闸、葛沟橡胶坝、祊河三南尹橡胶坝、姜庄湖橡胶坝、沂河袁家口子拦河闸、大庄橡胶坝、辛集橡胶坝、北社橡胶坝、邑山橡胶坝、沂水橡胶坝等
第二级	许家崖水库、岸堤水库、跋山水库、唐村水库、田庄水库

3)6—9 月生态流量调度

根据《临沂城区段拦河闸坝 2016 年汛期防洪联合调度运行方案》（临沂市防汛抗旱指挥部,临政汛旱〔2016〕13 号）,临沂城区段拦河闸坝汛期采用降低蓄水位 1～2 m 的方式运行,其中,沂河葛沟橡胶坝降低 1.5 m,柳杭橡胶坝降低 2 m,桃园橡胶坝、小埠东橡胶坝降低 1 m;祊河葛庄橡胶坝、花园橡胶坝降低 2 m,角沂橡胶坝降低 1 m;柳青河橡胶坝降低 1.8 m。城区段拦河闸坝汛限水位蓄水量较正常水位蓄水量减少 0.622 2 亿 m³,相当于正常蓄水量的 46%。

当临沂断面监测流量小于 19.81 m³/s 时,开启距离临沂断面最近的上游小埠东橡胶坝泄水设施,使得临沂断面流量不小于 19.81 m³/s。当小埠东橡胶坝蓄水量不足设计蓄水量的 25%,即相应水位低于 63.19 m 时,依次顺序开启小埠东橡胶坝上游桃园橡胶坝、柳杭橡胶坝、茶山橡胶坝等其他的河道蓄水工程,逐级类推。当河道蓄水工程蓄水量均不足设计蓄水量的 25% 时,依距离远近依次调度上游大型水库进行水量下泄,当调度水库蓄水量兴利库容不足 25% 时,依次顺序调度其他大型水库,保障临沂断面流量不小于 19.81 m³/s。

8.5.3.2　沂河苏鲁省界(港上)断面生态流量调度

沂河苏鲁省界(港上)断面距离上游马头拦河闸 20.6 km,距离下游授贤橡胶坝 8.1 km。沂河苏鲁省界(港上)断面流量上游受马头拦河闸调度影响,下游受授贤橡胶坝调度及蓄水回水顶托影响,为保障沂河苏鲁省界(港上)下泄流量满足生态流量要求,马头拦河闸及授贤橡胶坝的下泄流量也应满足不小于生态流量调度的要求。

1. 预警流量调度

当沂河苏鲁省界断面监测流量等于或小于预警流量时,淮河水利委员会进行预警流量调度会商,并向山东、江苏省水行政主管部门发出预警流量调度意见,除沿河居民生活用水外,停止农业取水、限制工业取水,保障沂河苏鲁省界断面流量不小于阶段生态流量。

2. 生态流量调度

当沂河苏鲁省界断面监测流量小于生态流量时,淮河水利委员会进行生态流量调度会商,并向山东、江苏省水行政主管部门发出生态流量调度意见,除沿河居民生活用水外,停止农业取水、限制工业取水,依次调度沂河苏鲁省界断面上游蓄水工程,保障沂河苏鲁省界断面流量不小于阶段生态流量。

1）10 月至翌年 3 月生态流量调度

当沂河苏鲁省界断面监测流量小于 1.74 m³/s 时,开启距离沂河苏鲁省界断面最近的上游马头拦河闸泄水设施,使得沂河苏鲁省界断面流量不小于 1.74 m³/s。当马头拦河闸蓄水量不足设计蓄水量的 75%,即相应水位低于 40.0 m 时,依次顺序开启马头拦河闸上游的土山、李庄拦河闸等其他河道蓄水工程,逐级类推。当河道蓄水工程蓄水量均不足设计蓄水量的 75% 时,河道蓄水工程蓄水量按设计蓄水量的 50% 进行调度,保障沂河苏鲁省界断面流量不小于 1.74 m³/s。

沂河苏鲁省界(港上)断面生态流量调度上游蓄水工程运用先后顺序见表 8-58。

表 8-58　沂河苏鲁省界(港上)断面生态流量调度上游蓄水工程运用先后顺序

级别	工程名称
第一级	沂河马头拦河闸、土山拦河闸、李庄拦河闸、刘家道口节制闸等

2）4—5 月生态流量调度

当沂河苏鲁省界断面监测流量小于 3.11 m³/s 时,开启距离沂河苏鲁省界断面最近的上游马头拦河闸泄水设施,使得沂河苏鲁省界断面流量不小于 3.11 m³/s。当马头拦河闸蓄水量不足设计蓄水量的 50%,即相应水位低于 39.4 m 时,依次顺序开启马头拦河闸上游的土山、李庄拦河闸等其他河道蓄水工程,逐级类推。当河道蓄水工程蓄水量均不足设计蓄水量的 50% 时,河道蓄水工程蓄水量按设计蓄水量的 25% 进行调度,保障沂河苏鲁省界断面流量不小于 3.11 m³/s。

3）6—9 月生态流量调度

当沂河苏鲁省界断面监测流量小于 12.79 m³/s 时,开启距离沂河苏鲁省界断面最近的上游马头拦河闸泄水设施,使得沂河苏鲁省界断面流量不小于 12.79 m³/s。当马头拦河闸蓄水量不足设计蓄水量的 25%,即相应水位低于 37.7 m 时,依次顺序开启马头拦河闸上游的土山、李庄拦河闸等其他河道蓄水工程,逐级类推。当河道蓄水工程蓄水量均不足设计蓄水量的 25% 时,河道蓄水工程按不蓄水进行调度,最大限度地保障沂河苏鲁省界断面流量不小于 12.79 m³/s。

8.5.3.3　沭河大官庄断面生态流量调度

沭河大官庄枢纽非汛期设计蓄水位 52.5 m,设计蓄水量 0.2 亿 m³。沭河大官庄断面距离上游华山橡胶坝 19.2 km,距离下游清泉寺拦河闸 14.3 km。沭河大官庄断面流量除受人民胜利堰闸以及灌溉洞等放水影响外,上游还受华山橡胶坝调度影响。为保障沭河大官庄断面下泄流量满足生态流量要求,在大官庄枢纽闸前蓄水不能满足生态流量下泄要求时,开启上游华山橡胶坝等河道蓄水工程进行水量下泄,使得大官庄断面下泄流量满足不小于生态流量的调度要求。

当沭河上游来水遭遇枯水年与特枯年时,不做下泄生态流量达标考核要求。

1. 预警流量调度

当大官庄断面监测流量等于或小于预警流量时,淮河水利委员会进行预警流量调度会商,并向山东省水行政主管部门发出预警流量调度指令,除沿河居民生活用水外,停止农业取水、限制工业取水,保障大官庄断面流量不小于阶段生态流量。

2. 生态流量调度

当大官庄断面监测流量小于生态流量时,淮河水利委员会进行生态流量调度会商,并向山东省水行政主管部门发出生态流量调度指令,除沿河居民生活用水外,停止农业取水、限制工业取水,依次调度大官庄断面上游蓄水工程,保障大官庄断面下泄流量不小于阶段生态流量。

1)10 月至翌年 3 月生态流量调度

当大官庄断面监测流量小于 1.14 m³/s 时,在大官庄枢纽闸前蓄水不能满足生态流量下泄要求时,开启距离大官庄断面最近的上游华山橡胶坝泄水设施,使得大官庄断面流量不小于 1.14 m³/s。当华山橡胶坝蓄水量不足设计蓄水量的 75%,即相应水位低于 57.26 m 时,依次顺序开启华山橡胶坝上游青云橡胶坝、石拉渊拦河坝等其他的河道蓄水工程,逐级类推。当河道蓄水工程蓄水量均不足设计蓄水量的 75% 时,依距离远近依次调度沭河上游大型水库进行水量下泄,当调度水库蓄水量兴利库容不足 75% 时,依次顺序调度沭河其他大型水库,保障大官庄断面流量不小于 1.14 m³/s。

沭河大官庄断面生态流量调度上游蓄水工程运用先后顺序及优先级别见表 8-59。

表 8-59　沭河大官庄断面生态流量调度上游蓄水工程运用先后顺序及优先级别

级别	工程名称
第一级	人民胜利堰闸、华山橡胶坝、青云橡胶坝、石拉渊拦河坝、朱家庄橡胶坝、夏庄橡胶坝、陵阳橡胶坝、庄科橡胶坝等
第二级	陡山水库、青峰岭水库、小仕阳水库、沙沟水库

2)4—5 月生态流量调度

当大官庄断面监测流量小于 1.53 m³/s 时,在大官庄枢纽闸前蓄水不能满足生态流量下泄要求时,开启距离大官庄断面最近的上游华山橡胶坝泄水设施,使得大官庄断面流量不小于 1.53 m³/s。当华山橡胶坝蓄水量不足设计蓄水量的 50%,即相应水位低于 56.39 m 时,依次顺序开启华山橡胶坝上游的青云橡胶坝、石拉渊拦河坝等其他的河道蓄水工程,逐级类推。当河道蓄水工程蓄水量均不足设计蓄水量的 50% 时,依距离远近依次调度沭河上游大型水库进行水量下泄,当调度水库蓄水量兴利库容不足 50% 时,依次顺序调度沭河其他大型水库,保障大官庄断面流量不小于 1.53 m³/s。

3)6—9 月生态流量调度

当大官庄断面监测流量小于 9.15 m³/s 时,在大官庄枢纽闸前蓄水不能满足生态流量下泄要求时,开启距离大官庄断面最近的上游华山橡胶坝泄水设施,使得大官庄断面流量不小于 9.15 m³/s。当华山橡胶坝蓄水量不足设计蓄水量的 25%,即相应水位低于 55.23 m 时,依次顺序开启华山橡胶坝上游青云橡胶坝、石拉渊橡胶坝等其他的河道蓄水工程,逐级类推。当河道蓄水工程蓄水量均不足设计蓄水量的 25% 时,依距离远近依次调度沭河上游大型水库进行水量下泄,当调度水库蓄水量兴利库容不足 25% 时,依次顺序调度沭河其他大型水库,保障大官庄断面流量不小于 9.15 m³/s。

8.5.3.4　沭河苏鲁省界(新安)断面生态流量调度

沭河苏鲁省界(新安)断面距上游龙门橡胶坝 22 km,距离下游塔山闸 14.6 km。沭河苏鲁省界(新安)断面流量除受上游龙门橡胶坝调度影响,下游还受塔山闸调度及蓄水回水顶托影响。为保障沭河苏鲁省界断面下泄流量满足生态流量要求,上游龙门橡胶坝和下游塔山闸的下泄流量也应满足不小于生态流量的调度要求。

当沭河上游来水遭遇枯水年与特枯年时,不做下泄生态流量达标考核要求。

1. 预警流量调度

当沭河苏鲁省界断面监测流量等于或小于预警流量时,淮河水利委员会进行预警流量调度会商,并向山东、江苏省水行政主管部门发出预警流量调度指令,除沿河居民生活用水外,停止农业取水、限制工业取水,保障沭河省界断面流量不小于阶段生态流量。

2. 生态流量调度

当沭河苏鲁省界断面监测流量小于生态流量时,淮河水利委员会进行生态流量调度会商,并向山东、江苏省水行政主管部门发出生态流量调度指令,除沿河居民生活用水外,停止农业取水、限制工业取水,依次调度沭河苏鲁省界断面上游蓄水工程,保障沭河苏鲁省界断面流量不小于阶段生态流量。

1)10 月至翌年 3 月生态流量调度

当沭河苏鲁省界断面监测流量小于 0.65 m³/s 时,开启距离沭河苏鲁省界最近的上游龙门橡胶坝泄水设施,使得沭河苏鲁省界断面流量不小于 0.65 m³/s。当龙门橡胶坝蓄水量不足设计蓄水量的 75%,即相应水位低于 37.8 m 时,依次顺序开启龙门橡胶坝上游的卸甲营橡胶坝以及清泉寺拦河闸等其他的河道蓄水工程,逐级类推。当河道蓄水工程蓄水量均不足设计蓄水量的 75% 时,河道蓄水工程蓄水量按设计蓄水量的 50% 进行调度,保障沭河苏鲁省界断面流量不小于 0.65 m³/s。

沭河苏鲁省界(新安)断面生态流量调度上游蓄水工程运用先后顺序见表 8-60。

表 8-60　沭河苏鲁省界(新安)断面生态流量调度上游蓄水工程运用先后顺序

级别	工程名称
第一级	龙门橡胶坝、卸甲营橡胶坝、清泉寺拦河闸及塔山闸等

2)4—5 月生态流量调度

当沭河苏鲁省界断面监测流量小于 1.76 m³/s 时,开启距离沭河苏鲁省界断面最近的上游龙门橡胶坝泄水设施,使得沭河苏鲁省界断面流量不小于 1.76 m³/s。当龙门橡胶坝蓄水量不足设计蓄水量的 50%,即相应水位低于 36.9 m 时,依次顺序开启龙门橡胶坝上游的卸甲营橡胶坝、清泉寺拦河闸等其他的河道蓄水工程,逐级类推。当河道蓄水工程蓄水量均不足设计蓄水量的 50% 时,河道蓄水工程蓄水量按设计蓄水量的 25% 进行调度,保障沭河苏鲁省界断面流量不小于 1.76 m³/s。

3)6—9 月生态流量调度

当沭河苏鲁省界断面监测流量小于 10.52 m³/s 时,开启距离沭河苏鲁省界断面最近的上游龙门橡胶坝泄水设施,使得沭河苏鲁省界断面流量不小于 10.52 m³/s。当龙门橡胶坝蓄水量不足设计蓄水量的 25%,即相应水位低于 35.6 m 时,依次顺序开启龙门橡胶坝上游的卸甲营橡胶坝以及清泉寺拦河闸等其他河道蓄水工程,逐级类推。当河道蓄水工程蓄水量均不足设计蓄水量的 25% 时,河道蓄水工程按不蓄水进行调度,最大限度地保障沭河苏鲁省界断面流量不小于 10.52 m³/s。

8.5.4　责任与权限

沂河、沭河生态流量调度由淮河水利委员会负责。生态流量调度意见由淮河水利委员会提出,下发山东省防汛抗旱指挥部、江苏省防汛防旱指挥部及沂沭泗水利管理局。

沂河、沭河干支流重要蓄水工程的控制运用分别由山东省防汛抗旱指挥部、江苏省防汛防旱指挥部和沂沭泗水利管理局按照各自的管理权限分别进行调度实施。

山东省境内的重要蓄水工程(如沂河水系的田庄水库、跋山水库、岸堤水库、唐村水库和许家崖水库等 5 座大型水库以及小埠东橡胶坝、李庄闸、马头闸等沂河拦河闸坝工程;沭河水系的沙沟水库、青峰岭水库、小仕阳水库、陡山水库等 4 座大型水库以及华山橡胶坝、清泉寺拦河闸、龙门橡胶坝等沭河拦河闸坝工程)的控制运用由山东省防汛抗旱指挥部负责调度实施。江苏省境内的沂河授贤橡胶坝、沭河塔山闸的控制运用由江苏省防汛防旱指挥部负责调度实施。山东省防汛抗旱指挥部、江苏省防汛防旱指挥部依据淮河水利委员会的调度意见,编制下达每座蓄水工程的调度指令。

刘家道口水利枢纽、大官庄水利枢纽的控制运用由沂沭泗水利管理局负责调度实施。沂沭泗水利管理局依据淮河水利委员会的调度意见,编制下达每座蓄水工程的调度指令。

在沂河、沭河生态流量调度过程中,沂河和沭河省、市级河长应做好协调监督工作。

8.6　保障措施

8.6.1　工程措施

沂河、沭河水系上有很多水利控制工程,在流域具体调度过程中,应充分考虑生态需水要求,要加强对重要控制工程尤其是苏鲁省界控制工程的调度运行管理,在不改变现有闸坝调度权限的基础上,采取闸坝联合调度、生态补水等措施,合理安排闸坝下泄水量和泄流时段,有效控制断面下泄水量,适当均化流量下泄过程,维持河流基本生态用水需求,重点保障枯水期主要控制断面的生态流量,具体操作可由工程主管部门依据工程实际情况进行考虑。

现状情况下,沂河临沂、刘家道口枢纽,沭河大官庄枢纽,以及上游的大型水库等均为国家基本水文站,具有完善的测验、报汛设施以及报汛制度。而其他如沂河苏鲁省界、沭河苏鲁省界,沂河小埠东、桃园、授贤等橡胶坝,以及马头、土山、李庄等拦河闸;沭河华山、龙门等橡胶坝,以及清泉寺、塔山等拦河闸,尚未建立完善的测报设施以及相应的报汛制度,需要进行统筹考虑,完善配套。

8.6.2 非工程措施

非工程类保障措施进行生态流量的保障,具体措施有以下几个:

(1)调度管理保障。依据沂河、沭河下泄水量指标,制订基于生态流量保障的水量调度方案、年度水量分配方案和调度计划,以及旱情紧急情况下的水量调度预案;根据沂河、沭河雨情、水情信息,包括降水、流量、水位等数据资料及周边取用水的信息,建立多目标拦河闸坝预报调度系统,配合水量调度方案,优化调度措施,实行用水总量控制和主要断面下泄水量控制。

(2)监控体系保障。由相关管理部门对各河流安排管理人员,对各主要控制断面调度设置流量监控设施,定期监测生态流量下放的相关数据,制定限制取水管理办法、河段巡查制度、生态流量预警机制,当断面生态流量接近或低于控制值时,对上游取用水进行控制管理。

目前,沂河、沭河支流上很多涵洞、泵站及一些取水口门,尚未建设取水计量和监管设施,难以实施有效分水和断面流量控制。为将指导意见(方案)落到实处,应加快推进淮河流域国家水资源监控能力项目建设,健全重点用水户、省界断面和重要控制断面、水功能区 3 大监控体系,进一步提高用水计量和监控能力。加强省界断面水质、水量监测,完善省界断面站点布设和监测体系,逐步实现断面下泄流量远程实时监控,为实施生态流量调度提供技术支撑。

(3)应急调度及决策机制保障。针对可能出现的突发水污染、特殊枯水年、连续干旱年、水源工程突发污染事故等,分析灾变系统特征,提出沂河、沭河应急生态流量调度意见,并配合淮河水利委员会进行联合调度。制订预防水危机发生的前期管理调度方案,提高水资源网络工程体系和管理体系双重应急能力。同时建立有效的应急反应支持平台,提高水资源管理的应急决策能力。

(4)限制与节约用水措施。一是确定用水上限,限制上游农业和部分工业取水;二是大力发展中水回用;三是优化用水过程,进行节水改造;四是实行雨污分流,加强雨水收集利用。落实《水污染防治行动计划》,加强区域水资源和生态环境保护。有序开发利用流域水资源,加强水利工程管理和监督,加大流域生态环境保护力度,严格执行"三条红线"用水总量控制、用水效率控制和水功能区限制排污的总量控制。

(5)组织与协调。明确生态流量调度管理职能部门在落实调度方案中的职责。各级主管部门应根据生态流量调度要求,建立相应的组织责任体系和协调机制,明确职责分工,做到分级管理、层层负责,建立多渠道、多方式、高效的协调机制,确保调度指令不折不扣地执行。

(6)监督检查。有关部门要按照职责分工,加强指导、协调和监督方案实施,严格执行调度指令,确保调令通畅,对突发事件及时报告和处理,使生态流量调度工作走向法制化、制度化。要把生态流量常规调度变成行之有效的行动计划和政策措施,务求取得扎实的成效。

(7)宣传和培训。相关部门要加强水生态保护和生态调度工作的宣传,充分认识调度的作用和意义,高度重视调度的组织与实施,做好调度相关工作人员的业务培训。

第 9 章　2002—2003 年南四湖生态调度

9.1　南四湖概况

9.1.1　自然地理

南四湖地处鲁南泰沂山前冲积平原与鲁西南黄泛平原的交界地带,南北介于黄河与废黄河之间,东与沂河、中运河流域为邻。位于东经 116°34′～117°21′、北纬 34°27′～35°20′。本流域东部为山地、丘陵及山前平原,西部为黄泛平原,地势西高东低,由于黄泛影响,地貌比较复杂。南四湖形如掌状,湖在掌心,河流如指,入湖各河洪水均向湖内集中。南四湖地处由西向东倾斜的黄河冲积扇和由东向西倾斜的泗河冲积扇结合的谷地,湖泊由西北向东南延伸,形如长带,湖盆浅平,北高南低。湖底高程南四湖上级湖为31.5～32.5 m,南四湖下级湖为 30.0～30.5 m。

南四湖由南阳湖、独山湖、昭阳湖、微山湖 4 个相连的湖泊组成,1958 年,在湖腰最窄处,即昭阳湖中部,修建了二级坝枢纽工程(简称二级坝),坝长 7.36 km。二级坝将南四湖一分为二,坝北(坝上)为上级湖,坝南(坝下)为下级湖。韩庄枢纽和蔺家坝枢纽以上流域面积约 31 180 km²,其中湖面面积 1 280 km²(上级湖湖面面积 609 km²,下级湖湖面面积 671 km²),是我国第六大淡水湖。具有蓄水、防洪、排涝、引水灌溉、城市供水、水产养殖、通航及旅游等多种功能。南四湖出口位于南四湖南部,洪水通过韩庄运河、伊家河、老运河和不牢河下泄入中运河。

南四湖上级湖包括南阳湖、独山湖及部分昭阳湖,南四湖下级湖包括微山湖及部分昭阳湖。南四湖上级湖流域面积为 27 439 km²,占全流域的 88%;南四湖下级湖流域面积为3 742 km²,占全流域的 12%。南四湖总库容 60.12 亿 m³,其中南四湖上级湖 25.32 亿 m³(设计水位 37.00 m,废黄河高程,下同),南四湖下级湖 34.80 亿 m³(设计水位 36.5 m)。南四湖上级湖兴利水位 34.5 m,相应库容 10.19 亿 m³;死水位 33.0 m,相应库容 2.25 亿m³。南四湖下级湖兴利水位 32.5 m,相应库容 8.39 亿 m³;死水位 31.5 m,相应库容 3.46亿 m³。南四湖基本特征值见表 9-1。

南四湖是浅水型湖泊,湖内水生植物繁茂。南四湖上级湖东西两侧,特别是大沙河河口以上,南四湖下级湖二级坝至鹿口河河口,生长有大量的芦苇和莲藕等水生植物。

南四湖汇集沂蒙山区西部及湖西平原各支流来水,经韩庄运河、伊家河及不牢河下泄入中运河。入湖支流共 53 条,其中南四湖上级湖 30 条、南四湖下级湖 23 条。

表 9-1　南四湖基本特征值

湖名	特征水位	水位(m)	容积(亿 m³)	水面面积(km²)
上级湖	最低生态水位	32.55	1.12	250
	死水位	33.00	2.25	389
	汛限水位	34.20	8.44	583
	正常蓄水位	34.50	10.19	594
	设计洪水位	37.00	25.32	609
下级湖	最低生态水位	31.05	1.75	241
	死水位	31.50	3.46	404
	汛限水位	32.50	8.39	582
	正常蓄水位	32.50	8.39	582
	设计洪水位	36.50	34.80	671

9.1.2　气象水文

9.1.2.1　气候特征

南四湖地区地处东亚季风气候区,属暖温带半湿润季风气候,具有四季分明、光照充足、雨热同季、降水集中、干湿交替、无霜期长、偶有灾害等特点。南四湖地区具有南北过渡带气候特征,夏季受西南季风和西太平洋副热带高压影响,高温多雨;冬季多偏北风,受极地大陆气团影响,多干冷天气;春、秋两季为大气环流调整期,春季易旱多风,回暖较快;秋季凉爽,但时有阴雨。空气湿度、温度、风向、风力、降水、蒸发等气候要素随季节变化较大。根据近 30 年资料统计,流域年平均气温 13.7 ℃。7 月气温最高,平均 26.8 ℃;1 月气温最低,平均 −1.27 ℃,近 10 年来气候变暖趋势明显,特别是冬季的气温近 10 年来较前 30 年偏高 1.4 ℃左右。

9.1.2.2　水文水资源

根据 1953—2012 年资料统计,南四湖地区多年平均降水量为 700 mm,其中湖西地区多年平均降水量为 690 mm,湖东地区多年平均降水量为 723 mm。南四湖地区多年平均汛期降水量(6—9 月)为 500 mm,占全年降水量的 71.4%。

南四湖地区 1980—2012 年多年平均水面蒸发量为 903 mm,其中湖西地区多年平均水面蒸发量为 853 mm,湖东地区多年平均水面蒸发量为 953 mm。

根据《淮河流域片水资源综合规划(1956—2000 年系列)》,南四湖流域多年平均水资源总量为 60.32 亿 m³,其中湖东区为 24.69 亿 m³、湖西区为 35.63 亿 m³。

南四湖流域多年平均地表水资源量为 26.3 亿 m³,其中湖西区为 15.6 亿 m³、湖东区为 10.7 亿 m³。南四湖流域多年平均地下水资源量为 37.66 亿 m³,其中湖东区为 8.22 亿 m³、湖西区为 29.44 亿 m³。

9.1.3　水旱灾害

受黄河夺泗夺淮的影响,南四湖地区水系被破坏,尾闾受阻,排洪不畅。历史以来,客水和当地水均造成了频繁水灾。南四湖地理上处于南北气候过渡带,降水的年际变化和年内变化都很剧烈。最小降水年份(1988 年)的降水仅为最大降水年份(2003 年)的41.9%。多年平均汛期(6—9 月)降水量占全年降水量的71.4%。

由资料统计可知,在 1308—1989 年的 682 年间,南四湖地区共发生局部和流域性水旱灾害 568 次,平均 1.2 年发生一次,其中水灾 250 次(包括黄河决口泛滥受灾 110 次)、旱灾 318 次。至今南四湖地区仍属于易旱易涝地区。

南四湖地区 20 世纪发生了 1935 年和 1957 年两次特大洪涝灾害。中华人民共和国成立以后,发生较大水灾的年份有 1951 年、1955 年、1956 年、1957 年、1958 年、1963 年、1964 年、1970 年、1971 年、1972 年、1973 年、1974 年、1985 年、1990 年、1991 年、1993 年、2003 年等。

9.1.3.1　旱灾情况

进入 20 世纪 70 年代,南四湖地区干旱年份有所增加,主要的干旱年份有 1978 年、1981 年、1982 年、1983 年、1986 年、1988 年、1989 年、1997 年、1998 年、1999 年、2000 年、2002 年,其中出现 6 次湖干,即 1988 年、1989 年、1997 年、1999 年、2000 年、2002 年。而1978 年、1982 年、1988 年、2002 年是中华人民共和国成立后的特大干旱年。

1. 1978 年旱灾

1978 年干旱时间长,春旱接夏旱,夏旱接秋旱。3 月 7 日至 6 月 25 日,南四湖地区110 d 没有降过一次透雨,河道断流 40 条,地下水位普遍下降 1 ~ 2 m,南四湖上级湖南阳站水位降至 32.58 m(6 月 23 日);南四湖下级湖韩庄站水位降至 30.39 m(6 月 24 日),湖内大面积干涸,无法引水灌溉。山东省济宁市微山县多处提水站失去水源,部分提水站出现提水困难,全县重旱面积 30 万亩,其中成灾面积 14.7 万亩,绝收面积 3 万亩;鱼台县全县大部分排灌站停机,16 条河道全部断流,受灾面积 12.56 万亩;铜山县 1—6 月降水很少,各主要河流断流,30 万亩农田严重受旱,粮食大幅度减产;沛县旱灾面积 76 万亩,粮食减产 490 万 kg。

2. 1982 年旱灾

1982 年是自 1978 年持续干旱以后旱情最为严重的一年,1—6 月降水量仅为 174.6mm。由于持续干旱,湖水位下降,7 月 12 日,二级坝闸上水位降至 31.64 m。南四湖上级湖、下级湖大面积干涸。山东省济宁市微山县断流河道 40 余条,多处提水站失去水源,781 眼机电井因地下水位下降而无法抽水,全县受旱面积 42 万亩,其中重旱 35 万亩,成灾 6.5 万亩,绝收 2.5 万亩,改种 2 万亩,全县 2.9 万人吃水困难;5 月下旬,鱼台县出现河干、沟干、坑干的"三干"状态;邹县受旱面积达 108 万亩,成灾 60 万亩,其中绝产 3 万亩;铜山县 3—5 月多干热风,河流普遍干涸,全县受灾面积 63 万亩,其中重灾 35 万亩;沛县旱灾面积 29 万亩,其中重灾 9 万亩,粮食减产 1 750 万 kg。

3. 1988 年旱灾

1988 年是继 1982 年大旱后的又一大旱年。全年降水稀少,河道断流,湖泊干涸,地下水位大幅度下降,水资源严重短缺。据南阳雨量站实测,全年降水量为 335.8 mm,其中 1—5 月降水量为 87.5 mm,6—9 月降水量为 209.5 mm,均大大少于往年。南四湖地区大面积干涸,南四湖上级湖仅航道及河沟有水,南四湖下级湖河道断流 40 余条,灾情严重。山东省济宁市微山县多处提水站失去水源,300 余眼机电井无法提水,全县受旱面积 32 万亩,其中成灾 10 万亩,绝收 1.2 万亩;邹县年降水量仅为 268.5 mm,为历年最少,全县 101 万亩农田全部受旱,成灾 50 余万亩;丰县旱灾面积 113 万亩;沛县旱灾面积 57 万亩;铜山县旱灾面积 104 万亩,30 多万人、50 多万头牲畜发生饮水困难,因干旱造成直接经济损失近 2 亿元;鱼台县 6 月河湖水源严重不足,种稻无水,全县种稻面积降至 15.1 万亩,成为 1970 年以来种稻面积最少的一年。

　　4. 2002 年旱灾

　　继 2001 年干旱后,2002 年淮河流域沂沭泗河水系又遭受了严重的干旱,汛期沂沭泗河水系降水量为自 1953 年有连续资料记录以来同期降水量最少的一年,较历史同期偏少 52.2% 。大部分河道干涸,水库、湖泊蓄水量严重不足。南四湖地区的生态系统遭受了严重破坏,水资源短缺,使工业、农业、航运、渔业等损失惨重,部分农村人口吃水和生活困难。据统计,山东省济宁地区部分企业停产、限产,秋粮绝产 53 万亩、减产 43.5 万 t,内河航运中断,渔业遭受灭顶之灾,造成 32 万农村人口吃水困难,直接经济损失达 30 亿元左右;菏泽地区受旱面积 640 万亩,重灾 192 万亩,绝产 37 万亩,94.2 万农村人口吃水困难,减产粮食 68.95 万 t,经济作物损失 4.15 亿元,工业经济损失 1.84 亿元,航运经济损失 3.8 亿元。

　　2002 年,南四湖流域平均降水量为 417 mm,较历史同期偏少 42% 。南四湖上级湖 7 月 16 日湖干,南四湖下级湖 8 月 29 日最低水位为 29.85 m。为了拯救南四湖地区濒临死亡的物种,保护湖内生物物种的延续和多样性,国家防汛抗旱总指挥部决定,紧急实施从长江向南四湖应急生态补水,累计向南四湖下级湖和上级湖补入水量分别为 0.6 亿 m^3 和 0.5 亿 m^3,有效地缓解了南四湖地区地表水资源紧缺的危机,保证了南四湖地区生态链的完整和生物物种的延续。

9.1.3.2　旱灾规律及特点

　　在 1400—1989 年的 590 年中,按受灾范围及灾害程度划分,其间发生大旱、特旱 54 次,平均 100 年间发生 11 次。最少的是 15 世纪,100 年间发生 4 次。最多的是 19 世纪,100 年间发生 14 次。间隔时间短、发生次数最多的是 20 世纪 80 年代,10 年间发生 6 次旱灾。10 年间发生次数最少的为 1 次,一般为 2 ~ 4 次。1588 年、1615 年、1640 年、1665 年、1721 年、1778 年、1814 年、1847 年、1876 年、1932 年、1966 年、1989 年这 12 次典型旱灾年是在 401 年内发生的,平均 33.4 年一次,间隔时间短的为 23 年,长的为 57 年,这些旱灾年的旱情都十分严重,基本上是流域性大旱。

　　南四湖地区近 600 年大旱、特大旱次数统计见表 9-2。

　　1308—1989 年,南四湖地区共发生较大和特大水灾 28 次,平均 100 年间发生 4 次。最多的是 18 世纪,100 年间发生 6 次;最少的是 15 世纪,100 年间发生 2 次。发生水灾的次数一般每 10 年 1 次,最多 2 次。大的水灾一般 36 年左右发生一次,特大水灾 70 年左右发生一次。间隔时间最长的是 120 年发生一次特大水灾。

表 9-2　南四湖地区近 600 年大旱、特大旱次数统计　　　　　（单位:次）

世纪	年代										
	1~10	11~20	21~30	31~40	41~50	51~60	61~70	71~80	81~90	91~100	累计
15	—	—	—	—	—	—	1	2	1	—	4
16	—	—	1	—	5	—	—	—	1	—	7
17	—	2	—	1	2	—	2	—	—	—	8
18	—	2	—	—	—	2	—	1	2	—	9
19	1	4	—	—	1	4	3	1	—	—	14
20	—	—	—	2	—	1	2	1	6	—	12
合计	1	8	4	3	9	5	8	6	10	—	54

南四湖地区近 700 年较大、特大水灾次数统计见表 9-3。

表 9-3　南四湖地区近 700 年较大、特大水灾次数统计　　　　　（单位:次）

世纪	年代										
	1~10	11~20	21~30	31~40	41~50	51~60	61~70	71~80	81~90	91~100	累计
14	1	—	2	—	—	—	—	—	—	—	3
15	—	—	—	—	—	1	—	1	—	—	2
16	—	—	—	—	—	2	1	—	—	—	3
17	—	—	—	2	1	—	—	—	2	—	5
18	2	—	1	—	2	—	—	1	—	—	6
19	—	1	—	1	1	—	1	—	—	1	5
20	—	—	—	—	1	1	—	—	—	—	4
合计	3	2	4	3	4	4	2	2	2	1	28

从近 700 年长系列水旱灾害记载资料分析,南四湖流域发生水旱灾害的基本特点是:除因黄河决溢造成的水灾外,水灾多为淫雨型和暴雨型;旱灾多于水灾,以旱灾为主;大的或特大的水旱灾害多是相互交替发生的,大旱后出现大水,大水后出现大旱。

9.1.4　水利工程

9.1.4.1　水库工程

南四湖湖东入湖河道上游山丘区建设的大型水库有尼山、西苇、岩马和马河共 4 座,中型水库有贺庄、龙湾套、华村、石嘴子和户主共 5 座。

根据淮河水利委员会防汛抗旱办公室编制的《淮河流域大型水库汛期调度运用计划》(2013 年 6 月)等资料,南四湖流域 9 座大中型水库总库容 8.14 亿 m^3,其中以岩马水库为最大,库容为 2.03 亿 m^3。9 座大中型水库总控制流域面积 1 514.2 km^2。

南四湖流域大型水库基本情况见表 9-4,中型水库基本情况见表 9-5。

表 9-4 南四湖流域大型水库基本情况

序号			1	2	3	4	合计
水库名称			尼山	西苇	岩马	马河	—
所在河流			泗河	白马河支流大沙河	城河	北沙河	—
流域面积(km²)			264.1	113.6	357.0	240.0	974.7
坝顶高程	设计(m)		130.52	111.80	135.20	115.87	—
	现有(m)		130.59	111.82	135.20	116.50	—
防浪墙顶高程(m)			131.59	112.82	136.20	116.50	—
溢洪道顶高程(m)			120.20 124.59	106.06	122.00	105.00	—
下游河道安全泄量(m³/s)			500	132	800	500	—
全赔高程(m)			124.59	106.06	128.00	112.85	—
移民高程(m)			127.59	108.22	130.00	112.85	—
兴利水位(m)			124.59	106.06	128.00	111.00	—
历史最高水位(m)			124.95	107.08	129.06	111.96	—
防洪标准	频率(%)	设计	1	1	0.1	1	—
		校核	0.01	0.01	0.01	0.02	—
		现有	0.01	0.1	0.5	0.02	—
	洪峰流量(m³/s)	设计	2 200	1 520	4 148	2 381	—
		校核	4 640	4 215	5 621	5 653	—
		现有	4 640	1 671	3 115	5 653	—
	最高水位(m)	设计	125.98	108.78	131.11	112.51	—
		校核	127.91	111.03	132.55	114.75	—
		现有	127.91	109.38	130.09	114.75	—
	相应库容(亿 m³)	设计	0.852	—	—	—	—
		校核	1.128 0	1.019 4	2.031 0	1.380 0	—
		现有	1.128 0	0.821 7	—	1.380 0	—
	最大泄量(m³/s)	设计	1 031	100	1 928	889	—
		校核	1 591	628	2 456	1 314	—
		现有	1 591	382	1 573	1 314	—
主坝坝型			均质土坝	黏土心墙砂壳坝	黏土心墙砂壳坝	黏土心墙砂壳坝	—

续表 9-4

序号		1	2	3	4	合计
防洪保护城镇、铁路、人口、耕地等		津浦、兖石铁路;兖州城区、兖州煤田;保护人口 25 万人、耕地 32 万亩	津浦铁路;邹城市 3.2 km;邹城电厂;保护人口 30 万人、耕地 20 万亩	滕州城区、湖东煤田 25 km;京沪铁路、京福高速公路 25 km;保护人口 50 万人、耕地 40 万亩	津浦铁路;滕州市;湖东煤田;保护人口 50 万人、耕地 40 万亩	—
汛限水位	6月20日至8月15日 水位(m)	123.59	106.06	126.00	108.00	—
	库容(亿 m³)	0.579 0	0.487 6	0.850 0	0.401 4	—
	8月16日至9月30日 水位(m)	124.590	106.060	128.00	108.50	—
	库容(亿 m³)	0.685 0	0.487 6	1.137 0	0.448 5	—

表 9-5　南四湖流域中型水库基本情况

编号	1	2	3	4	5	合计
水库名称	贺庄	龙湾套	华村	石嘴子	户主	—
所在地点	山东泗水	山东泗水	山东泗水	山东枣庄	山东滕州	—
所在河流	泗河	济河	黄沟河	新薛河	城郭河	—
控制流域面积(km²)	174.0	143.0	129.0	49.5	44.0	539.5
竣工时间(年-月)	1976-01	1960-03	1960-05	1982	1960-07	—
主坝最大坝高(m)	25.0	24.7	26.3	34.4	15.0	—
主坝坝顶高程(m)	156.0	154.9	158.6	212.9	128.9	—
泄洪道最大泄量(m³/s)	1 235.0	3 420.0	1 235.0	765.0	568.0	—
校核水位(m)	152.5	152.7	156.4	209.6	126.8	—
校核库容(m³)	0.83	0.52	0.68	0.21	0.24	2.48
汛末水位(m)	145.0	149.9	151.0	208.0	123.0	—
汛限水位(m)	145.0	148.0	149.0	—	123.0	—

9.1.4.2　堤防工程

南四湖堤防工程包括湖西堤工程与湖东堤工程。

9.1.4.3　水利枢纽工程

南四湖水利枢纽工程包括二级坝枢纽工程、韩庄枢纽工程、蔺家坝枢纽工程。

1. 二级坝枢纽工程

二级坝枢纽工程于 1958 年秋后开始兴建,东起常口老运河西堤,西至顺堤河东堤,全长 7 360 m,主要包括拦湖土坝及溢流坝,第一、二、三、四节制闸,微山船闸和微山二线船闸,二级坝泵站。二级坝枢纽各工程位置示意见图 9-1。

图 9-1　二级坝枢纽各工程位置示意

1)拦湖土坝及溢流坝

拦湖土坝为均质土坝,长 4 010 m,中间建设有溢流坝,设计流量为 2 100 m³/s。设计洪水位 37.0 m,设计坝顶高程 39.0 m,实达 38.2 m。

2)第一节制闸

该闸 1960 年 5 月建成,开敞式,共 39 孔,1998 年进行改建,现为大型三级水闸,设计流量 8 000 m³/s。设计正常蓄水位闸上 34.5 m、闸下 33.0 m,设计行洪水位闸上 36.87 m、闸下 36.2 m,校核洪水位闸上 38.33 m、闸下 38.15 m,死水位闸上 33.5 m、闸下 31.5 m。

3)第二节制闸

1967 年建第二节制闸,1985 年 5 月至 1986 年 1 月改建,闸门共 55 孔,每孔净宽 5 m。设计闸上游水位 36.33 m、闸下游水位 36.22 m,过闸流量 3 300 m³/s。

4)第三节制闸

第三节制闸 1970 年 11 月开工,1972 年上半年完工。2000 年改建为大型三级水闸,设计闸上游水位 36.87 m,设计泄流量 4 620 m³/s,闸门 84 孔,孔口尺寸 6 m×4.5 m,底板高程 30.50 m,闸顶高程 38.70 m,装有 84 台 2×8 t 启闭机,闸门为钢筋混凝土平板闸门。

5）第四节制闸

1972 年 4 月，在二级坝西湖腰扩大深槽处兴建第四节制闸，1975 年 3 月建成。设计洪水位与第一节制闸相同，设计泄量 4 320 m³/s。闸门每孔净宽 6 m，共 134 孔，总宽 982.05 m。

6）微山船闸

微山船闸原称曲房船闸，位于湖西堤东侧，上闸首长 24.5 m，底高程 28 m；下闸首长 24 m，底高程 26.5 m；闸室长 230 m，净宽 20 m，最大水深 5 m。按南四湖上级湖水位 35.5 m、下级湖水位 31.5 m 最大级差 4 m 设计。设计防洪水位上游为 37.0 m、下游为 36.8 m。

7）微山二线船闸

微山二线船闸建设工程于 2003 年 10 月底开工，2007 年 12 月 25 日通航。微山二线船闸工程位于山东省济宁市微山县南四湖二级坝航运水利枢纽上，距离济宁市 78 km，距离韩庄船闸 52 km。规划建设的微山二线船闸轴线西距 1 号节制闸 440 m，整个船闸闸室长 234 m、宽 23 m，门槛水深 5 m，设计年单向通行能力为 2 160 万 t。

8）二级坝泵站

二级坝泵站是南水北调东线第一期工程的第十级泵站，其主要任务是从南四湖下级湖向上级湖提水，实现南水北调东线第一期工程向山东省供水的目标。

二级坝泵站设计输水流量为 125 m³/s，设计净扬程 3.21 m，装机 5 台套后置式灯泡贯流泵（4 用 1 备），单机流量 31.5 m³/s，单机功率 1 650 kW，总装机容量 8 250 kW，多年平均设计装机利用时间 4 364 h，年调水量为 16.87 亿 m³。

2. 韩庄枢纽工程

韩庄枢纽工程包括韩庄节制闸、伊家河节制闸、伊家河船闸（已废弃）、老运河节制闸、胜利渠首闸、韩庄船闸和韩庄泵站等，是蓄、泄、航、灌和公路交通综合利用的大型水利枢纽工程。韩庄枢纽各工程位置示意见图 9-2。

1）韩庄节制闸

韩庄节制闸位于山东省微山县韩庄镇，是南四湖洪水经韩庄运河南下的关键性控制工程。1960 年建成 17 孔老闸，1980 年在老闸两侧各扩建 7 孔新闸，新老闸共 31 孔，总宽 435.6 m。设计流量 2 050 m³/s，相应闸上水位 33.50 m、闸下水位 33.25 m；校核流量 4 600 m³/s，相应闸上水位 36.80 m、闸下水位 36.49 m。

2）伊家河节制闸

伊家河节制闸位于韩庄节制闸南侧伊家河接微山湖的出口处，1957 年 12 月开工，1958 年 8 月建成。1998 年改建为中型 5 级水闸，共 3 孔，孔口尺寸 7 m×5.0 m，底板高程 28.6 m，闸顶高程 33.6 m，安装 3 台 2×10 t 启闭机，闸门为平板钢闸门。设计闸上游水位 33.5 m 时，下泄流量 200 m³/s；设计闸上游水位 36.0 m 时，下泄流量 400 m³/s。

3）伊家河船闸

伊家河船闸于 1968 年 2 月动工兴建，1970 年 10 月建成。该船闸位于伊家河节制闸北侧，闸室长 120 m、宽 10 m，设计通航水位 31.5 m，闸下水位 30.5 m，通航水位差 2.2 m，设计年通过能力 220 万 t，按 6 级航道通航。该船闸现已废弃。

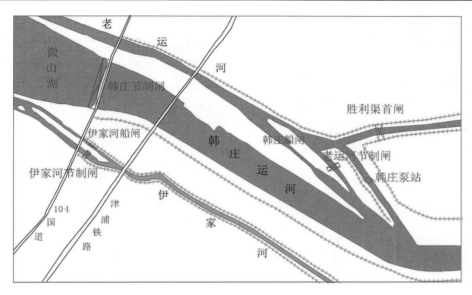

图 9-2 韩庄枢纽各工程位置示意

4）老运河节制闸

老运河节制闸位于山东省枣庄市峄城区曹庄乡八里沟老运河与韩庄运河交汇处,位于山东省济宁市微山县韩庄镇境内,距下游湖口约 3.1 km。工程综合特性:设计近期当微山湖水位 33.5 m 时,泄洪 250 m³/s;当微山湖水位 36.0 m 时,泄洪 500 m³/s。按远期微山湖水位 36.8 m 时,泄洪 570 m³/s。闸室长度 19.5 m,闸底板高程上游 28.0 m、下游 26.5 m,门顶高程 37.5 m。

5）胜利渠首闸

胜利渠首闸位于韩庄运河左岸,老运河节制闸上游 80 m 处,是以灌溉为主的小型闸坝。此闸是胜利渠灌区引用微山湖水灌溉的咽喉,是微山湖到胜利渠之间唯一的控制闸门,控制向胜利渠灌区供水,主要作用是控制胜利渠的引水流量。1977 年 3—5 月兴建,共 7 孔,每孔净宽 3 m,孔高 4 m,闸身总宽 29 m,为平板钢闸门,设计闸上水位 32.0 m,设计流量 80 m³/s,设计灌溉面积 41 万亩,有效灌溉面积 30 万亩。

6）韩庄船闸

韩庄船闸位于山东省济宁市微山县韩庄镇,距微山湖 3 km。船闸设计年通航能力 2 600 万 t,可通过由 2×1 000 t 顶推船队和 500 t 级拖带船队编组的船队。1997 年 5 月 21 日开工,2000 年 3 月 20 日竣工。

7）韩庄泵站

韩庄泵站是南水北调东线第一期工程的第九级抽水梯级泵站,也是山东省境内的第三级泵站。其位于山东省枣庄市峄城区古邵镇八里沟村西,该泵站枢纽距南四湖下级湖约 3 km,站下进水渠接韩庄运河,站上出水渠接老运河入南四湖的下级湖。

韩庄泵站枢纽工程设计洪水标准为设计 100 年一遇、校核 300 年一遇。

设计标准:5 台后置灯泡式贯流泵(4 用 1 备),单机设计输水流量 31.25 m³/s,总输水流量 125 m³/s,总装机容量 9 000 kW。

3. 蔺家坝枢纽工程

蔺家坝枢纽工程位于徐州市以北 18 km,铜山区蔺家坝村西北,蔺山和张谷山之间,上接微山湖,下通不牢河,是南四湖的又一出口。该枢纽由蔺家坝节制闸、蔺家坝船闸、蔺家坝复线船闸和蔺家坝泵站等工程组成。蔺家坝枢纽各工程位置示意见图 9-3。

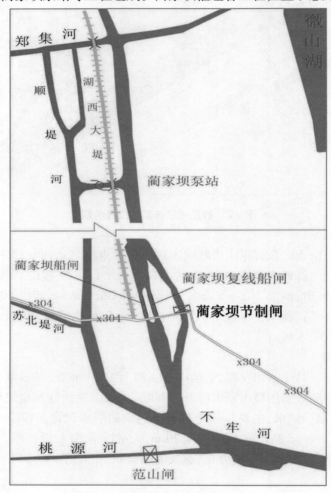

图 9-3　蔺家坝枢纽各工程位置示意

1) 蔺家坝节制闸

蔺家坝节制闸位于妈妈山脚下,1959 年建成,1999 年改建,为中型 4 级水闸。蔺家坝节制闸闸门共 13 孔,其中西部 9 孔用于泄洪及引水,孔口尺寸 3 m×3.7 m;东部 3 孔为发电孔,孔口尺寸 3.7 m×3.2 m;最东侧一孔用于城子湖排水,孔口尺寸 3 m×2.4 m。闸底板高程 28.4 m,闸顶高程 40.0 m,安装 12 台 16 t 启闭机,闸门为平板钢闸门。设计闸上游水位 31.8 m 时,相应闸下水位 31.6 m,灌溉引水流量 172.5 m³/s;设计闸前水位 35.5 m 时,相应闸下水位 33.91 m,设计泄流量 500 m³/s。

2）蔺家坝船闸

蔺家坝船闸位于蔺家坝节制闸西侧、张谷山北,距蔺家坝节制闸 315 m。船闸上闸首负担防洪任务,与现有大坝之间建有挡洪堤。

3）蔺家坝复线船闸

蔺家坝复线船闸设计桩号为 0K～4K+235,位于一线船闸和蔺家坝节制闸之间面积约 15 万 m² 的江心洲上。船闸等级为 Ⅱ 级,最大设计船型为 1 顶 2×2 000 t 级船队,船闸有效尺度为 23 m×260 m×5 m(口门宽度×有效长度×槛上水深),其轴线与一线船闸轴线平行,轴线间距 70 m。上下闸首采用钢筋混凝土实体底板和箱形边墩组成的整体式结构,闸室采用钢筋混凝土整体式结构。船闸主要部位建筑标准为:上下闸首 1 级,闸室 2 级,导航、靠船结构 3 级,堤防 1 级。2013 年 1 月工程建成。

4）蔺家坝泵站

蔺家坝泵站为南水北调东线山东、江苏省省界工程,是南水北调东线一期工程的第九级泵站,位于江苏省徐州市铜山区境内。工程布置在郑集河口以南湖西堤以西的顺堤河滩地上,其主要任务是实现通过不牢河线从骆马湖向南四湖调水的目标。

蔺家坝泵站防洪设计标准:站身按不牢河 100 年一遇水位 33.89 m,防洪闸按南四湖 100 年一遇水位 36.82 m。防洪校核标准:站身按不牢河 300 年一遇水位 34.39 m,防洪闸按南四湖 300 年一遇水位 37.49 m。排涝标准:站下按顺堤河 5 年一遇排涝水位 31.70 m 设计,顺堤河 10 年一遇排涝水位 32.20 m 校核。第一期工程新建蔺家坝,设计流量 75 m³/s,设计水位站上 33.30 m、站下 30.90 m,设计扬程 2.40 m,平均扬程 2.08 m,泵站装机 4 台(其中 1 台备用)机组,为 2800ZGQ-2.5 灯泡贯流泵,总装机容量 5 000 kW。

9.1.4.4　滞洪区工程

南四湖滞洪区位于南四湖湖东堤东侧。湖东滞洪区包括泗河—青山(简称白马片)、埕斛—城漷河(简称界漷片)及新薛河—郗山(简称蒋集片)3 片,滞洪区域为地面高程在 1957 年设计洪水位以下至湖东堤之间的区域。滞洪区面积为 232.13 km²,相应滞洪容积为 3.68 亿 m³。

南四湖上级湖泗河—青山、埕斛—城漷河 2 片滞洪区在水位达到 37.20 m 时,滞洪区淹没面积为 198.50 km²,滞洪区淹没库容为 3.01 亿 m³;南四湖下级湖新薛河—郗山片滞洪区在水位达到 36.70 m 时,滞洪区淹没面积为 33.63 km²,滞洪区淹没库容为 0.67 亿 m³。

湖东滞洪区设计总进洪流量为 1 300 m³/s,其中新建进洪闸进洪流量为 540 m³/s,结合利用沟口涵闸进洪流量为 760 m³/s。

9.1.4.5　调水工程

1. 引黄工程

南四湖湖西地区的引黄工程西起河南省兰考县三义寨乡,东至山东省国那里村,共有 17 处引黄口门,全部为农业用水。设计取水流量 1～141 m³/s 不等,17 处引黄口门设计取水流量之和为 651 m³/s,最大取水口门为三义寨。

2007—2014 年,17 处引黄口门合计年平均取水量为 12.1 亿 m³。

南四湖引黄口门基本情况见表9-6。

表9-6　南四湖引黄口门基本情况

序号	口门名称	口门所在地	取水方式	设计取水流量（m³/s）	灌溉面积（万亩）	2007—2014年平均年取水量（万m³）	2007—2014年最大年取水量（万m³）
1	三义寨	河南省开封市兰考县三义寨乡	自流	141	326	—	—
2	北滩干渠	河南省开封市兰考县坝头乡	自流	5	3.13	—	—
3	闫潭	山东省菏泽市东明县焦园乡	自流	50	120	33 869	44 420
4	新谢寨	山东省菏泽市东明县沙窝乡	自流	50	80	22 138	38 950
5	谢寨	山东省菏泽市东明县沙窝乡	自流	30	36.3	8 968	20 650
6	西堡城	山东省菏泽市东明县沙窝乡	自流	1	0.6	—	—
7	高村	山东省菏泽市东明县菜园集乡	自流	15	12.1	2 400	4 950
8	刘庄	山东省菏泽市牡丹区李村镇	自流	80	80	15 509	20 850
9	苏泗庄	山东省菏泽市鄄城县临濮镇	自流	50	60.53	12 769	13 640
10	旧城	山东省菏泽市鄄城县旧城镇	自流	50	19.78	3 296	4 874
11	芦井	山东省菏泽市鄄城县李进士堂镇	抽提	1	0.3	—	—
12	郭集	山东省菏泽市鄄城县左营乡	抽提	1	0.76	—	—
13	苏阁	山东省菏泽市郓城县李集乡	自流	50	44.7	13 448	23 980
14	杨集	山东省菏泽市郓城县李集乡	自流	30	23.11	3 498	5 396
15	陈垓	山东省济宁市梁山县黑虎庙镇	自流	50	30	3 440	6 056
16	蔡楼	山东省济宁市梁山县赵堌堆乡	抽提	2	0.28	—	—
17	国那里	山东省济宁市梁山县小路口镇	自流	45	30	1 662	5 122
合计		—	—	—	—	120 997	—

2. 南水北调东线工程

南水北调东线工程是在江苏省江水北调工程(抽取长江水 400 m³/s)的基础上扩大规模并延长输水线路。

从江苏省扬州附近的长江干流引水,利用京杭大运河以及与其平行的河道输水,连通高邮湖、洪泽湖、骆马湖、南四湖、东平湖,并作为调蓄水库,经泵站逐级提水进入东平湖后,分水两路,一路向北穿黄河后自流到天津;另一路向东经新辟的胶东地区输水干线接引黄济青渠道,向胶东地区供水。从长江至东平湖设 13 个梯级抽水站,总扬程 65 m。南水北调东线工程一期工程位置见图 9-4,输水干线纵断面示意见图 9-5,泵站设计规模及梯级组合情况见表 9-7。

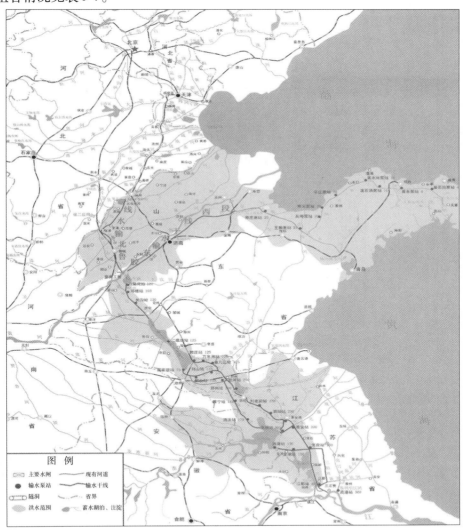

图 9-4　南水北调东线工程一期工程位置

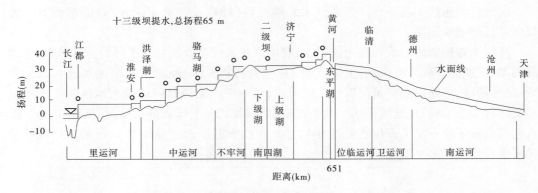

图 9-5　南水北调东线工程输水干线纵断面示意

表 9-7　南水北调东线一期工程泵站设计规模及梯级组合情况

梯级	梯级规模（m³/s）	泵站名称		设计规模（m³/s）			所在河道
		现有	新建	现状	新增	合计	
一	500	江都站	—	400	—	400	里运河
		—	宝应站	—	100	100	潼河
二	450	淮安一站	—	50	—	300	里运河
		淮安二站	—	100	—		
		淮安三站	—	50	—		
		—	淮安四站	—	100		新河
		—	金湖站	—	120	150	金宝航道
三	450	淮阴一站	—	120	—	300	总渠
		淮阴二站	—	80	100		京杭运河
		—	淮阴三站	—	150	150	总渠
		—	洪泽站	—	—		三河
四	350	泗阳一站	—	(100)	—	230	中运河
		泗阳二站	—	66	—		
		—	泗阳站	—	164		
		—	泗洪站	—	120	120	徐洪河
五	340	刘老涧一站	—	150	—	230	中运河
		—	刘老涧二站	—	80		
		睢宁一站	—	50	—	110	徐洪河
		—	睢宁二站	—	60		

续表 9-7

梯级	梯级规模 (m³/s)	泵站名称		设计规模（m³/s）			所在河道
		现有	新建	现状	新增	合计	
六	275	皂河一站	—	200	—	275	中运河
		—	皂河二站	—	75		
		—	邳州站	—	100	100	徐洪河
七	250	刘山一站	—	(50)	—	125	不牢河
		—	刘山站	—	125		
		—	台儿庄站	—	125	125	韩庄运河
八	250	解台一站	—	(50)	—	125	不牢河
		—	解台站	—	125		
		—	万年闸站	—	125	125	韩庄运河
九	200	—	蔺家坝站	—	75	75	顺堤河
		—	韩庄站	—	125	125	韩庄运河
十	125	—	二级坝站	—	125	125	南四湖
十一	100	—	长沟站	—	100	100	梁济运河
十二	100	—	邓楼站	—	100	100	梁济运河
十三	100	—	八里湾站	—	100	100	柳长河

注:资料来源于《南水北调东线第一期工程可行性研究总报告》。

东线工程从长江引水,有三江营和高港 2 个引水口门,三江营是主要引水口门。高港在冬春季节长江低潮位时,承担经三阳河向宝应站加力补水任务。从长江至洪泽湖,由三江营抽引江水,分运东和运西两线,分别利用里运河、三阳河、苏北灌溉总渠和淮河入江水道送水。洪泽湖至骆马湖,采用中运河和徐洪河双线输水。新开成子新河和利用二河从洪泽湖引水送入中运河。骆马湖至南四湖,有 2 条输水线:中运河—韩庄运河、中运河—不牢河。南四湖内除利用湖西输水外,须在部分湖段开挖深槽,并在二级坝建泵站抽水入南四湖上级湖。南四湖以北至东平湖,利用梁济运河输水至邓楼,建泵站抽水入东平湖新湖区,沿柳长河输水送至八里湾,再由泵站抽水入东平湖老湖区。穿黄位置选在解山和位山之间,包括南岸输水渠、穿黄枢纽和北岸出口穿位山引黄渠 3 部分。穿黄隧洞设计流量 200 m³/s,需在黄河河底以下 70 m 打通一条直径 9.3 m 的倒虹隧洞。江水过黄河后,接小运河至临清,立交穿过卫运河,经临吴渠在吴桥城北入南运河送水到九宣闸,再由马厂减河送水到天津北大港水库。从长江到天津北大港水库输水主干线长约 1 156 km,其中黄河以南 646 km,穿黄 17 km,黄河以北 493 km。

胶东地区输水干线工程西起东平湖,东至威海市米山水库,全长 701 km。自西向东可分为西、中、东 3 段,西段即西水东调工程;中段利用引黄济青渠段;东段为引黄济青渠道以东至威海市米山水库。东线工程规划只包括兴建西段工程,即东平湖至引黄济青段

240 km 河道,建成后与山东省胶东地区应急调水工程衔接,可替代部分引黄水量。

9.2　旱情分析

9.2.1　天气成因

2002 年 1—4 月沂沭泗流域平均气温持续偏高,导致蒸发量增大。4 月下旬开始,北方冷空气活动有所加强,平均气温转为正常状态。4—5 月副热带高压较常年偏强,但主雨带位于淮河流域的南部地区和长江流域,沂沭泗流域高空主要受干冷的偏西气流或西风带弱高压控制,降水偏少。

2002 年汛期副热带高压前期偏弱,降水位置偏南,后期副热带高压偏强并控制沂沭泗流域,降水位置偏西,其间副热带高压进退速度快,从而使有利于南四湖流域降水的天气形势稳定时间变短,这是造成 2002 年汛期南四湖流域出现严重干旱的主要天气成因。

6 月副热带高压总体偏弱,南四湖流域只受减弱的西风槽尾部影响,降水偏少。流域常年梅雨期为 6 月 22 至 7 月 10 日,但 2002 年的梅雨期仅 9 d(6 月 19—27 日),主要表现为江淮梅雨。梅雨雨量少,整个梅雨期间,南四湖流域平均雨量超过 5 mm 的降水只有 1 d。

7—8 月是南四湖流域的多雨季节,但 2002 年 6 月底至 7 月 20 日副热带高压一直偏弱,暖湿气流输送不到流域的北部地区。7 月 22 日开始副热带高压逐渐增强,沂沭泗流域出现了一次较大的降水过程,但南四湖流域降水时间短、雨量小。7 月 27 日开始,副热带高压逐渐控制沂沭泗流域,至 8 月 5 日,始终晴热无雨。8 月 6 日开始,副热带高压迅速减弱,主雨带南压,至 19 日,南四湖流域降水以零星阵雨为主。8 月 22—26 日,副热带高压又开始增强,沂沭泗流域出现中到大雨,但持续时间短。随后,副热带高压很快南退,控制了淮河流域。

9—12 月,暖湿气流位置偏南,淮河流域为季节性少雨阶段。9 月中旬以前,大陆副热带高压控制淮河流域,南四湖流域滴雨未下。9 月 11 日至 12 月 1 日,沂沭泗流域只出现 3 次小到中雨的降水过程,时间分别是 9 月 12—14 日、9 月 20—21 日、10 月 17—19 日,其他时间均为局地零星小阵雨。9 月 1 日至 12 月 1 日,南四湖流域的平均降水量只有 50 mm。

常年汛期有 1~2 个台风直接或间接影响沂沭泗流域,带来一定的雨水补给,但 2002 年没有 1 个台风直接或间接给南四湖流域带来中等以上的降水。

9.2.2　水资源情势

9.2.2.1　雨情

2002 年南四湖流域降水量严重偏少,流域年平均降水量为 417 mm,较常年偏少42%。

非汛期(1—5 月)流域平均降水量为 156 mm,比常年同期偏多 14%,较历史干旱年 1978 年、1982 年、1988 年稍偏多。10—12 月,流域平均降水量为 43 mm,比常年同期偏少38%,少于历史干旱年 1978 年、1982 年,略多于 1988 年。

汛期(6—9 月)流域平均降水量为 218 mm,比常年同期偏少 58%,与历史干旱年 1978 年、1982 年、1988 年相比,分别偏少 319 mm、210 mm 和 48 mm(见表 9-8)。

表 9-8 南四湖流域 2002 年与历史干旱年降水量比较 (单位:mm)

降水量	1—5 月	6 月	7 月	8 月	9 月	10—12 月	汛期	全年
1978 年	66	99	278	130	30	62	537	665
1982 年	98	46	179	154	49	90	428	616
1988 年	103	15	200	35	16	35	266	404
2002 年	156	85	56	39	38	43	218	417
多年平均值	137	94	200	150	69	69	513	719
2002 年距平(%)	14	−10	−72	−74	−45	−38	−58	−42

由于降水日不连续且降水量不大,未能形成明显的洪水过程,因此形成的径流也相应很小,再加上人类活动的影响,加剧了南四湖流域自 7 月以来的持续干旱。

9.2.2.2 水情

2002 年南四湖流域各河道均未发生明显汛情。

1. 流量

南四湖主要入湖河道有洙赵新河、万福河、东鱼河、复新河、沿河、十字河、城河、泗河、洸府河、梁济运河等。2002 年,各入湖河道年最小流量均为 0,全部断流,与历史干旱年 1978 年、1982 年、1988 年相同。南四湖最大的山洪河道——泗河最大流量仅为 2.54 m³/s。上、下级湖各出流水闸均未泄洪。

2. 径流量

2002 年南四湖上、下级湖总来水量为 2.27 亿 m³,其中下级湖仅为 0.01 亿 m³。上、下级湖总来水量只占多年平均总来水量(23.02 亿 m³)的 9.9%。

2002 年南四湖主要入湖河道控制站梁山闸、孙庄、鱼城、丰王庄及沛城闸站年径流量均为 0(沛城闸与 1988 年相同),与历史干旱年 1978 年、1982 年、1988 年相比,均为最小;官庄站年径流量为 0.009 亿 m³,小于历史干旱年 1978 年、1982 年、1988 年,与常年同期相比偏少 50%;滕州站年径流量为 0,小于历史干旱年 1978 年、1982 年、1988 年;书院站年径流量为 0.327 亿 m³,小于 1978 年、1982 年,大于 1988 年,比常年同期偏少 91%;黄庄站年径流量为 0.226 亿 m³,小于 1978 年,大于 1982 年、1988 年,比常年同期偏少 79%;后营站年径流量为 1.031 亿 m³,小于历史干旱年 1978 年、1982 年、1988 年,比常年同期偏少 82%。

2002 年汛期(6—9 月),梁山闸、孙庄、鱼城、丰王庄、沛城闸、及滕州站来水量均为 0(沛城闸与 1988 年相同),官庄站来水量 0.009 亿 m³,与历史干旱年 1978 年、1982 年、1988 年相比,均为最小;书院站来水量为 0.100 亿 m³,小于 1978 年、1982 年,大于 1988 年;黄庄站来水量为 0,小于 1978 年,与 1982 年、1988 年相同;后营站来水量为 0.176 亿 m³,与历史干旱年 1978 年、1982 年、1988 年相比,为最小(见表 9-9)。

表 9-9　2002 年和典型干旱年南四湖流域主要控制站径流量统计

河名	站名	年份	汛期(6—9 月)径流量(亿 m³)	年径流量(亿 m³)	年径流量距平(%)	汛期(6—9 月)径流量占年径流量比例(%)
洙赵新河	梁山闸	1978	4.514	5.172	—	87
		1982	5.038	6.055	—	83
		1988	0.201	0.237	—	85
		2002	0.000	0.000	−100	—
		多年平均	—	4.100	—	—
万福河	孙庄	1978	0.973	0.971	—	100
		1982	0.343	0.350	—	98
		1988	0.022	0.022	—	100
		2002	0.000	0.000	−100	—
		多年平均	—	2.848	—	—
东鱼河	鱼城	1978	4.000	4.163	—	96
		1982	4.214	4.541	—	93
		1988	0.047	0.145	—	33
		2002	0.000	0.000	−100	—
		多年平均	—	3.658	—	—
复新河	丰王庄	1978	2.257	2.258	—	100
		1982	0.038	0.038	—	100
		1988	0.076	0.076	—	100
		2002	0.000	0.000	—	—
		多年平均	—	—	—	—
沿河	沛城闸	1978	0.323	0.397	—	81
		1982	0.029	0.114	—	25
		1988	0.000	0.000	—	—
		2002	0.000	0.000	—	—
		多年平均	—	—	—	—
十字河	官庄	1978	0.810	1.003	—	81
		1982	0.265	0.385	—	69
		1988	0.348	0.442	—	79
		2002	0.009	0.009	−100	100
		多年平均	—	1.876	—	—

续表 9-9

河名	站名	年份	汛期(6—9月)径流量(亿 m^3)	年径流量(亿 m^3)	年径流量距平(%)	汛期(6—9月)径流量占年径流量比例(%)
城河	滕州	1978	0.273	0.410	—	67
		1982	0.072	0.161	—	45
		1988	0.104	0.221	—	47
		2002	0.000	0.000	−100	—
		多年平均	—	1.441	—	—
泗河	书院	1978	1.211	1.599	—	76
		1982	0.196	0.432	—	45
		1988	0.085	0.155	—	55
		2002	0.100	0.327	−91	31
		多年平均	—	3.469	—	—
洸府河	黄庄	1978	0.371	0.372	—	100
		1982	0.000	0.000	—	—
		1988	0.000	0.000	—	—
		2002	0.000	0.226	−79	—
		多年平均	—	1.063	—	—
梁济运河	后营	1978	2.841	2.841	—	100
		1982	2.088	2.195	—	95
		1988	1.135	1.734	—	65
		2002	0.176	1.031	−82	17
		多年平均	—	5.771	—	—

3. 水位

由于连续枯水,自 2001 年起,南四湖的蓄水一直很少,只在汛后上、下级湖水位稍高于死水位。

2002 年南四湖上级湖南阳站在死水位(33.00 m)以下运行 285 d,比历史干旱年 1978 年、1982 年、1988 年分别多 285 d、243 d 和 3 d。1 月 1 日水位 33.43 m,仅高于死水位 0.43 m;6 月 1 日水位 32.81 m,低于死水位 0.19 m;7 月 15 日水位降至 32.00 m,湖水基本干枯,为历史最低水位(历史第 2 低为 32.11 m,1988 年 9 月 12 日);7 月 16 日发生湖干,这是历史上发生的第 5 次湖干(历史湖干时期:1988 年 9 月至 1989 年 1 月,1989 年 12 月至 1990 年 2 月,1993 年 6 月下旬,2000 年 6 月中、下旬)。

2002 年南四湖下级湖微山岛站年最高、最低、平均水位分别为 31.51 m、29.85 m、30.75 m,与 1978 年相比,分别低 1.74 m、1.25 m、1.66 m;与 1982 年相比,分别低 1.09

m、1.04 m、0.89 m;与1988年相比,分别低1.02 m、1.45 m、1.18 m。在死水位(31.50 m)以下运行长达356 d,与历史干旱年1978年、1982年、1988年相比,分别多301 d、199 d、260 d(见表9-10)。1月1日水位31.48 m,低于死水位0.02 m;6月1日水位31.05 m,低于死水位0.45 m;8月25日降至29.85 m,接近干枯,为2002年最低水位,较历史最低水位高0.64 m(历史最低为29.21 m,2000年6月19日)。

表9-10　2002年和历史干旱年南四湖水位及在死水位以下运行时间统计

站名	年份	年水位(m)			死水位以下运行天数(d)
		最高	最低	平均	
上级湖南阳	1978	35.64	33.27	34.98	0
	1982	35.13	32.80	34.29	42
	1988	34.06	32.13	部分湖干	282
	2002	33.46	湖干	部分湖干	285
下级湖微山岛	1978	33.25	31.10	32.41	55
	1982	32.60	30.89	31.64	157
	1988	32.53	31.30	31.93	96
	2002	31.51	29.85	30.75	356

4. 地下水

2002年汛期及汛后长期干旱少雨,且持续高温,造成蒸、散发量加大,农田失墒严重,南四湖流域地下水位大幅下降。济宁市地下水平均埋深10.2 m,较常年增加4.15 m,其中济北山前平原地区地下水平均埋深达13.1 m,济宁市中区地下水平均埋深达26.1 m,湖区地下水平均埋深达5.40 m。全流域近6万眼机井出现抽空吊泵现象。农民自备压水井几乎全部报废,生活用水受到严重威胁。

为真实反映补水前湖区地下水埋深情况,选择分布于南四湖湖东二级坝上游至韩庄闸之间的33号、40号、67号、76号井所测得的2002年12月1日地下水资料,分析湖区地下水埋深情况。33号井设立于1975年6月,位于山东省微山县欢城镇淹子口站内,二级坝上游,东经117°01′,北纬34°54′,该井附近地面高程34.42 m,其地下水埋深变化能够反映上级湖地下水的变化情况(见表9-11);40号井设立于1975年6月,位于山东省微山县付村乡前寨村东南50 m,东经117°05′,北纬34°52′,该井附近地面高程35.53 m;67号井设立于1975年6月,位于山东省微山县韩庄镇华桥村西北50 m,东经117°21′,北纬34°39′,该井附近地面高程49.59 m;76号井设立于1985年5月,位于山东省微山县夏镇刘庄村东200 m,东经117°06′,北纬34°49′,该井附近地面高程34.71 m。测井位置见图9-6。

2001年1月1日,33号、40号、67号、76号井的地下水平均埋深为2.77 m,2002年1月1日平均埋深增加到3.5 m,2002年12月1日平均埋深增加到5.1 m。4口井地下水埋深变化能够真实地反映南四湖补水前地下水位逐渐下降的情况(见表9-11)。

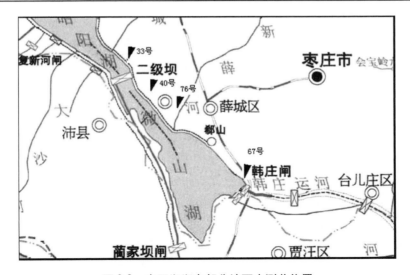

图 9-6   南四湖湖东部分地下水测井位置

表 9-11   南四湖湖东部分地下水埋深情况对照

时间 (年-月-日)	井号（位置）	33 号 （淹子口）	40 号 （前寨村）	67 号 （华桥村）	76 号 （刘庄村）	平均
2001-01-01	地下水埋深（m）	2.07	3.87	1.18	3.95	2.77
	地下水位（m）	32.35	31.65	48.41	30.76	35.79
2002-01-01	地下水埋深（m）	3.13	4.53	1.49	4.85	3.50
	地下水位（m）	31.29	30.99	48.10	29.86	35.06
2002-12-01	地下水埋深（m）	3.21	6.49	3.49	7.19	5.10
	地下水位（m）	31.21	29.04	46.10	27.52	33.47

9.2.2.3   大型水库及湖泊蓄水量

2002 年 1 月 1 日至 10 月 1 日，南四湖流域大型水库（5 座）及湖泊蓄水量大幅下降。由于实施引黄济湖和从长江应急生态补水，2003 年年初南四湖蓄水量才有所增加。

2002 年 1 月 1 日，南四湖流域大型水库及湖泊蓄水量为 9.436 亿 m^3，6 月 1 日减少到 4.687 亿 m^3，10 月 1 日继续减少，蓄水量仅为 0.810 亿 m^3，9 个月减蓄 8.626 亿 m^3。由此可见，这一期间降水量之少、耗水量之大。历史干旱年 1988 年 1—9 月湖、库减蓄 7.838 亿 m^3，可见前 9 个月旱情很重，但不及 2002 年。2002 年 1 月 1 日、6 月 1 日、10 月 1 日蓄水量比 1978 年和 1982 年同期分别少蓄 7.391 亿 m^3、0.594 亿 m^3、20.271 亿 m^3 和 5.825 亿 m^3、0.057 亿 m^3、17.804 亿 m^3，比 1988 年同期分别少蓄 0.343 亿 m^3、-0.822 亿 m^3、1.131亿 m^3（见表 9-12）。从流域大型水库、湖泊蓄水量减少的程度来分析，2002 年的旱情超过 1978 年、1982 年和 1988 年。

9.2.3   灾情

2002 年南四湖流域的旱情持续时间之长、受灾范围之广、经济损失之大、影响程度之深,都是历史上罕见的。

表9-12　2002年和历史干旱年南四湖流域大型水库及湖泊蓄水量统计

湖库名	蓄水量(亿 m³)							
	2002年 1月1日	2002年 6月1日	2002年 10月1日	2003年 1月1日	1978年 1月1日	1978年 6月1日	1978年 10月1日	1979年 1月1日
贺庄水库	0.164	0.081	0.043	0.026	0.128	0.050	0.131	0.099
西苇水库	0.233	0.146	0.068	0.053	0.119	0.031	0.217	0.193
尼山水库	0.361	0.207	0.095	0.058	0.305	0.048	0.319	0.233
马河水库	0.330	0.215	0.033	0.016	0.314	0.080	0.573	0.561
岩马水库	0.638	0.408	0.331	0.308	0.441	0.062	0.441	0.434
五库合计	1.726	1.057	0.570	0.461	1.307	0.271	1.681	1.520
南四湖	7.710	3.630	0.240	0.601	15.520	5.010	19.400	18.320
湖库合计	9.436	4.687	0.810	1.062	16.827	5.281	21.081	19.840

湖库名	蓄水量(亿 m³)							
	1982年 1月1日	1982年 6月1日	1982年 10月1日	1983年 1月1日	1988年 1月1日	1988年 6月1日	1988年 10月1日	1989年 1月1日
贺庄水库	0.087	0.033	0.046	0.034	0.098	0.040	0.031	0.014
西苇水库	0.035	0.003	0.010	0.016	0.085	0.058	0.042	0.032
尼山水库	0.021	0.010	0.017	0.010	0.013	0.003	0.008	0.004
马河水库	0.034	0.015	0.059	0.080	0.147	0.091	0.058	0.025
岩马水库	0.064	0.013	0.072	0.105	0.546	0.223	0.232	0.114
五库合计	0.241	0.074	0.204	0.245	0.889	0.415	0.371	0.189
南四湖	15.020	4.670	18.410	21.260	8.890	3.450	1.570	1.350
湖库合计	15.261	4.744	18.614	21.505	9.779	3.865	1.941	1.539

9.2.3.1　流域内工、农、航、渔、旅游业损失惨重,部分农村人口吃水和生活困难

据统计,山东省济宁地区因缺水造成部分企业停产、限产;农业秋粮绝产353.33 km²、减产粮食43.5万t,内河航运中断;渔业遭受灭顶之灾;32万农村人口吃水困难,旱灾造成直接经济损失30亿元左右。山东省菏泽地区受旱面积4 266.67 km²,重旱1 280 km²,绝产246.67 km²,94.2万农村人口吃水困难,15.7万头大牲畜饮水困难,全年因旱灾减产粮食68.95万t,经济作物损失4.15亿元,工业经济损失1.84亿元。江苏省徐州市出现春旱、夏旱连秋旱的严重旱情。春季受旱面积2 466.67 km²,秋熟作物受旱面积一度达2 866.67 km²。丰县、沛县旱情尤为严重,特别是沛县,266.67 km² 水稻全靠"东水西送"水源抗旱。菏泽市秋播作物受旱面积2 333 km²,2 020 km² 秋播三麦中有1 041.33 km² 为造墒播种,其中仅丰县就有533.33 km² 秋播作物为造墒播种。

持续干旱给流域第三产业的发展带来了严重影响。自 7 月 9 日京杭运河宣布断航以后,水运业船只停航造成的经济损失在 3.8 亿元以上;由于湖干,旅游资源受到严重破坏,旅游社会总收入减少 0.4 亿元以上。

由于湖干,近 10 万渔、湖民失去生产、生活门路;有 20 多万人不同程度地缺粮,地处高亢山区的部分农民遇到严重的吃粮、吃水和越冬困难;滞留在航道内的运输户的生产、生活也十分困难。

9.2.3.2 干旱使流域自然生态环境受到重大破坏,给社会事业发展带来严重影响

干旱造成南四湖地区地下水位急剧下降,加重了地面沉降等地质灾害。菏泽地区地下水平均埋深 6.35 m,较年初增加了 1.18 m,最大埋深已达 18.85 m,漏斗区的面积已由年初的 1 478 km² 增加到 5 090 km²,扩大近 3.5 倍,漏斗区面积已占该市土地面积的一半左右。济宁地区地下水平均埋深 10.2 m,较常年增加了 4.15 m,济宁市中区地下水平均埋深已达 26.1 m,漏斗区的面积已扩展到 5 220 km²。在南四湖湖区,干湖造成鱼虾贝类大量死亡,水生经济植物大面积减少,湖内自然生态环境受到毁灭性破坏,在短时间内难以恢复。

严重旱灾不仅对流域的经济造成了重大损失,而且对流域社会事业的发展和进步也造成了严重影响。严重旱灾不仅对 2002 年,而且对以后一个时期的各项工作都会带来较大困难,也给流域内的城市建设、招商引资、对外开放、旅游业开发以及社会稳定产生不利影响。

9.2.4 引水情况

2002 年南四湖流域自黄河实际引水水量为 12.1 亿 m³,其中菏泽、济宁地区分别引水 8.0 亿 m³ 和 4.1 亿 m³。

菏泽地区有引黄闸 9 处,总设计流量 415 m³/s,设计灌溉面积 48.407 万 hm²,补源面积 13.173 万 hm²。近几年,山东省规划分配给该地区黄河水 10 亿 m³(此前为 15 亿 m³),1982—2001 年实际引黄水量平均为 13.4 亿 m³。2002 年后每年实际引黄水量都小于 10.0 亿 m³。2002 年实际引黄水量为 8.0 亿 m³。

济宁地区 2002 年 4—5 月与 8—10 月分别实施了两次引黄济湖:第一次后营站实测过水水量 0.47 亿 m³,第二次该站实测过水水量 0.91 亿 m³,合计入湖水量仅为 1.4 亿 m³,而上游实际引黄水量 4.1 亿 m³。

为了改善流域蓄水不足的状况,江苏省江(淮)水北调工程自 2002 年 1 月开始阶段性地向北翻水。2002 年 1—10 月,通过皂河翻水站进入沂沭泗流域的翻水量达 9.28 亿 m³,通过徐洪河沙集翻水站进入沂沭泗流域的翻水量达 2.5 亿 m³。截至 2002 年 10 月底,整个沂沭泗流域接受流域外引水 23.88 亿 m³。可以想象,如果没有这些外来引水,南四湖乃至整个沂沭泗流域的旱情将会更加严重。

9.2.5 旱情成因分析

造成 2002 年干旱的原因主要有以下几点:

(1)汛期降水量严重偏少是造成南四湖流域 2002 年特大干旱的最直接原因。

2002 年南四湖流域汛期降水量仅为 218 mm,较常年同期偏少 58%,其中南四湖北部地区汛期降水量较常年同期偏少 80%,由此造成了南四湖流域 2002 年的特大干旱。

(2)多季连旱是造成南四湖流域 2002 年特大干旱的主要原因之一。

2001 年汛初至 2002 年汛末,南四湖流域降水持续偏少,造成南四湖蓄水量逐渐减少,直至湖泊干涸。2001 年汛末,南四湖蓄水量 9.69 亿 m³,为正常汛末蓄水量的 56.9%;2002 年汛初,蓄水量减至 3.63 亿 m³;进入汛期,雨量偏少,2002 年汛末,蓄水量减至 0.24 亿 m³,仅为历史干旱年 1988 年汛末蓄水量的 15%。由此可知,多季连旱是造成南四湖流域 2002 年特大干旱的主要原因之一。

(3)人类活动的影响。

由于经济的发展、人口数量的不断增加以及城市范围的不断扩大等,导致了用水量的大幅度增加。

(4)南四湖周边地区无序用水和农业灌溉效率不高是造成南四湖水位急剧下降乃至最后湖干不可忽视的因素。

南四湖周边河道大部分没有控制工程,缺少水资源计量和监控设施,无序引水、吃"大锅水"、水质性缺水(水体受到污染)等现象十分突出,这些都不同程度地加快了湖泊水位的下降速度;农业灌溉耗水量大,用水效率不高,是近年来南四湖屡屡发生湖干问题不可忽视的因素。

9.3　生态调水前期工作

9.3.1　国家防汛抗旱总指挥部的决定

2002 年 11 月 28 日,由国家防总办公室主持,水利部淮河水利委员会、江苏省水利厅、山东省水利厅等单位参加,在北京召开了向南四湖应急生态补水协商会议。与会同志一致认为,2002 年南四湖干涸不仅给湖区经济发展造成损失,给城乡人民生活带来困难,而且给湖区生态造成了严重影响,向南四湖实施应急生态补水,加强湖区周边用水管理,拯救濒临死亡的物种,改善生态环境是必要的。会议就补水目标、补水方案、补水费用及补水管理进行了商定和责任分工。

9.3.1.1　补水目标

通过向南四湖补水,使南四湖形成一定水面,湖内深水航道、河汊补充一定水量,维持最低的生态用水要求,以保护南四湖生物物种延续和多样性。

9.3.1.2　补水方案

1.补水线路

利用江苏省江水北调工程补水,由京杭运河沿线各泵站逐级抽水入下级湖。下级湖至上级湖的取水方式由山东省确定。

2.补水规模

根据补水目标和南四湖区内地形情况,确定补水规模:向南四湖下级湖补水 1.1 亿 m³,其中入上级湖 0.5 亿 m³。

3.补水时间

从 2002 年 12 月 8 日起,引长江水入下级湖,历时约 50 d;向上级湖抽水时间由淮委与苏、鲁两省协商确定。

4.补水计量

入下级湖和上级湖的水量,由淮委负责计量,江苏、山东两省参加。入下级湖的计量断面由淮委与江苏、山东两省协商确定。

9.3.1.3　补水费用

本次补水费用总共 3 000 万元。经协商,山东省承担 1 000 万元,中央补助 1 000 万元,其余由江苏省承担。

9.3.1.4　补水管理

(1)由淮委牵头,江苏、山东两省水利厅及沂沭泗水利管理局(简称沂沭泗局)参加,成立应急补水协调领导小组,负责组织、协调补水及湖区周边用水管理工作。

(2)在 2003 年汛期到来之前,禁止从南四湖内引水,以免造成再次干涸。淮委要加强检查、监督,尤其要加大现场巡查力度。江苏、山东两省要加强境内沿湖所有引水口门和沿湖泵站的管理工作,实行地方行政首长负责制,保证南四湖生态用水。

(3)补水结束后,山东省立即负责拆除所建临时取水工程和机泵。

(4)江苏、山东两省分别督促有关市、县落实所辖范围内的具体管理措施,淮委要加强督促检查。

(5)其他技术及管理事宜由淮委与江苏、山东两省协商解决。

9.3.2　淮委、沂沭泗局的决定

9.3.2.1　淮委的决定

根据国家防汛抗旱总指挥部《关于实施从长江向南四湖应急生态补水的通知》(国汛电〔2002〕12 号)要求,经研究,由淮委与江苏、山东两省水利厅及沂沭泗水利管理局共同组织成立南四湖应急生态补水协调领导小组。淮委以淮委防办明电〔2002〕49 号文下发了《关于成立南四湖应急生态补水协调领导小组的通知》。

9.3.2.2　沂沭泗局的决定

为认真贯彻国家防汛抗旱总指挥部《关于实施从长江向南四湖应急生态补水的通知》(国汛电〔2002〕12 号)精神,做好南四湖生态补水的检查、监督工作,经研究,成立沂沭泗水利管理局南四湖应急生态补水工作领导小组。沂沭泗水利管理局以沂局防办〔2002〕21 号文下发了《关于成立沂沭泗水利管理局南四湖应急生态补水工作领导小组的通知》。

9.3.3　江苏省防汛防旱指挥部、山东省水利厅的决定

9.3.3.1　江苏省防汛防旱指挥部的决定

为贯彻落实国家防总的决定,确保补水任务的顺利实施,江苏省防汛防旱指挥部(简称江苏省防指)制订了《向南四湖应急生态补水水量调度方案》,以苏防电传〔2002〕86 号文下发了《关于做好向南四湖应急生态补水工作的通知》。通知要求如下:

(1)高度重视向南四湖应急生态补水工作。实施向南四湖应急生态补水,体现了国

家对湖区人民群众生活的高度关心,也是保护生态环境,实现人与自然和谐相处、水资源可持续利用的有效措施。要充分认识这项工作的重要意义。为加强领导,江苏省水利厅成立了领导小组。有关各市也要加强领导,成立组织,落实专门人员,明确职责分工。

(2)抓紧做好各项准备。本次实施向南四湖应急生态补水要认真按照补水方案,抓紧做好各项准备工作,确保补水方案的顺利实施。

(3)切实加强沿线用水管理。沿运河各地要采取有效措施,切实加强用水管理,严格计划用水。抗旱用水应尽量提用当地河沟水源解决。要落实沿线每一个用水口门的看管责任人,严禁擅自开闸放水和小水电发电。漏水涵洞要迅即采取堵漏措施,减少水源浪费。要顾全大局,严肃防汛抗旱纪律,服从统一调度,确保调度方案中规定的市界流量和相关河段水位。

(4)加强有关泵站、水闸的运行管理。2002年,为支持淮北地区抗旱,江水北调各站已长期开机运行,设备受到不同程度的损耗。有关管理处和徐州市要加强对泵站、水闸的维护管理,确保补水期间的安全运行。一旦发生故障,要全力组织抢修,尽快恢复正常运行。

(5)合理安排原南四湖供水区抗旱水源,强化沿湖周边用水管理。为保持生态补水效果,根据国家防总要求,2003年汛前徐州市不得引用南四湖水。因此,徐州市要认真研究2003年汛前原南四湖供水区的抗旱水源解决方案,制定强化南四湖周边用水管理措施,报江苏省防指备案。如遇特殊情况确需从南四湖引水时,应提前向江苏省防指提出书面申请,待批准后方可实施。

(6)有关各市和管理处防办要加强值班,发现问题及时处理,并报江苏省防指办公室。

附件

向南四湖应急生态补水水量调度方案

江苏省防汛防旱指挥部

2002年南四湖地区持续干旱,南四湖蓄水几近干涸,南四湖地区经济遭受重大损失,给湖区人民群众生活用水造成困难,特别是对湖区生态环境造成极为不利的影响。为保护南四湖生态环境,根据国家防总《关于实施从长江向南四湖应急生态补水的通知》(国汛电〔2002〕12号)要求,从2002年12月8日起,引长江水入下级湖,补水量1.1亿 m^3,其中入上级湖0.5亿 m^3,为此,省防指制定《向南四湖应急生态补水水量调度方案》。

1. 补水线路

根据江水北调工程现状,补水线路有两条,即大运河线(江都站—淮安站—淮阴站—泗阳站—刘老涧—皂河站—刘山站—解台站—沿湖站)和徐洪河线(沙集站—刘集站—单集站—大庙站)。本次补水采用大运河线,徐洪河线作为补水期间徐州市少量用水的备用方案,酌情采用。

2. 补水时间

2002 年 12 月 8 日至 2003 年 1 月 6 日。

3. 补入下级湖水量

补入水量为 1.1 亿 m³。

4. 补水流量安排

按照苏水管〔2002〕127 号文《关于下达苏北地区 2002 年 10—12 月供水计划的通知》和当前补湖补库需要,安排江水北调沿线各站抽水流量。

(1)里运河段。江都站抽江水流量为 250 m³/s,其中分配扬州市水量 951 万 m³(平均用水流量为 4 m³/s);通过大引江闸向总渠送水流量为 26 m³/s(部分供给大套站抽水),分配给盐城市总渠沿线用水量 915 万 m³(平均用水流量为 4 m³/s)。

(2)总渠运东闸以上段。淮安站抽水流量为 160 m³/s,分配淮安市用水量 1 000 万 m³(平均用水流量为 4 m³/s)。

(3)二河段。淮阴站抽水流量为 120 m³/s,二河闸放水流量为 120 m³/s,分配淮安市盐河灌区、淮涟灌区、二河区间用水量为 1 915 万 m³(平均用水流量为 7 m³/s),分配宿迁市淮沭河沿线用水量 1 620 万 m³(平均用水流量为 6 m³/s),分配连云港市用水量为 7 780 万 m³(平均用水流量为 30 m³/s),其中补给石梁河水库流量为 15 m³/s,淮阴闸流量为 60 m³/s(含向宿迁、连云港两市供水流量为 36 m³/s)。

(4)中运河泗阳至皂河段。泗阳站流量为 140 m³/s,刘老涧站流量为 120 m³/s,分配宿迁市沿运用水 1 680 万 m³(平均用水流量为 7 m³/s)。

(5)皂河以上段。皂河站流量为 120 m³/s,分配徐州市沿骆马湖用水量 1 130 万 m³(平均用水流量为 4 m³/s)。

考虑当前微山湖水情和大运河解台闸上水位要求,刘山、解台、沿湖等站抽水流量分两个阶段。

第一阶段,在微山湖水位低于 30.8 m 时,刘山站抽水流量 60 m³/s,解台站直接入湖流量 47 m³/s,估计历时 25 d。

第二阶段,在微山湖水位高于 30.8 m 时,刘山站抽水流量 42 m³/s,解台站抽水流量 30 m³/s,沿湖站入湖流量 25 m³/s(考虑部分备机),估计历时 5 d。

5. 补水责任

为保证南四湖应急生态补水方案的顺利实施,江水北调沿线各市和省属水利工程管理单位要切实加强领导,严格落实责任制,按计划用水。各市要确保送出相应的流量。

(1)扬州市保证泾河断面北送流量大于 190 m³/s。

(2)淮安市保证竹络坝断面北送流量 140 m³/s,保持杨庄闸上水位不低于 10.8 m。

(3)宿迁市保证皂河站抽水流量 20 m³/s,保证皂河闸下水位不低于 18.0 m。

(4)徐州市保证第一阶段解台站抽水流量 47 m³/s、第二阶段沿湖站补入微山湖流量 25 m³/s。

(5)江水北调沿线省属有关水利工程管理单位要确保机组运行正常,按省防指指令开机翻水;要千方百计克服机组运行中遇到的困难,出现故障要全力抢修,尽快恢复正常运行。

9.3.3.2　山东省水利厅的决定

山东省水利厅以鲁水人字〔2002〕58 号文下发了《山东省水利厅关于成立南四湖应急生态补水工作领导小组的通知》,决定成立应急补水工作领导小组,具体负责贯彻落实水利部、淮委有关补水的各项指示精神,组织、协调和监督山东省的有关工作。

附件

关于南四湖应急生态补水情况的报告

山东省人民政府防汛抗旱指挥部办公室

淮委防汛抗旱办公室:

在各方积极努力下,2002 年 12 月 8 日在江苏省徐州市解台闸举行了开闸放水启动仪式,南四湖应急生态引水正式启动。下面将我省有关工作情况汇报如下:

一、前期工作

2002 年,我省南四湖地区遭受了百年一遇的特大干旱,湖内蓄水由去年汛末的 12 亿 m³ 急剧下降为 0.2 亿 m³,降至历史最低水平,整个湖泊几近干涸,给南四湖地区经济发展造成严重损失,给湖区人民群众生产生活造成严重困难,特别是对湖区生态环境造成极为不利的影响。南四湖的干涸引起了党中央、国务院和山东省委、省政府领导的高度重视。9 月 25 日,温家宝副总理在视察我省抗旱工作时特别对南四湖生态保护工作做出重要指示。原山东省委书记吴官正、省长张高丽也多次指示有关部门,采取有效措施,尽最大努力保护南四湖生态环境。

遵照温家宝副总理和省委、省政府领导的指示精神,省水利厅及济宁市积极开展了南四湖保生态和引江补湖方案的论证工作。省防办先后四次派出工作组进行调研,与省淮河局等部门编制了《南四湖应急保生态方案》和《向南四湖应急调引长江水方案》,并召集部分水利专家对方案进行了论证审查。济宁市层层建立了抗旱责任制,采取有效措施狠抓南四湖生态环境的保护和恢复工作,并紧急实施了引黄补湖工程,缓解了上级湖部分湖区生态资源继续恶化的局面,但由于调引黄河水量有限,蒸发损失大,绝大部分湖区仍不能解决生态环境用水问题。

面对南四湖的严峻形势,省委、省政府高度重视,11 月 25 日,省长办公会议研究决定,在我省财力比较紧张的情况下,拿出资金用于应急调引长江水,以保护南四湖生态环境,挽救湖区野生自然资源。为尽快实施南四湖应急生态补水,陈延明副省长先后 5 次召集有关部门进行协调。在国家防总、水利部和江苏省的大力支持下,南四湖应急生态补水得以顺利实施,确定从 12 月 8 日开始,紧急实施从长江向南四湖应急生态补水,计划入下级湖水量 1.1 亿 m³,其中入上级湖水量 0.5 亿 m³。我省将自行负责建设临时泵站向上级湖翻水。

二、组织领导

为切实做好各项引水工作,确保补水工作顺利进行,最大限度地发挥补水的生态效益,按照部、委的统一部署,我省水利厅、济宁市、微山县分别成立了应急生态补水的组织领导机构。

省水利厅成立了以刘勇毅副厅长任组长的应急引水工作领导小组,省防办副主任于国平、省淮河局书记何庆平任副组长,下设办公室,具体负责贯彻落实水利部、淮委有关补水的指示精神,组织、协调和监督我省有关补水的各项工作。

济宁市成立了南四湖应急生态补水领导小组,李广生副市长任组长,下设办公室,具体由微山县负责组织实施。

微山县成立了由县长任指挥,县委、县人大、县政府、县政协分管领导任副指挥,县直有关部门和调水沿线乡镇政府主要负责人为成员的调水工程指挥部,全面负责调水工程的组织实施。其中水利局负责设置临时泵站,疏通清理引河及输水道,修建导蓄设施,管理抽水机构日常运行工作;供电局负责架设供电线路,提供电力保证;航运局负责疏导输水道和航道内船只,清除湖内航道阻水障碍;建设局负责清理城区内老运河内漂浮物和河坡上的垃圾,并负责解决通往运河上的排水管网的临时排水问题。有关乡镇政府负责搞好工程迁占协调和地方群众工作,为工程实施创造良好的工作环境。指挥部下设办公室和工程技术、迁占协调、治安保卫、后勤保障四个工作组。各部门分工明确,各司其职,各负其责,层层落实责任,确保工程顺利实施。

三、临时应急工程

按照国家防总和淮委的统一部署,我省将自行负责从下级湖向上级湖调水 0.5 亿 m³。根据现场勘察,设计翻水工程以老运河作为输水道,利用已建成的三孔桥翻水站(设计流量 4 m³/s)和在夏镇航道河上设置的临时泵站(设计流量 10 m³/s)翻水,入老运河后自流北上,从淹子口涵洞进入上级湖。入湖后,由小航道进入湖内三级航道向周边深水域和河汊扩散。主要工程有临时泵站、输水道、导蓄工程等。

临时泵站:站址位于夏镇航道河入湖口与滨湖公路桥之间,距公路桥 400 m,布置潜水泵,设计流量 10 m³/s。建设拦河围堰,设计堤顶高程为 34.5 m。

输水道:分 3 部分。一是老运河输水道,长 18.4 km。已动用 12 部挖掘机、42 台铲运机对老运河杨闸—大王庙段 5 km 河道进行综合治理。二是三孔桥引河,主要作用是从京杭运河引水至三孔桥翻水站,长 1.4 km。设计运用 6 部挖掘机对其清淤疏滩。三是夏镇航道河输水段,长 2 km,今年初已投资 500 万元对其进行了综合治理。

导蓄工程:为集中蓄水,防止水从小新河、老薛河、房庄河等支河外溢,需筑堰围蓄,在老运河上淹子口涵洞上游 100 m 处筑拦水围堰,避免水继续北上消耗。同时设置湖内导蓄工程,清除湖中航道内的阻水障碍物,保证输水畅通。

四、资金筹措

我省第 97 次省长办公会议对南四湖应急生态补水经费进行了落实。计划今年从省计委人畜吃水补助资金中安排 500 万元,争取近期到位;其余部分明年从省财政中予以安排。目前,济宁市财政也已筹集资金 300 万元用于应急生态补水,争取在最短时间内完成临时泵站建设,尽快开始向上级湖翻水。

此次应急生态补水时间紧、任务重。按照省委、省政府的统一部署,在陈延明副省长亲自协调下,省防办、省淮河局及济宁市、微山县各有关部门正在积极开展工作,团结协作,认真落实各项调水事宜,力争于12月20日前做好向上级湖应急翻水的各项准备工作,以保证本次生态补水工作圆满完成。

山东省人民政府防汛抗旱指挥部办公室

二〇〇二年十二月十一日

9.3.4　补水线路概况

9.3.4.1　南四湖下级湖补水线路

根据江苏省防指《向南四湖应急生态补水水量调度方案》,确定采用大运河线,即自下游里运河、中运河、大运河及京杭运河不牢河段作为本次向南四湖应急生态补水的输水线路,通过江都、淮安、淮阴、泗阳、刘老涧、皂河、刘山、解台八级翻水站将长江、淮河水翻引至徐州市解台闸闸上,再通过蔺家坝船闸自流入湖(见图9-7)。江都翻水站装机容量53 000 kW,设计流量400 m³/s;淮安翻水站装机容量19 800 kW,设计流量250 m³/s;淮阴翻水站装机容量8 000 kW,设计流量160 m³/s;泗阳翻水站装机容量15 600 kW,设计流

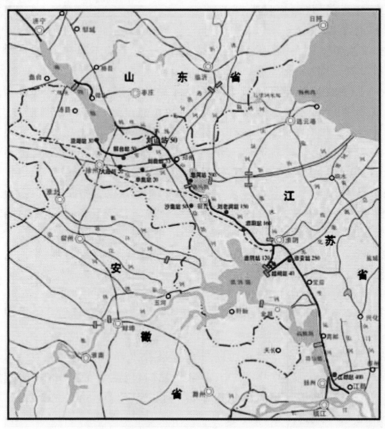

图9-7　南四湖应急生态补水线路

量160 m³/s;刘老涧翻水站装机容量8 800 kW,设计流量150 m³/s;皂河翻水站装机容量14 000 kW,设计流量200 m³/s;刘山翻水站装机容量9 460 kW,设计流量80 m³/s;解台翻水站装机容量6 160 kW,设计流量50 m³/s。

9.3.4.2 上级湖补水线路

根据现场勘察,设计由下级湖翻水入上级湖的翻水工程以老运河作为输水水道,利用已建成的三孔桥翻水站(设计流量4 m³/s)和在夏镇航道河上设置的临时泵站(设计流量10 m³/s)翻水。夏镇航道临时泵站翻水后经航道河向东由微山造纸厂附近船闸汇入老运河,与昭阳镇三孔桥翻水站水流汇合后,在微山县造纸厂附近老运河桥沿老运河自流北上,从二级坝以北约2 km的淹子口涵洞进入上级湖。补水入湖后,由小航道进入湖内三级航道并向周边深水水域和河汊扩散(见图9-8)。三孔桥至老运河输水道长18.4 km。主要工程有三孔桥翻水站、临时泵站、输水道、导蓄工程等。

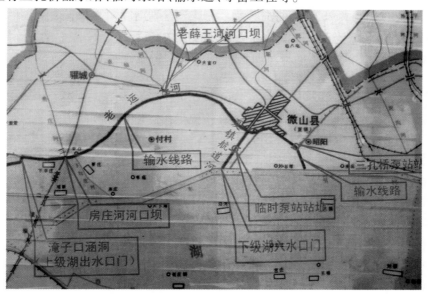

图9-8 向上级湖应急生态补水线路

三孔桥翻水站位于微山县昭阳镇三孔桥,设计两台机组,设计水泵扬程12 m,设计翻水流量4.0 m³/s。三孔桥翻水站通过引河从京杭运河引微山湖水至三孔桥,引河长1.4 km。

临时泵站位于夏镇航道河入湖口与滨湖公路桥之间,距公路桥400 m,靠湖口较近,场地宽阔,引水条件好。设计安装水泵10组,水泵设计扬程10 m,设计翻水流量10.0 m³/s。拦河围堰设计堤顶高程为34.5 m,顶宽6 m,内外边坡1:1.5;出水池位于河口外22 m处,两侧对称布置,渠底高程31.0 m,底宽5 m,边坡1:1.5,砌石护底护坡,出水池每侧长223 m。夏镇航道河输水段长2 km。

输水道分3部分:一是老运河输水道,长18.4 km。已用挖掘机和铲运机对老运河杨闸—大王庙段5 km河道进行了综合治理;二是三孔桥引河,长1.4 km,主要作用是从京杭运河引水至三孔桥翻水站,已用6台挖掘机对其进行了清淤疏滩;三是夏镇航道河输水段,该段长 2 km,2002 年初投资 500 万元对其进行了综合治理。

导蓄工程:为集中蓄水,防止水从小新河、老薛河、房庄河等支河外溢,在老运河上淹子口涵洞上游 100 m 处筑拦水围堰,围蓄补水,避免继续北上消耗。同时设置湖内导蓄工程,清除湖中航道内的阻水障碍物,保证输水畅通。

9.3.5　计量方案制订

9.3.5.1　计量方案制订

为了贯彻落实国汛电〔2002〕12 号文及《南四湖应急生态补水会议纪要》的精神,2002年 12 月 2—4 日,淮委水文局在江苏省徐州市主持召开了"南四湖应急生态补水计量技术方案制订工作会议"(简称计量工作会议)。参加会议的有江苏、山东省水文水资源勘测局,江苏省徐州水文水资源勘测局,山东省济宁水文水资源勘测局,以及淮委沂沭泗水利管理局等单位的代表共 28 人。与会代表实地察看了调水入下级湖、上级湖的控制口门等,并就南四湖应急生态补水计量技术方案进行了认真讨论,会议取得了以下重要成果:

(1)淮委水文局,沂沭泗局水情通信中心,江苏、山东省水文水资源勘测局等单位的代表表示,一定要克服困难,继续弘扬流域团结治水的传统,发扬水文人"团结、求实、进取、奉献"的精神,圆满完成国家防总交给的应急生态补水的计量任务。

(2)会议经过认真讨论,制订了"南四湖应急生态补水计量技术方案"。

(3)会议建议在实施应急生态补水时,要加强对水质的监测,加强对南四湖沿湖各河道的巡测等。同时请上级主管部门将监测经费纳入调水成本,以保证调水计量监测工作的正常进行。

9.3.5.2　计量工作安排

为了做好应急生态补水的计量工作,淮委水文局2002 年 12 月 2—4 日在徐州主持召开的计量工作会议上,对生态补水计量监测任务进行了明确分工:江苏省徐州水文局负责入下级湖控制口门蔺家坝船闸处的计量监测,山东省济宁水文局负责下级湖向上级湖补水监测断面的计量监测。会上,还按照规范要求对计量监测的计量站网和观测项目,临时水文站的选址、设立和人员组成,水位观测、流量施测方法,水情拍报的段次,计量信息的报送和资料整编等进行了安排。为了做到计量的公平、公正,苏、鲁两省水文部门互派人员参加对方的监测工作。

9.3.5.3　计量断面选定

为了圆满完成南四湖应急生态补水计量监测任务,确保计量监测精度,提高应急生态补水计量监测成果质量,根据国家标准《河流流量测验规范》要求,应选择河段顺直、断面规则、水流稳定、对水量有控制作用,且又能兼顾工作人员生活、交通和通信等条件的断面作为补水计量的监测断面。

2002 年 11 月 30 日,江苏省水文局联合徐州水文水资源勘测局围绕下级湖补水线路,先后对解台、蔺家坝水利枢纽、沿湖翻水站、二级坝枢纽及韩庄水利枢纽进行了实地查勘。

2002年12月2日下午,参加计量工作会议的代表对南四湖应急生态补水输水线路及计量监测断面进行了实地查勘。会议期间,根据实地查勘情况,与会代表进行了认真、细致的研究,大家一致认为在蔺家坝船闸闸室中间设立计量监测断面比较理想。船闸闸室为钢筋混凝土结构,断面形状为矩形,上、下游河段顺直;过水断面面积较小,水流集中且稳定,无分流、岔流、斜流、回水、死水等现象,符合《河流流量测验规范》要求,有利于补水计量监测工作的实施。通过与徐州市水利局防汛办公室进行研究和协商,决定关闭蔺家坝节制闸,从蔺家坝船闸向下级湖补水,入下级湖补水计量监测断面确定设在蔺家坝船闸。为了测流人员的安全和工作便利,测流设备拟采用架设临时缆道,采用人工方式结合自记设备观测上下游水位(见图9-9)。

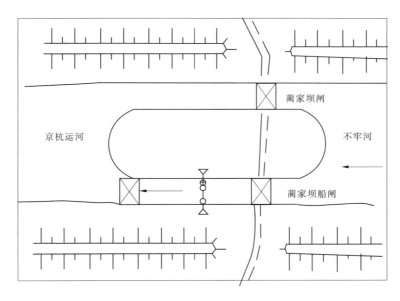

图9-9 蔺家坝站测站位置示意

12月4日,淮委水文局、沂沭泗局、山东省水文局,济宁水文局相关人员在微山县查勘生态补水输水线路,选择计量监测断面。断面布设以控制翻水量、符合流量测验规范要求、断面与泵站之间无引水口为原则,兼顾生活、交通条件。

根据微山县西夏镇港临时调水站实际情况及断面布设原则,在保证测流断面和夏镇航道临时泵站之间无其他取水口的条件下,认真调查了解了该河段的河床组成、断面形状、冲淤变化,以及各级水位的主泓、流速、流向及其变化情况,选定在河岸顺直、等高线走向平顺、水流集中的河段设立微山西流速仪船测断面,监测夏镇航道临时泵站的补水量。监测项目为水位和流量。该断面位于微山县城西夏镇航道内,东经117°06′52″,北纬34°48′20″;断面附近河段为复式梯形河槽,河底为黏壤土,河段顺直,两岸规整,无回流、涡漩等,子河槽为浆砌块石护坡,两岸无坍塌(见图9-10)。

根据老运河三孔桥取水口供水线路,实地查勘了三孔桥取水口附近东岸1 km长分水道及分水道筑坝堵截情况,在确定昭阳三孔桥泵站与测验断面之间无另外取水口的条件

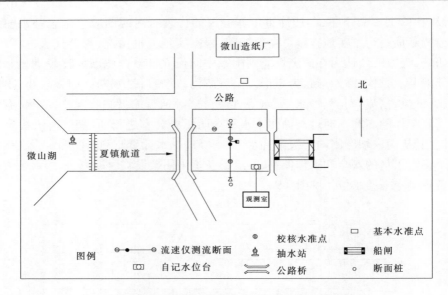

图 9-10　微山西（航道）站测站位置示意

下,认真调查了解了该河段的河床组成、断面形状、冲淤变化,以及各级水位的主泓、流速、流向及其变化情况,选定在河岸顺直、等高线走向平顺、水流集中的微山县城南外环路老运河桥下游设立昭阳站流速仪测流断面及基本水尺断面,监测三孔桥翻水站的补水量。监测项目为水位和流量。昭阳站位于微山县昭阳镇南门外村,东经 117°06′23″,北纬 34°47′33″;测验断面附近河段为 U 形窄深河槽,河底为黏壤土,河段顺直,两岸规整,无回流、涡漩等,河槽两岸土质坚固,无坍塌(见图 9-11)。

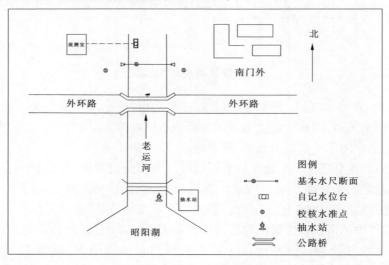

图 9-11　昭阳站测站位置示意

经过方案优选,选定设置在蔺家坝船闸闸室中间的蔺家坝临站为入下级湖水量控制断面。下级湖入上级湖的补水计量断面选择 3 个,分别为设在三孔桥翻水站上的昭阳站、夏镇航道河上的微山西(船闸)站和老运河上的微山西(老运河桥)站。后经过对比测验,选定微山西(老运河桥)站为下级湖入上级湖的水量监测断面(见图9-12)。

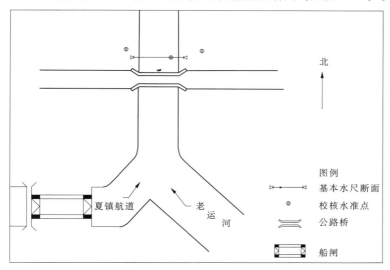

图例
⊳•⊲ 基本水尺断面
⊕ 校核水准点
)(公路桥
▣ 船闸

图9-12 微山西(老运河桥)站测站位置示意

为掌握补水后湖区水位变化情况,选定南阳、马口为上级湖水位控制站,微山岛、韩庄(微)为下级湖水位控制站,监控上、下级湖水位及蓄水量的变化(见图9-13)。

图9-13 南四湖应急生态补水监测站网分布

9.3.6　计量技术方案

淮委水文局 2002 年 12 月 2—4 日在徐州主持召开了计量工作会议,会议制订并通过了《南四湖应急生态补水计量技术方案》。

9.3.6.1　缘由

南四湖流域 2002 年降水量严重偏少。2002 年 1 月 1 日至 10 月 1 日,南四湖流域平均降水量仅为 353 mm,比常年同期偏少 46%,其中,汛期(6—9 月)降水量为 218 mm,比常年同期偏少 58%。至 12 月 1 日,南四湖上级湖南阳站仍处湖干状态,马口站水位 31.55 m,水位呈持续下降态势;下级湖微山岛站水位 30.36 m,韩庄站水位 30.35 m,下级湖的蓄水量仅有 0.27 亿 m^3。持续的干旱使湖内蓄水几近干涸,南四湖地区经济遭受严重损失,给湖区人民群众生活用水造成很大困难,特别是对湖区生态环境造成了极为不利的影响。

为保护南四湖生态环境,根据国务院指示精神,国家防总决定从 12 月上旬开始,紧急实施从长江向南四湖应急生态补水。计划入下级湖水量 1.1 亿 m^3,其中入上级湖水量 0.5 亿 m^3。做好补水计量工作是本次应急生态补水的重要内容之一。

9.3.6.2　计量任务

通过现有的或建立临时的水文设施,以实测流量为主、泵站台班记录等为辅的方式,准确地监测补水水量,并计算出符合规范要求的补水计量结果;将实测的补水计量结果通过现有的水情上报系统及时报送各相关单位。

9.3.6.3　计量方案

1. 计量站网及观测项目

临时水文站:在入下级湖口、下级湖入上级湖取水口分别设立临时水文站。观测项目有水位、流量。

水位站:上、下级湖水位代表站分别为南阳、微山岛站。上级湖马口、二级坝闸上、下级湖韩庄(微)、二级坝闸下等站作为上、下级湖蓄水水位辅助观测站。

巡测断面:上、下级湖主要进、出水口门作为巡测断面。

2. 临时水文站的选址

临时水文站应能较好地控制调水量。站址初步选定如下:

在蔺家坝船闸附近,或在沿湖地涵下游约 20 m 处入湖口(具体根据调水线路定)设立临时水文站。

在微山县城西约 1 km 处的老运河(西环城路桥下)、二级坝一闸或老三孔闸下游 20~50 m 的取水口(具体根据调水线路定)处设立临时水文站。

3. 临时水文站的设立和人员组成

入下级湖临时水文站由江苏省水文水资源勘测局负责建设、管理,监测人员主要由徐州水文水资源勘测局组成,山东省水文水资源勘测局派员参加;下级湖入上级湖取水口临时水文站由山东省水文水资源勘测局负责建设、管理,监测人员主要由济宁水文水资源勘测局组成,江苏省水文水资源勘测局派员参加。

补水计量的监督、检查、协调由淮委水文局负责,沂沭泗水利管理局水情通信中心协助。

4. 临时水文站的水量监测

观测时间：从补水开始（2002 年 12 月 7 日 20 时）至结束，历时约 50 d。

流量监测：流量监测执行国家标准《河道流量测验规范》（GB 50179—1993）。主要采用测船流速仪法。每日 2 时、8 时、14 时、20 时定时监测和随机加测相结合，以能满足补水量的计算为原则。

水位观测：水位观测执行国家标准《水位观测标准》（GBJ 138—1990）。采取人工与自记相结合的方式。观测段次以能反映补水量的水量变化为原则。

5. 计量资料的报送

流量监测结果以及每 2 h 的水位观测值，由观测任务承担部门通过现有的水情上报系统及时发给各相关单位。尽量采用实测流量拍报水情。

水量计算以实测流量数据为基础，按照有关规范要求进行计算。

6. 计量资料的整编

调水结束后，由淮委组织江苏、山东两省水文部门，依据《水文资料整编规范》（SL 247—1999）对调水监测资料进行整编、审查，编制《南四湖应急生态补水计量监测报告》。

9.3.6.4　补水计量管理

淮委水文局作为补水计量的主管单位，负责补水计量的监督、检查、协调以及与淮委应急补水协调领导小组的联系等。

为使计量工作能够顺利开展，成立由淮委水文局，沂沭泗局水情通信中心，江苏、山东省水文水资源勘测局等单位组成的"南四湖应急生态补水计量工作小组"，负责组织实施、技术指导和监测成果的审查。

9.4　生态调水计量的实施

9.4.1　下级湖调水计量

9.4.1.1　断面布设

根据南四湖应急生态补水计量监测方案，共布设水位、流量监测断面 4 处，分别为不牢河段的刘山南站、刘山北站、解台站及蔺家坝站。通过实地查勘，选择河段顺直、规则、水流稳定且能确保测验成果质量的位置作为本次补水的水位、流量监测断面。蔺家坝站选在船闸中间闸塘内，解台站断面位于翻水站东、西两处出水渠道中段，断面形状均为矩形，断面河底及两岸岸边均为混凝土浇制，河道顺直、断面规则、水流稳定，是流量监测较为理想的断面。

9.4.1.2　现场监测及质量控制

1. 水准测量

水准测量的高程均从国家水准点引测，按三等水准要求进行往、返测量，取其平均值高程，取至小数后三位。基面采用废黄河口基面高程。

2. 大断面测量

大断面测量按照《水文普通测量规范》要求进行。水尺零点高程和精测大断面岸上部分采用四等水准要求测量,往、返高差不符值控制在 $\pm 30\sqrt{k}$ mm 之内(k 为测量千米数);水面以下部分水深采用钢尺及测深杆连续两次测深,取其平均值推算断面各点河底高程。

　　3. 水位观测

水位采用直立式搪瓷水尺人工观测,读至厘米。补水期间,蔺家坝站除人工观测水位外,还配套自记水位计,连续记录逐时水位过程,每日 8 时、20 时校测,以掌握补水期内河段水位变化的全过程。其他各站均与流量测验同步进行,当水位变化较大时,适当增加观测次数。

　　4. 流量测验

测验方法:蔺家坝站采用手摇缆道悬吊流速仪法施测;解台闸翻水站、刘山南、刘山北站采用桥上悬索悬吊流速仪法施测或船测悬吊流速仪法施测。

测流频次:在补水期间,蔺家坝站每日 2 时、8 时、14 时、20 时左右用四段制精测法测流;解台翻水站每日 8 时左右用精测法施测 1 次流量;刘山南和刘山北站均每日 8 时施测 1 次,但当翻水调机时,刘山北站要适当加测。

现场测验测速垂线、测点数、测速历时及岸边系数的确定:

(1)测速垂线布设:按照《河道流量测验规范》有关要求执行,刘山南、刘山北站断面布设测速垂线 7 条以上;解台站两出水口门水面宽只有 10 m,各布设 5 条测速垂线;蔺家坝站水面宽 23 m,布设 6 条测速垂线。

(2)测点布设:大部分站各测速垂线均采用常测法布设测点(相对水深 0.6 一点);蔺家坝、解台闸均采用精测法布设测点(相对水深 0.2、0.6、0.8 三点)。

(3)测速历时及岸边系数:测速历时均大于 60 s,其中解台闸测速历时大于 100 s。岸边系数,一般斜岸边流速系数采用 0.7,蔺家坝及解台闸站采用 0.9,死水边采用 0.6。

9.4.1.3　工作量

查勘 2 次(2002 年 11 月 30 日及 12 月 2 日),架设测流缆道 1 处(蔺家坝船闸),设立测流断面 5 处(蔺家坝船闸、解台闸东站出水口、解台闸西站出水口、刘山南站、刘山北站),设立人工观测水尺 6 组,自记水位计台 4 处,水准测量接测 14 km,大断面测量 3 处;补水历时 53 d,人工观测水位 824 次,流量监测 344 次,南四湖补水计量资料整编 50 个工作日。

9.4.1.4　设备及工作经费

设施、设备:测流缆道架设投入 3 万元,水位观测投入(包括自记台改造、人工水位观测水尺)5 万元。

交通费(包括汽油费、过路费)2 万元,办公费(包括办公桌椅、笔记本电脑、打印机、打印纸、房间取暖设备、电费等)5 万元,差旅费 3 万元,野外作业补助费 6 万元,资料整编经费 2 万元。

合计投入经费 26 万元。

9.4.1.5　野外作业及工作环境

补水期间正值寒冬腊月,监测工作人员顶着刺骨寒风,冒着雨雪,从事缆道架设、水准测量、断面布设及每天 4 次水位、流量的监测工作。当时,最低气温曾达 -10 ℃ 以下,为本地区多年来少见,有些同志的脸、手、脚被冻得又红又肿;遇上雨雪天气,夜里到河边观测水位,经常滑倒,有时被摔得浑身是泥。

此次监测工作,2002 年 12 月 2 日召开计量工作会议,12 月 4 日开始准备,12 月 5—7 日架设缆道。此间,天气状况恶劣,12 月 2—6 日连续降雨,气温也陡降到 0 ℃ 以下。雨天和降温增加了施工难度,水文职工顶风冒雨,每天工作十几个小时,及时圆满地完成了测流缆道的架设工作。

在整个计量监测过程中,水文职工冒着严寒,顶着风雨,不怕艰苦,连续战斗,特别是夜里,最低气温达 −13 ℃ 左右,每 2 h 要观测 1 次水位,凌晨 2 时还要测流,每次测流历时约 1 h,工作条件十分艰苦。由于监测断面地处偏僻,环境很差,为了工作,水文职工总是在测流结束后,自己做饭。住房也很简陋,又透风、又漏雨,水文职工的休息和睡眠受到很大影响,他们不叫苦、不叫累,争重担挑、抢累活干,水文职工不愧是一支能打硬仗、苦仗的队伍。

9.4.2　上级湖调水计量

9.4.2.1　水位、流量监测及信息传输

1. 水位观测

水位观测严格执行《水位观测标准》。在压力式水位计采集各断面瞬时水位的同时,用直立式水尺进行人工校测,校测时间为每日 8 时、20 时。校测结果,水位观测误差不大于 2 cm,符合规范要求,说明水位观测精度较高。水位定时观测时间为北京标准时间 8 时,水位观测测次以能测得完整的水位变化过程,满足日平均水位计算、各项特征值统计、水文资料整编和补水水情拍报要求为原则。

2. 流量测验

流量测验严格执行《河流流量测验规范》。采用 LS20B 型转子流速仪以悬索悬吊方式施测,测点流速由流速测算仪直接计算、记录。

测流断面测速垂线布设基本均匀,能控制断面地形和流速沿河宽分布的主要转折点,无大补大割;主槽垂线较河滩密。在水位稳定后,微山西(老运河桥)布设 5 条测速垂线,分别在起点距 3 m、7 m、11 m、15 m、18 m 处。起点距 3 m、7 m 处测速垂线水深较大,采用相对水深 0.2、0.8 两点法测速,其余垂线采用相对水深 0.6 一点法测速。微山西(船闸)测流断面布设 4 条测速垂线,分别在起点距 1 m、3 m、5 m、7 m 处。该断面水深较大,各垂线均采用相对水深 0.2、0.8 两点法测速。昭阳站布设 6 条测速垂线,分别在起点距 8 m、10 m、13.5 m、16 m、18 m、20 m 处。起点距 16 m 处测速垂线水深较大,采用相对水深 0.2、0.8 两点法测速,其余垂线采用相对水深 0.6 一点法测速。

各监测站每个流速测点上的测速历时均为 100 s。

3. 水情传输

为保证本次补水水情信息的时效性,采用先进的报汛传输设备,安装了水情信息自动传输系统。各监测站的水位、流量等信息通过无线方式传输至补水计量监测中心,监测中心利用先进的 DCT-1 型报汛数传仪通过有线方式传输至济南、济宁两级领导机关,再由济南转发至水利部水文局、淮委水文局、江苏省水文水资源勘测局以及沂沭泗水利管理局水情通信中心等单位,实现了生态补水监测信息传输的自动化。

9.4.2.2　监测断面调整

南四湖生态补水于 2002 年 12 月 20 日 9 时正式开始由下级湖向上级湖翻水。微山西(航道)站计量监测人员分别于 20 日 10 时、14 时、20 时和 21 日 2 时、8 时上船跟踪进行流量监测,实测流量均为零。21 日 9 时 30 分,在微山西站水位涨至 32.36 m,断面最大水深达 3.96 m,过水断面面积增至 180 m² 的情况下,采用三点法测速(测速历时 100 s),各测点实测流速均为零;按照规范要求又将测速历时延长到 300 s,同时实测水面流速(一般水面流速最大),测量结果,各测点流速仍为零;理论计算船测断面流量为零,目测表面流速也为零。根据实际情况及时向翻水站了解翻水信息,此时,翻水站 7 个机组正以 60% 的上水率运行,同时下游船闸束水段有明显的水流流动现象。经分析,由于该断面水深大、过水面积大、流速微小,超出了流速仪的使用范围。为尊重事实,计量监测中心按照制定好的补水监测应急措施,果断地将微山西(航道)监测断面迁移至下游 450 m 的船闸处,即微山西(船闸)站,实施微山西翻水水量的监测。

微山西(船闸)站测验断面为矩形,断面宽 8.0 m,断面规整,水流稳定,无流向偏角、回流、涡漩等,该断面位于夏镇港航道与老运河连接的束水段,能满足测验要求。12 月 21 日 10 时,在该断面进行了流量施测,实测流量 1.79 m³/s,最大测点流速 0.126 m/s。

因船闸断面距老运河桥较近,根据实际情况,为减轻监测工作量,决定设立微山西(老运河桥)站,并要求对 3 断面流量进行比测,待符合要求后,在微山西(老运河桥)断面监测昭阳和夏镇港两翻水站汇合后的过水流量。同时停测昭阳和微山西(船闸)两断面的过水流量。

微山西(老运河桥)站位于微山县夏镇造纸厂东,东经 117°06′23″,北纬 34°49′10″。该站断面形状为 U 形,布设了基本水尺断面及流速仪测流断面。基本水尺断面左岸设立直立式水尺 4 支;流速仪桥测断面在基本水尺断面上游 10 m 处。12 月 23—26 日,对微山西(老运河桥)、昭阳、微山西(船闸)3 个断面的流量进行了比测分析(见表 9-13)。从理论上讲,昭阳、微山西(船闸)两断面合成流量应等于微山西(老运河桥)断面流量,由表 9-13 可知,比测误差符合规范要求。经淮委水文局批准,为减少监测工作量,停止在微山西(船闸)及昭阳断面测流,改在微山西(老运河桥)断面监测总补水量,同时观测微山西(航道)及昭阳站水位。

表 9-13　微山西(老运河桥)、昭阳、微山西(船闸)断面流量比测成果

序号	比测时间 (月-日 T 时)	昭阳流量 (m³/s)	微山西 (船闸)流量 (m³/s)	微山西 (老运河桥) 流量(m³/s)	昭阳+船闸流量 (m³/s)	相对误差 (%)
1	12-23 T 20	3.31	2.70	6.23	6.01	3.7
2	12-24 T 08	2.86	3.05	6.24	5.91	5.6
3	12-24 T 14	3.23	3.12	6.04	6.34	-4.7
4	12-24 T 20	2.93	3.49	6.66	6.42	3.7
5	12-25 T 02	2.61	3.55	6.38	6.16	3.6
6	12-25 T 08	2.86	3.39	6.52	6.25	4.3

9.4.2.3　水量、水质监测

在补水计量监测工作中,按照监测方案和规范要求、监测站人员组成以及每日 4 次测流和每 2 h 拍发 1 次水情电报的实际工作情况,根据《人员分工制度》和《昼夜值班制度》,监测站将工作人员分成两组。一组测 2 时及 14 时的流量,另一组测 8 时及 20 时的流量,并负责相应时段的水情信息发布及资料的分析整理工作。每隔 1 d 进行轮流调换,合理安排测流时间,使每组人员都能得到充分的休息。

严格控制水位、流量变化过程,加强和调水工程部门联系。监测站每日 8 时和 14 时都要电话询问泵站运行及机组变化情况,并经常到泵站实地查看供电线路电压负荷变化、水泵扬程变化及水泵实际功率情况。当机组运行情况变化时,要泵站及时通知监测站。根据各调水泵站机组及水泵运转情况,监测站合理增加流量测次,以完整控制流量变化过程,真实反映实际补水量,保证水文数据的真实性。

根据调水后各断面实际水深变化情况,监测站适时调整断面测速及测深垂线条数。在施测流量过程中,根据断面水深的变化,合理布置测点,保证流量监测的精度,真实监控补水量。在补水工作进行到 2003 年 1 月 20 日时,监测站对微山西(老运河桥)站流量测次进行了精简分析:对每日 2 时、8 时、14 时、20 时实测流量资料分别采用算术平均和加权平均法计算日平均流量,经比较,两种方法计算的日平均流量误差为零,同时取每日 8时、14 时、20 时 3 次实测流量资料用加权法计算日平均流量,两种加权法的计算结果相对误差为 0.04%,接近于零(见表 9-14)。由以上分析可知,用每日 3 次测得的流量资料所推求的日平均流量,完全能够保证日补水量的计算精度,为此,为精简测次,降低劳动强度,报请上级主管部门同意,取消 2 时的流量测次,每日测流次数改为 3 次。

2002 年 12 月 23 日,微山县遭受暴雪袭击,连续十几天气温在 − 15 ℃ 左右。长时间的低温天气使夏镇航道河内结冰厚度达 40 cm,给监测站压力式水位计信息采集的准确性带来影响。为保证水位观测精度,监测人员在开始结冰时每日破冰 2 次,但由于低温时间过长,结冰太厚,破冰很难,为此,及时在老运河桥断面进行人工加测,每小时加测 1 次水位。由于水位平稳,水面比降微小,压力式水位计记录值与人工观测值误差在 2 cm 左右,基本符合精度要求,从而保证了水位资料的连续性。

2003 年 1 月 28 日,微山西翻水站增加翻水机泵 5 组。为掌握因机组增加引起的流量变化情况,每 2 h 施测 1 次流量,完整地测得了流量变化过程。在生态补水过程中,2003 年 2 月 16 日实测最大流量 11.0 m³/s,最大日补水量 91.6 万 m³。

为监测调水水质状况,水质监测中心冒着严寒在各断面提取水样,并及时送达济宁市水环境监测中心进行化验,以掌握水质变化。经监测分析,整个补水期间水质符合Ⅳ类水标准。

9.4.2.4　战严寒,斗风雪,高质量完成监测任务

在补水计量监测工作中,水文工作者发扬艰苦奋斗、求实奉献的精神,不怕困难,勇于奉献,全面完成了补水计量监测工作。为了安装水尺桩,吕发坤蹚着齐腰深的水进行作业,冻得浑身发抖不叫苦。年轻职工朱永广的妻子生孩子,家里多次打电话要他回去,但朱永广知道,如果他回家,将由刘恩禾一人开巡测车,昼夜连轴转,很难保证安全,在工作

表 9-14　微山西(老运河桥)每日不同测流次数日平均流量比较表

序号	日期 (年-月-日)	日平均水位 (m)	日平均流量(m³/s)		
			4次流量加权值	4次流量平均值	3次流量加权值
1	2002-12-26	32.81	6.71	6.72	6.71
2	2002-12-27	32.83	6.54	6.54	6.53
3	2002-12-28	32.85	6.61	6.62	6.61
4	2002-12-29	32.82	6.46	6.47	6.47
5	2002-12-30	32.83	6.34	6.34	6.34
6	2002-12-31	32.81	6.20	6.19	6.20
7	2003-01-01	32.80	6.50	6.51	6.50
8	2003-01-02	32.76	6.44	6.43	6.47
9	2003-01-03	32.74	6.85	6.82	6.88
10	2003-01-04	32.75	6.90	6.92	6.88
11	2003-01-05	32.75	6.94	6.92	6.96
12	2003-01-06	32.75	6.91	6.90	6.90
13	2003-01-07	32.76	7.16	7.16	7.13
14	2003-01-08	32.77	7.03	7.03	7.04
15	2003-01-09	32.78	7.31	7.31	7.31
16	2003-01-10	32.77	7.39	7.39	7.39
17	2003-01-11	32.77	7.46	7.46	7.45
18	2003-01-12	32.77	7.21	7.21	7.22
19	2003-01-13	32.77	7.27	7.27	7.27
20	2003-01-14	32.80	7.34	7.34	7.35
21	2003-01-15	32.80	7.24	7.24	7.25
22	2003-01-16	32.79	7.23	7.23	7.25
23	2003-01-17	32.76	7.00	7.00	7.00
平均		—	6.91	6.91	6.93

注:1.4次流量算术平均与4次流量加权平均绝对误差:6.91－6.91＝0。
　　2.3次流量加权与4次流量加权相对误差:(6.93－6.91)/6.91＝0.04%。

与家庭之间,他选择了工作,直到孩子满月都没有回家。刘恩禾老岳父去世,他硬是说服妻子,自己没有回去,坚持工作在补水计量监测第一线。补水刚开始时,监测人员冒着生命危险驾船在又宽又深(4 m)的夏镇航道河断面上施测流量。为使计量监测数据准确无误,他们选择昭阳、微山西(船闸)、微山西(老运河桥)3 个不同断面进行实测流量比测,及时分析比测资料,为水量监测断面调整提供了决策依据。在比测中,按 4 段制,每个断面每天要施测 4 次流量,3 个断面每天要施测流量 12 次,施测 3 个断面的流量,一次就要费时 3 h。一个时段中 3 站的流量施测结束,测流人员常常累得手脚麻木、腰酸背痛,但没有一个人叫苦。年过半百的江苏省代表甄忠君,不论白天黑夜、天寒地冻,从不退缩,每班必上,为监测人员树立了榜样。2002 年 12 月 23 日,微山县遭受暴雪袭击,积雪深度达200 mm,监测人员冒着 - 15 ℃左右的严寒,进行监测作业。尤其是凌晨 2 时的流量施测更为困难,无照明设备,拧绞车的手经常和摇把冻在一起,刺骨的寒风,吹得大家浑身发抖,手冻红了,脚冻肿了,但个个都咬紧牙关,没有一个说苦叫累,准确施测每 1 组数据。监测站的生活条件也十分艰苦,严寒造成旅馆自来水管全部被冻死,热水冷水全无,接连几天都要到周围单位临时借水。监测过程中,水文职工很少能睡个暖和觉、吃个热乎饭,但他们无私奉献,克服困难,坚持完整地测取各断面水位、流量资料,并将实测信息及时准确地传输到上级部门。

为及时掌握补水水质状况,水质监测人员每 10 d 到现场取 1 次水样,并加班加点进行化验。济宁水文局水情科的工作人员昼夜值班,接收补水情报信息,编制《生态补水信息简报》,及时送达山东省淮河局、济宁市政府和济宁市水利局等单位。

南四湖生态补水计量监测工作历时 87 d。向上级湖补水计量监测工作中,实测流量385 次,收集水位观测记录数据 5 367 组,监测分析水质水样 22 个,拍发补水信息电报 429份,发布补水信息简报 85 期。出动车辆 150 余台次,投入工时 1 279 个,使用流速仪 4 架、自记水位遥测设备 3 套、微机 2 台、水文绞车 2 部、测流船 1 只,全面完成了南四湖上级湖生态补水 5 090 万 m³ 的计量监测任务。

9.4.2.5　做好信息服务,搞好水文宣传

南四湖应急生态补水工作,党中央及各级政府都非常重视,对每天的补水量非常关心。济宁水文局切实为各级政府做好服务工作,编制补水简报,及时提供调水信息;积极宣传生态补水的意义,大力宣传节约用水,增强人们的水危机意识。在部、省、市等各级领导参加的开机送水仪式前,大做水文宣传文章,宣传条幅横跨监测断面,张贴宣传水文作用和保护水资源的标语,20 多面彩旗在测验河段迎风飘扬,高大的补水计量监测站牌耸立在断面两端,起到了很好的社会宣传效应。在补水过程中,积极向各媒体和宣传机构投稿,《济宁日报》、水利部水文网站、淮委网站、《山东水文》、济宁市政府调水办《南四湖生态补水简报》等媒体及时报道了济宁水文局生态补水计量监测工作情况,大力宣传了南四湖生态补水的巨大政治意义和社会现实意义。

9.4.3　信息发布

9.4.3.1　生态补水计量监测站信息发布

为保证本次补水水情信息的时效性,采用先进的报汛传输设备,安装了水情信息自动传输系统。

入下级湖监测站的水位、流量等信息通过语音报汛系统由下级湖补水计量监测站经徐州水情分中心传输至江苏省水文水资源勘测局,再由江苏省水文水资源勘测局分别转

发至水利部水文局、淮委水文局、山东省水文水资源勘测局以及沂沭泗水利管理局水情通信中心。

入上级湖的各监测站的水位、流量等信息通过无线方式传输至上级湖补水计量监测中心,监测中心利用先进的 DCT-1 型报汛数传仪通过有线方式将水位、流量等信息传输至山东省水文水资源勘测局和济宁水文水资源勘测局,再由山东省水文水资源勘测局分别转发至水利部水文局、淮委水文局、江苏省水文水资源勘测局以及沂沭泗水利管理局水情通信中心。

9.4.3.2　淮委及沂沭泗局生态补水信息发布

(1)补水期间,淮委防汛抗旱办公室通过互联网向社会发布了 79 期"南四湖应急生态补水动态"。发布内容有补水湖泊代表站水位、补水以来湖泊代表站水位变化情况、每日补水量及累计补水量等。为了便于计量信息的传输与处理,淮委水文局同江苏、山东省水文水资源勘测局共同商定了新设计量站的测站编码。淮委水文局专门开发了网页查询系统,实现了补水水量变化的动态计算,可随时查询进、出下级湖以及进入上级湖的累计水量,为各级领导掌握补水动态,合理安排补水进度提供了强有力的支持。

(2)沂沭泗水利管理局防汛抗旱办公室通过办公自动化网络发布了 76 期"南四湖应急生态补水情况通报"。沂沭泗水利管理局水情通信中心也通过办公自动化网络发布了 53 期"南四湖应急生态补水计量简报"。

9.4.4　新技术在计量工作中的应用

为圆满完成南四湖生态补水计量监测工作任务,确保补水计量监测信息的准确、快速传递,济宁水文水资源勘测局在生态补水计量工作中采用了新仪器及新技术。水位观测采用压力式水位计进行信息自动采集,能连续记录瞬时水位,直接实现微机与数据传输仪的连接通信,并对上传的水位信息进行数据纠错、检错、转换处理,实现水位的自动监测、数据传输和存储。使用直立式水尺进行人工校测,经与人工观测数据对比,水位精度可靠,误差不大于 0.02 m,符合规范要求。LS20B 型流速仪为国内最新产品,配备自动记录和计算系统,可自动设置流量数据位数、测速历时和计算测点流速,不仅减少了人工计算测点流速的工作量,而且精度可靠,能保证补水计量的准确性。DCT 型数据传输仪为山东省水文水资源勘测局最新研制的自动报汛设备,可设置成自动发报,也能人工置数发报,性能稳定,在补水水情信息的传输中发挥了极为重要的作用。

在补水计量工作中,徐州水文水资源勘测局用语音报汛系统进行水情信息拍报,不仅提高了水情拍报质量,而且大大缩短了信息传递时间,真正做到了水情信息采集准确、传输快捷,提高了工作效率。

补水计量监测信息通过计算机网络进行信息传输,通过计算机自动接收处理系统进行译电及写入数据库,通过编程实现计量成果的分析、计算和显示,通过办公自动化网络实现补水计量信息的共享,通过互联网实现对社会的信息发布,可以说,新技术、新设备在南四湖应急生态补水计量监测工作中得到了广泛的应用,取得了良好的经济社会效益。

9.5　生态调水水质监测

9.5.1　向下级湖调水水质监测

9.5.1.1　断面布设

徐州水文局共布设解台闸闸下和蔺家坝闸闸上两个水质监测断面,分别监控下游翻水水质和进入下级湖的补水水质。

9.5.1.2　水质监测时间、项目

水质监测时间从补水初期到结束共监测 5 次,分别为 2002 年 12 月 10 日,2003 年 1 月 4 日、9 日、18 日和 21 日。

监测项目有 10 个指标:水位、流量、水温、pH 值、电导率、高锰酸盐指数(I_{Mn})、亚硝酸盐氮、溶解氧、氨氮、挥发酚等。

9.5.1.3　水质监测方法

水质监测项目由徐州水环境监测中心负责实施,采用国家标准方法和水利行业标准方法,并在实验室内实行质量控制,以确保监测、分析数据的可靠性和准确性。

9.5.1.4　水体水质状况评价

1. 不牢河污染源情况

不牢河取水河段主要污染源为铜山县柳新乡境内的造纸厂和徐州市北郊工业区的化工、冶金、造纸等企业的工业废水与生活污水,它们主要通过柳新河、丁万河、荆马河汇入取水河段。另有铜山县化肥厂、徐州发电厂及煤矿等工业企业废水汇入。2001—2002 年排污口监测资料如下:本河段日纳污总量约 20 万 t,主要污染物为 COD、NH_3-N、挥发酚和石油类,其中 COD 日排放量为 18.5 t、NH_3-N 日排放量为 355 kg、挥发酚日排放量为 501 g。

2. 不牢河历年水质状况

不牢河徐州段主要代表断面 1994—2002 年逐月水质状况如下:Ⅲ类水质所占比例仅为 16.6%;Ⅳ、Ⅴ类水质所占比例分别为 23.7% 和 18.2%;劣于 Ⅴ 类水质所占比例较大,占 41.5%。在本河段已多年未出现过 Ⅱ 类水。说明此河段水质污染比较严重,河流水质令人担忧。

通过对主要代表断面历年水质评价类别逐年出现频次进行的统计(见表 9-15)可以看出,Ⅲ类水出现频次有增加的趋势,如荆山桥、解台闸上两断面 1994—1996 年Ⅲ类水出现的频次均为 0,到 2002 年分别增加到 4 次和 5 次。同时,荆山桥、解台闸上两断面在历年水质监测中劣于 Ⅴ 类水水质所占比例较大,分别为 59.4% 和 50.9%。

表 9-15　不牢河代表断面历年水质评价类别逐年出现频次统计

断面名称	水质类别	年份								
		1994	1995	1996	1997	1998	1999	2000	2001	2002
蔺家坝闸下	Ⅲ	0	0	2	0	4	7	4	4	1
	Ⅳ	2	4	6	8	4	5	5	4	5
	Ⅴ	4	7	3	2	3	0	1	2	2
	> Ⅴ	6	0	1	2	1	0	2	1	4
荆山桥	Ⅲ	0	0	0	3	1	1	1	1	4
	Ⅳ	0	0	1	4	3	3	1	0	2
	Ⅴ	3	1	0	1	2	1	1	2	3
	> Ⅴ	5	5	9	4	7	7	9	8	3
解台闸上	Ⅲ	0	0	0	4	2	2	3	2	5
	Ⅳ	1	1	3	3	2	3	2	0	1
	Ⅴ	3	1	0	1	2	2	1	3	5
	> Ⅴ	8	9	9	4	6	5	6	6	1

　　从对 1994—2002 年翻水期、非翻水期水质监测资料分别进行对照分析可知,蔺家坝闸下水体水质类别在翻水期明显劣于同年度非翻水期。对 1994 年以来逐月资料进行的统计表明,在翻水期间,Ⅲ类水质保证率只有 17.5%,Ⅳ类水质保证率也只有 52.6%,氨氮、高锰酸盐指数年最不利值出现频率高达 75%,而在非翻水期间,Ⅲ、Ⅳ类水质保证率分别增加到 24.0% 和 70.0%(见表 9-16)。1998—2001 年水质综合类别均符合Ⅲ类水标准,水质明显好转。

表 9-16　不牢河代表断面水质保证率统计　　　　　　　　　　（%）

水质类别	蔺家坝闸下		荆山桥		解台闸上	
	翻水期	非翻水期	翻水期	非翻水期	翻水期	非翻水期
Ⅲ	17.5	24.0	22.0	0	32.1	1.8
Ⅳ	52.6	70.0	44.0	8.9	52.8	15.8

　　荆山桥、解台闸上两断面水体水质类别在翻水期均好于或等于非翻水期。从表 9-16 可以看出,在翻水期间,Ⅲ类及Ⅳ类水质保证率远远高于非翻水期。

从以上分析可知,下游段水体水质在翻水期均好于或等于同年度非翻水期水质,上游段水体水质在翻水期明显劣于同年度非翻水期水质。由于翻水的影响,上游段年均值水质综合类别近几年好转趋势明显,但是要防止人为排放污水,造成突发性污染事故,为此,在翻水期间应关闭支流闸坝、排灌站,防止污水进入不牢河,污染上游微山湖水体。

3. 2002年补水期水质状况

遵照江苏省水文局的指示,自2002年12月上旬向微山湖补水以后,徐州水文局水环境监测中心分别于2002年12月10日,2003年1月4日、9日、18日和21日对补水水质进行了5次监测。监测项目有10个指标:水位、流量、水温、pH值、电导率、高锰酸盐指数(I_{Mn})、亚硝酸盐氮、溶解氧、氨氮、挥发酚等。水质分析结果见表9-17。

翻水水质:解台翻水站是进入徐州市郊段的进水口门,翻水流量约37 m^3/s。上述5次分析结果表明,水体水质为Ⅲ~Ⅳ类水,其中只有2003年1月4日1次监测值为Ⅳ类水,高锰酸盐指数(I_{Mn})为6.2 mg/L,略超Ⅳ类水标准,其余4次所监测的项目均符合Ⅲ类水标准。

进湖水质:蔺家坝船闸断面为进湖代表断面,入湖流量约25 m^3/s。由表9-17知,上述5次水质监测结果,有4次劣于地表水Ⅲ类标准,只有1次符合Ⅲ类水标准。主要超标项目为高锰酸盐指数,最高值10.1 mg/L,为1月18日测出,刚进入Ⅴ类水标准范围。主要为来自徐州市区的污染,因为不牢河徐州段主要支流多数有节制闸控制,大多常年关闭;河段周围仍有一些企业不重视环境保护,污废水未经达标处理直接排放。次高值6.9 mg/L,为1月21日测出,为Ⅳ类水标准,表明水质已有所好转,主要指标有下降趋势。由表9-16知,在翻水期间,Ⅲ类水质保证率仅为17.5%,Ⅳ类水质保证率也只有52.6%,氨氮、高锰酸盐指数年最不利值出现频率高达75%。

9.5.1.5　水环境保护对策

1. 污染源治理

不牢河取水河段已被江苏省政府、淮委批准为不牢河徐州段调水水源保护区,水功能区水质保护目标为Ⅲ类,必须长期满足调水的质量要求。目前,本河段实际纳污量远超过水功能区划目标所要求的允许排放量。对于污染源的治理必须做到标本兼治,才能使总量控制的目标得以实现。首先,必须加大力度,关闭一批化工、造纸等污染大户,加大对超标排放企业的处罚力度。其次,通过适当的产业政策,大力发展环保型产业,推行集约化生产、清洁生产,最大限度地实现零排放。再次,大力发展生态农业,控制化肥、农药的滥用,减少面源污染。

2. 工程措施

本河段的排污口主要是几条支流,其中排污量最大、污染最重的是荆马河、柳新河等。目前徐州市污水集中处理能力远远不足,极不适应城市化进程的发展,污水处理厂应多建、快建。市政府重点工程荆马河河道清淤治理、消除底泥工程已完工,接着应加快荆马河、三八河污水治理工程建设。建议利用柳新镇塌陷地兴建氧化塘污水处理工程;在贾汪区建设污水集中处理工程。

表 9-17   南四湖应急生态补水水质分析评价

站点	日期 （年-月-日）	项目	水位 （m）	流量 （m³/s）	水温 （℃）	电导率	NO₂－N （mg/L）	pH	I_{Mn} （mg/L）	NH₃－N （mg/L）	DO （mg/L）	挥发酚 （mg/L）	综合 类别
蔺家坝（上）	2002-12-10	测定值	30.87	30	6	680	0.03	7.90	6.8	1.0	7.7	未	—
		类别	—	—	—	—	—	I	IV	III	I	I	IV
	2003-01-04	测定值	31.12	31.2	0	593	0.013	8.10	6.4	0.9	9.3	0.003	—
		类别	—	—	—	—	—	I	IV	III	I	III	IV
	2003-01-09	测定值	31.17	28.7	1	724	0.009	7.98	5.9	0.96	7.9	0.004	—
		类别	—	—	—	—	—	I	III	III	I	III	III
	2003-01-18	测定值	31.1	25.3	3	578	0.012	8.03	10.1	0.94	9	0.004	—
		类别	—	—	—	—	—	I	V	III	I	III	V
	2003-01-21	测定值	31.25	37.9	0.5	604	0.012	8.14	6.9	0.9	11	0.004	—
		类别	—	—	—	—	—	I	IV	III	I	III	IV
解台闸（下）	2002-12-10	测定值	26.05	37	6	402	0.024	8.00	4.2	0.5	9.9	未	—
		类别	—	—	—	—	—	I	III	II	I	I	III
	2003-01-04	测定值	26.6	37.8	0	572	0.02	8.12	6.2	0.53	11.9	0.002	—
		类别	—	—	—	—	—	I	IV	III	I	I	IV
	2003-01-09	测定值	26.52	35.6	1	611	0.014	8.13	4.7	0.55	10.3	未	—
		类别	—	—	—	—	—	I	III	III	I	I	III
	2003-01-18	测定值	26.43	35.5	3	525	0.012	7.98	5	0.8	11.5	未	—
		类别	—	—	—	—	—	I	III	III	I	I	III
	2003-01-21	测定值	26.44	37.9	0.5	554	0.018	8.06	4.8	0.41	12.4	未	—
		类别	—	—	—	—	—	I	III	II	I	I	III
III 类地面水标准			—	—	—	—	—	6～9	≤6.0	≤1.0	≥5.0	≤0.005	—

对于居民小区规划建设,必须完善污水收集管网,实行"雨污分流"制,使生活污水能够集中处理。

在没有彻底解决污废水达标排放及面污染源影响江河湖泊水体问题之前,在可能的情况下,充分利用现有的水利工程,优化调度,引水治污,发挥水体的稀释与自净能力,不失为改善水体水质的有效措施之一,而且能起到事半功倍的效果。

根据不牢河徐州段蓄水量及水质状况对各入河排污口实施闸坝调控,实行限时、限量排放制度。闸坝调控不能消除污染,但能改变污染水体的时空分布,可以减轻其危害,因此,调水期间应调度好支流闸坝、排灌站,防止山东省及徐州段污水上移,污染微山湖水体。

3. 管理措施

加强监测工作。由于不牢河徐州段水污染较严重,对上、下取水口造成安全危害,为了及时掌握水污染状况,应加强对水情、水质的动态监测,尤其要加强对污染严重的闸控河段的水情、水质监测,互通信息,为防治水污染争取主动。

实行水资源的水量、水质统一管理。实行防洪、供水、排水、污水处理等涉水事务一体化管理,有利于水污染治理和水环境保护。

打破污水处理管理旧模式,实行市场化运作。建立和完善排污权立法和排污权交易市场,允许排污权交易。按"排污者自负"原则,向排污者收缴污水排放费。排污收费由按浓度超标收费转向按排污总量收费,收费收入用于治理水污染。

4. 法制措施

加强水资源管理行政执法。排污单位向河道排污须由水行政主管部门批准,擅自设置入河排污口和超标排放污水的,要严肃查处,切实把水资源管理与保护工作落到实处。

9.5.2　向上级湖调水水质监测

9.5.2.1　监测断面布设

南四湖生态补水水质监测分别在湖区设置了 5 个监测断面,即上级湖的二级湖闸上和南阳,下级湖的二级湖闸下、微山岛和韩庄,同时对引水进入南四湖处增加了蔺家坝监测断面。布设的监测断面基本能控制补水期间水质的变化情况。

9.5.2.2　监测时间、项目

在应急生态补水之前,于 2002 年 11 月 10 日对南四湖上级湖的二级湖闸上和南阳,下级湖的二级湖闸下、微山岛和韩庄 5 个监测点的水质分别进行了监测;12 月 7 日监测了入下级湖蔺家坝监测点的水质状况。在补水期间,于 2003 年 2 月 10 日对上述 5 个监测点以及入下级湖的蔺家坝共计 6 个监测点的水质状况分别进行了监测。补水结束后,于 2003 年 3 月 10 日又对上述 5 个监测点的水质分别进行了监测。水质监测测次和监测时间间隔基本控制了补水期间湖区水质变化过程。水质监测项目为常规分析项目,能反映水体水质状况。

9.5.2.3　监测方法

生态补水水质监测依据中华人民共和国国家和水利部部颁监测标准进行水质的监测与分析评价。

9.5.2.4　水体水质状况评价

南四湖生态补水期间的水体水质评价方法采用均值型综合指数法,评价标准采用中华人民共和国国家标准《地表水环境质量标准》(GB 3838—2002)。评价结果见表9-18。

表9-18　生态补水期间南四湖区水体水质分析评价

时期	时间 (年-月-日)	监测站名	污染指数 P	水质评价	说明
补水期	2002-11-10	南阳	1.89	重污染	采用均值型综合指数法,即 n 个单因子污染指数的算术平均值。计算公式为:
		二级湖闸上	0.30	尚清洁	
		二级湖闸下	0.28	尚清洁	
		微山岛	1.40	重污染	$$P = \frac{1}{n}\sum_{i=1}^{n}\frac{C_i}{S_i}$$
		韩庄	0.72	中污染	
补水中	2002-12-07	蔺家坝	0.15	清洁	式中:C_i 为污染物 i 的实测浓度;S_i 为污染物 i 的标准浓度(取地面水 Ⅲ 类标准);n 为评价因子数。
补水 中后期	2003-02-10	蔺家坝	0.14	清洁	评价标准:$P \le 0.2$ 清洁(多数项目未检出,个别项目检出值也在标准之内);$0.2 < P \le 0.4$ 尚清洁(检出值均在标准之内,个别项目接近标准);$0.4 < P \le 0.7$ 轻污染(个别项目检出值超过标准);$0.7 < P \le 1.0$ 中污染(有两项检出值超过标准);$1.0 < P \le 2.0$ 重污染(相当一部分项目检出值超过标准);$P > 2.0$ 严重污染(相当一部分检出值超过标准数倍或几十倍)
		南阳	1.70	重污染	
		二级湖闸上	0.27	尚清洁	
		二级湖闸下	0.23	尚清洁	
		微山岛	1.28	重污染	
		韩庄	0.69	轻污染	
补水 后期	2003-03-10	南阳	0.44	轻污染	
		二级湖闸上	0.20	清洁	
		二级湖闸下	0.17	清洁	
		微山岛	0.68	轻污染	
		韩庄	0.20	清洁	

从济宁市水环境监测资料分析可以看出,补入下级湖蔺家坝处的水质较好,为清洁水,并符合地面水Ⅳ类标准,仅有氨氮超地面水Ⅲ类标准。微山岛、南阳两监测点补水前为重污染湖泊,补水中后期也为重污染湖泊,但水质有所好转,补水后期已改善为轻污染湖泊,水质明显好转。二级湖闸上、二级湖闸下两监测点的水质较好,补水前期均为尚清洁湖泊,补水后期变为清洁湖泊。韩庄闸水质监测点,补水前为中污染湖泊,但随着长江水的不断补入,水质变化较大,变为补水中后期的轻污染湖泊和补水后期的清洁湖泊。由此可知,长江水对南四湖的补入不仅缓解了南四湖周边地区的旱情,同时湖区水质也有了明显好转,对南四湖的生态环境起到了改善作用。

9.6 生态调水效益

南四湖湖区内生态资源丰富,有鸟类 196 种(其中 30 多种属国家一、二级保护鸟类)、鱼类 16 科 53 属 78 种、水生植物 78 种、浮游藻类 8 门 46 科 116 属、浮游动物 249 种,形成了良好的生态链,是国家级自然保护区。

从长江调取的 1.1 亿 m³ 水,使面临生态危机的南四湖再现生机,避免了生态环境的毁灭性破坏,湖内宝贵的自然资源得以存留,补水取得了显著的社会效益、生态环境效益和经济效益。本次补水计量工作积累的丰富经验可为南水北调计量监测工作提供借鉴。

9.6.1 社会效益

(1)此次生态补水反映国家重视生态环境建设,真正体现了党中央、国务院为民着想的"三个代表"重要思想,也给南四湖湖区和整个社会带来了深远的影响。

生态补水实施后,大大改善了湖区水质,改善了通航条件,留住了候鸟,拯救了生态,促进了人与自然的和谐相处。补水后,缓解了部分群众吃水困难的状况,使群众体会到了党中央、国务院和各级领导对灾区人民的关怀,对于稳定当地群众的心态、保持社会安定也起到了积极作用。

(2)扩大了水利的影响,树立了水利职工良好的形象,增强了全社会的水患意识,也积累了跨流域调水经验。

此次应急生态补水,全国瞩目。通过这次跨流域调水活动,使全社会对水利的重要作用有了更加深刻的认识,进一步强化了人们的水危机意识和水利意识。同时,淮委在跨流域调水工作中出色的组织协调能力得到了充分展示,锻炼了队伍,积累了跨流域调水的宝贵经验;再一次用事实证明了流域机构在流域水资源统一管理中具有不可替代的重要作用。

9.6.2 生态环境效益

9.6.2.1 湖区地表水面基本形成

生态补水后南四湖蓄水量达到 1.5 亿 m³ 左右,上、下级湖水位均比补水前升高了 0.5 ~ 0.6 m。经测算,调水后,湖区地表水面基本形成:上级湖形成了近 160 km² 的水面,下级湖形成了近 200 km² 的水面,有效地缓解了南四湖地表水资源紧缺的危机,保证了维持生态环境的最低限度用水。

9.6.2.2 湖区周边地下水位回升

生态补水使湖区周边的地下水位有了一定回升,沿湖村庄的自备压水井基本恢复使用,缓解了南四湖周边地区居民生活用水的紧张局面;避免了大面积漏斗区的形成,为地下水资源的合理开发和利用提供了重要依据。为真实反映补水后的地下水位变化情况,采用补水前旱情分析取用的 33 号、40 号、76 号井于 2003 年 3 月 26 日观测的地下水位资料,与补水前资料比较,地下水位明显升高(见表 9-19)。

表 9-19　补水前后沿湖地下水埋深情况对比分析

补水时期	观测时间 (年-月-日)	井号(位置)	33 号 (淹子口)	40 号 (前寨村)	76 号 (刘庄村)	平均
补水后	2003-03-26	埋深(m)	2.04	5.32	4.33	3.90
		地下水位(m)	32.38	30.21	30.38	30.99
补水前	2002-12-01	埋深(m)	3.21	6.49	7.19	5.63
		地下水位(m)	31.21	29.04	27.52	29.26
补水前后地下水位上升(m)			1.17	1.17	2.86	1.73

9.6.2.3　生态环境得到改善

从长江调取的 1.1 亿 m^3 水,补充到南四湖内的航道、河汊和深水区,使面临生态危机的南四湖再现生机,避免了生态环境的毁灭性破坏,维持了湖区鱼类、水生动植物等最低的生态用水需求,拯救了湖内濒临灭亡的物种,保证了南四湖生态链的完整和生物物种的延续,湖内宝贵的自然资源得以保留,补水取得了显著的生态效益和环境效益。

9.6.3　经济效益

近年来,南四湖流域水体经常发生污染,生态补水水质监测对于及时掌握补水水质变化,进而为该流域水环境污染的防治提供了科学依据;南四湖近年来连续出现湖干,水资源紧缺已成为制约该地区国民经济发展的主要因素,生态补水计量监测取得的翔实资料,为南四湖流域水资源的优化配置及水环境保护,为整个南四湖流域的水资源合理利用、调查评价、管理和科学调度提供了可靠支撑。

生态补水使部分河段航运得以恢复。据不完全统计,在 2002 年 12 月至 2003 年 1 月补水期间,蔺家坝船闸平均每天通过 15 个闸次,平均每次通过 16 艘船;因面临缺水而被限制开采地下水的部分工矿企业及时恢复了生产,工业产值未因缺水而降低,经济社会效益十分显著。

第 10 章　2014 年南四湖生态调度

10.1　旱情分析

10.1.1　天气成因

2014 年南四湖干旱的天气成因主要有两点:一是南四湖地区冷空气影响过程少、汛期副热带高压脊线偏南、西南气流强度偏弱等因素影响,致使南四湖地区降水量总体偏少;二是降水过程持续时间短、强度弱,时空分布较为分散,不易形成径流。

2013 年汛后大气环流形势较为稳定,冷空气过程少,西南气流不活跃,导致南四湖地区降水严重偏少。

2013 年 10 月,欧亚中高纬盛行纬向环流,南四湖地区主要受西北气流影响,无明显降水过程。11 月上旬,欧亚中高纬环流呈西高东低形势,巴尔喀什湖至我国东北一带为低压槽,槽后陆续有冷空气南下,受其影响,南四湖地区出现 2 次小雨过程;中旬,东亚大槽形成并逐渐增强,南四湖地区处槽后西北气流中,天气晴好;22—24 日受河套低槽东移影响,南四湖地区出现小到中雨过程。至 12 月,东亚大槽稳定维持,南四湖地区主要受西北气流控制,基本无降水。

2014 年 1 月、3 月南四湖地区主要受高压脊影响,降水偏少,2 月、4 月、5 月受频繁南下的冷空气和暖湿气流共同影响,降水偏多,汛前累计降水量较常年略偏多,但因总量不大,未产生明显径流。2014 年 6—8 月,副热带高压较常年略偏弱、脊线偏南,影响南四湖地区的冷空气、西南暖湿气流偏弱,导致南四湖地区降水明显偏少,降水过程持续时间短、强度弱。

10.1.2　水资源情势

10.1.2.1　降水量

1.2013 年 10 月至 2014 年 8 月降水量

2013 年 10 月至 2014 年 8 月南四湖流域平均降水量为 412 mm,其中,2013 年 10—12 月、2014 年 1—5 月至 2014 年 6—8 月降水量分别为 39 mm、137 mm 和 236 mm。2013 年 10 月至 2014 年 8 月南四湖流域较大降水过程有 2 次:第 1 次为 2014 年 5 月 10 日,受冷暖空气共同影响,南四湖流域出现大到暴雨过程,流域平均日降水量为 41.1 mm,南四湖流域次降水量在 50 mm 以上的面积 0.66 万 km^2,占南四湖流域面积的 20.8%;第 2 次为 2014 年 7 月 29 日至 8 月 1 日,南四湖流域平均降水量为 41.6 mm,次降水量在 50 mm 以上的面积 2.1 万 km^2,占南四湖流域面积的 66.6%。

2. 与历史平均水平比较

根据 1953—2012 年南四湖流域降水量资料统计,当年 10 月至次年 8 月多年平均降水量为 628 mm,其中,10—12 月多年平均降水量为 67 mm,1—5 月多年平均降水量为 132 mm,6—8 月多年平均降水量为 429 mm。

与历年最小降水量相比,2013 年 10 月至 2014 年 8 月南四湖流域平均降水量 412 mm,仅大于 1967 年 10 月至 1968 年 8 月的 377 mm、2001 年 10 月至 2002 年 8 月的 394 mm 及 1998 年 10 月至 1999 年 8 月的 397 mm,列 1953 年以来倒数第 4 位。与历年各月最小降水量相比,只有 2013 年 12 月降水量与历年最小降水量相同,其余月份均大于历年最小降水量。南四湖流域 2013 年 10 月至 2014 年 8 月各月与多年平均降水量比较结果见表 10-1。历年 10 月至翌年 8 月累计降水量柱状图与历年同期平均降水量过程对比见图 10-1。

表 10-1　南四湖流域 2013 年 10 月至 2014 年 8 月各月与多年平均降水量比较结果　(单位:mm)

月份	10 月	11 月	12 月	1 月	2 月	3 月	4 月	5 月	6 月	7 月	8 月	累计
历年最大	106	101	46	45	46	85	163	155	306	563	349	—
历年最小	0	0	0	0	0	0	2	2	9	51	34	—
多年平均	34	22	11	9	13	23	38	49	88	191	150	628
2013-10 至 2014-08	6	33	0	1	20	4	41	71	45	120	70	412
距平(%)	−82.4	50	−100	−88.9	53.8	−82.6	7.9	44.9	−48.9	−37.2	−53.3	−34.4

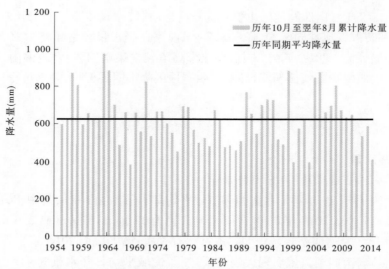

图 10-1　历年 10 月至翌年 8 月累计降水量柱状图与历年同期平均降水量过程对比

3. 与历史干旱年比较

2013 年 10 月至 2014 年 8 月南四湖流域平均降水量为 412 mm,列 1953 年以来历史同期最少降水的第 4 位。较历史干旱年 1967 年 10 月至 1968 年 8 月、1998 年 10 月至

1999 年 8 月、2001 年 10 月至 2002 年 8 月分别偏多 9.3%、3.8%、4.6%，比较结果见表 10-2。

表 10-2　南四湖流域 2013 年 10 月至 2014 年 8 月与历史干旱年降水量　（单位：mm）

典型年份	当年 10—12 月	翌年 1—5 月	翌年 6—8 月	合计	2013—2014 年与典型年比较（%）			
					10—12 月	1—5 月	6—8 月	合计
2013—2014	39	137	236	412	—	—	—	—
1967—1968	50	82	245	377	-22	67.1	-3.7	9.3
1998—1999	22	119	256	397	77.3	15.1	-7.8	3.8
2001—2002	43	159	192	394	-9.3	-13.8	22.9	4.6

2013 年 10—12 月，南四湖流域平均降水量为 39 mm，较历史干旱年 1998 年 10 月至 1999 年 8 月同期偏多 77.3%，较 1967 年 10 月至 1968 年 8 月、2001 年 10 月至 2002 年 8 月同期分别偏少 22%、9.3%。

2014 年 1—5 月，南四湖流域平均降水量为 137 mm，较历史干旱年 1967 年 10 月至 1968 年 8 月、1998 年 10 月至 1999 年 8 月同期分别偏多 67.1%、15.1%，较 2001 年 10 月至 2002 年 8 月同期偏少 13.8%。

2014 年 6—8 月，南四湖流域平均降水量为 236 mm，较历史干旱年 2001 年 10 月至 2002 年 8 月同期偏多 22.9%，较 1967 年 10 月至 1968 年 8 月、1998 年 10 月至 1999 年 8 月同期分别偏少 3.7%、7.8%。

10.1.2.2　蒸发量

根据现有水面蒸发站的分布，选择后营、书院、二级坝、韩庄、沛城 5 站作为分析南四湖上、下级湖湖面蒸发的代表站。

（1）南四湖上级湖湖面蒸发。

2013 年 10 月至 2014 年 8 月南四湖上级湖平均蒸发量为 825 mm，其中，10—12 月、1—5 月、6—8 月蒸发量分别为 144 mm、354 mm 和 327 mm。

根据 1983 年至 2013 年南四湖上级湖蒸发资料统计，南四湖上级湖当年 10 月至翌年 8 月多年平均蒸发量为 766 mm，其中，10—12 月、1—5 月、6—8 月多年平均蒸发量分别为 127 mm、320 mm、319 mm。与历史同期蒸发量相比，2013 年 10 月至 2014 年 8 月南四湖上级湖平均蒸发量列 1983 年以来同期第 3 位（从大到小排序）。

（2）南四湖下级湖水面蒸发。

2013 年 10 月至 2014 年 8 月南四湖下级湖平均蒸发量为 785 mm，其中，10—12 月、1—5 月、6—8 月蒸发量分别为 135 mm、325 mm、325 mm。

根据 1983 年至 2013 年南四湖下级湖蒸发量资料统计，南四湖下级湖当年 10 月至翌年 8 月多年平均蒸发量为 746 mm，其中，10—12 月、1—5 月、6—8 月多年平均蒸发量分别为 131 mm、313 mm、302 mm。2013 年 10 月至 2014 年 8 月南四湖下级湖平均蒸发量为 785 mm，列 1983 年以来同期蒸发量第 7 位（从大到小排序）。

10.1.2.3　入湖水量

2013 年汛后至南四湖生态应急调水期间,南四湖上、下级湖各入湖河道流量迅速减少,多数河流大部分时间内都处于断流状态。

2013 年 10 月至 2014 年 8 月,南四湖上级湖 9 个水文站 11 个月累计水量为同期多年平均的 8.2% 。其中 2013 年 10—12 月、2014 年 1—5 月和 2014 年 6—8 月来水量分别为同期多年平均来水量的 4.1%、6.7% 和 9.2% 。南四湖上级湖各月入湖水量与同期多年平均入湖水量比较见表 10-3。

表 10-3　2013—2014 年南四湖上级湖各月入湖水量与同期多年平均入湖水量比较

月份	同期多年平均(亿 m³)		2013—2014 年(亿 m³)		与同期多年平均比较(%)	
10	0.836		0.023		2.75	
11	0.348	1.474	0.022	0.061	6.33	4.1
12	0.290		0.016		5.36	
1	0.270		0.047		17.35	
2	0.199		0.014		6.98	
3	0.196	1.132	0.010	0.076	5.08	6.7
4	0.127		0.002		1.77	
5	0.340		0.003		0.88	
6	0.506		0.012		2.40	
7	3.127	7.772	0.198	0.716	6.33	9.2
8	4.139		0.506		12.22	
合计	10.378	—	0.852	—	8.21	—

2013 年 10 月至 2014 年 8 月,南四湖下级湖 3 个水文站 11 个月累计水量为同期多年平均的 7.4% 。其中 2013 年 10—12 月、2014 年 1—5 月和 2014 年 6—8 月来水量分别为同期多年平均来水量的 8.6%、0 和 7.8% 。2013—2014 年南四湖下级湖各月入湖水量与同期多年平均入湖水量比较见表 10-4。

根据《淮河流域防汛抗旱水情手册》,南四湖流域自黄河引水流量大于 1 m³/s 的引水口门有 17 处,2014 年只有东鱼河和梁济运河引黄河水进入南四湖,入南四湖上级湖的水量为 6 352 万 m³。

2013 年汛末(10 月 1 日),南四湖上级湖南阳站水位 33.87 m,较历史同期低 0.11 m,蓄水量 7.56 亿 m³,较历史同期偏少 1.02 亿 m³,偏少 11.9%;南四湖下级湖微山站水位 32.16 m,较历史同期低 0.17 m,蓄水量 5.94 亿 m³,较历史同期偏少 1.48 亿 m³,偏少 19.9%。

10.1.3　土壤墒情与地下水

土壤墒情是指田间土壤含水量及其对应的作物水分状态。水文行业主要是依据土壤含水量的观测结果分析土壤墒情。根据资料情况,主要分析 2014 年土壤含水量,并与多年平均情况以及历史干旱年 2002 年进行比较。

表 10-4　2013—2014 年南四湖下级湖各月入湖水量与同期多年平均入湖水量比较

月份	同期多年平均(亿 m³)		2013—2014 年(亿 m³)		与同期多年平均比较(%)	
10	0.141		0.018		13.13	
11	0.063	0.250	0.002	0.021	3.57	8.6
12	0.046		0.001		1.46	
1	0.031		0.000		0.00	
2	0.021		0.000		0.00	
3	0.018	0.134	0.000	0.000	0.00	0.0
4	0.021		0.000		0.00	
5	0.043		0.000		0.00	
6	0.086		0.034		39.5	
7	0.641	1.511	0.034	0.119	5.24	7.8
8	0.784		0.051		6.46	
合计	1.896		—	0.140	7.37	

与 2002 年月平均土壤含水量相比,2014 年 5 月和 6 月土壤含水量略低于 2014 年,其余月份均是 2014 年土壤含水量高于 2002 年,其中 2014 年 8—11 月,分别比 2002 年同期高 5.3%、6.5%、8.3% 和 6.8%。

10.1.4　湖区水位

2013 年 10 月至 2014 年 8 月南四湖上级湖和下级湖湖内水位均呈现总体逐渐下降的趋势。

2013 年汛后至 2014 年汛期,南四湖上级湖水位先缓涨,之后持续下降;南四湖下级湖水位则持续下降,上、下级湖均出现了自 2003 年以来的最低水位。

2013 年 10 月至 2014 年 8 月南四湖上级湖和下级湖湖内水位均呈现总体逐渐下降的趋势。

10.1.4.1　2013 年 10 月至 2014 年 8 月水位

1. 南四湖上级湖南阳站

2013 年 10 月 1 日,南四湖上级湖南阳站水位为 33.87 m,低于正常蓄水位 0.63 m。2013 年 10 月 25 日南阳站水位降至 33.72 m,之后缓慢回涨,至 2014 年 2 月 25 日涨至 33.90 m,为 2013 年 10 月至 2014 年 8 月期间内最高水位。2014 年 3 月中旬开始,水位下降趋势加快,2014 年 6 月 22 日,水位跌至 32.99 m,开始低于死水位(33.00 m)。2014 年 7 月 29 日,南阳站水位下降至 32.70 m,之后又缓慢回涨,8 月 31 日水位则又回落至 32.69 m,为 2013 年 10 月至 2014 年 8 月期间内最低水位,亦即 2014 年全年最低水位。

2.南四湖下级湖微山站

2013 年 10 月 1 日,南四湖下级湖微山站水位 32.16 m,低于正常蓄水位(32.50 m) 0.34 m。10 月 21 日微山站水位降至 32.05 m,之后稍有回涨,11 月初,水位开始呈现较为明显的下降趋势。自 2014 年 4 月初,随着用水的增加,水位下降的趋势开始加快。2014 年 6 月 12 日,水位降至死水位 31.50 m,其后水位下降的速度进一步加快,7 月 12 日,降至最低生态水位 31.05 m,7 月 25 日降至 30.75 m,为 2013 年 10 月至 2014 年 8 月期间内最低水位。由于生态应急调水的实施,其后水位开始回涨,并保持在 31.05 m 以上。南四湖南阳站和微山站 2013 年 10 月至 2014 年 8 月水位过程线见图 10-2。

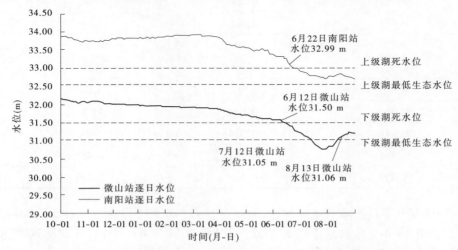

图 10-2　南阳站和微山站 2013 年 10 月至 2014 年 8 月水位过程线

10.1.4.2　与历年同期比较

1.南四湖上级湖南阳站

根据 1953 年至 2012 年南四湖上级湖南阳站水位资料统计,南阳站多年平均水位为 33.92 m,历年各月平均水位 33.30 m(6 月)~34.22 m(9 月)。

与历年同期各月水位相比,2013 年 10 月至 2014 年 8 月,只有 2014 年 3 月高于历史同期水位,其余月份均低于历史同期水位。其中以 2014 年 8 月低于历史同期水位最为严重,约 1.30 m。

2014 年 8 月 31 日,南阳站出现最低水位 32.69 m,而自 1953 年以来南四湖上级湖在 1988 年等 7 年中出现过湖干的记录。

2.南四湖下级湖微山站

根据 1953 年至 2012 年南四湖下级湖微山站水位资料统计,微山站多年平均水位为 32.07 m,历年各月平均水位 31.61 m(6 月)~32.28 m(9 月)。

与历年同期各月水位相比,2013 年 10 月至 2014 年 8 月,各月水位均低于历史同期水位。其中以 2014 年 8 月低于历史同期水位最为严重(约 1.05 m),2013 年 11 月比历史同期水位低 0.13 m 为最小。

2014 年 7 月 25 日,微山站出现最低水位 30.75 m,而历史最低水位为 2000 年 6 月 20 日,湖干。

南四湖上、下级湖水位情况见表10-5、表10-6。

表 10-5　2013 年 10 月至 2014 年 8 月南四湖月平均水位与历年同期水位　　（单位：m）

月份	南阳站			微山站		
	2013—2014 年	历年同期	差值	2013—2014 年	历年同期	差值
10	33.80	34.09	−0.29	32.10	32.25	−0.15
11	33.75	34.04	−0.29	32.06	32.19	−0.13
12	33.81	33.98	−0.17	32.00	32.18	−0.18
1	33.83	33.94	−0.11	31.95	32.17	−0.22
2	33.89	33.89	0	31.93	32.16	−0.23
3	33.88	33.86	0.02	31.90	32.12	−0.22
4	33.63	33.73	−0.10	31.76	32.04	−0.28
5	33.47	33.53	−0.06	31.64	31.86	−0.22
6	33.15	33.30	−0.15	31.44	31.61	−0.17
7	32.79	33.55	−0.76	30.95	31.68	−0.73
8	32.77	34.07	−1.30	31.07	32.12	−1.05
9	—	34.22	—	—	32.28	—

表 10-6　1960—2014 年南四湖最低水位排位

上级湖南阳站			下级湖微山站		
排位	最低水位（m）	出现时间（年-月-日）	排位	最低水位（m）	出现时间（年-月-日）
1	湖干	1988 年等 7 年	1	湖干	2000-06-20
2	31.56	1987-05-30	2	29.85	2002-08-25
3	31.76	1992-07-10	3	30.34	1982-07-11
4	32.07	1983-07-16	4	30.55	1978-06-23 1989-11-09
5	32.11	1982-07-03	5	30.56	2001-06-28
6	32.16	1986-07-27	6	30.57	1990-01-06
7	32.19	2001-06-17	9	30.62	2003-01-01
8	32.31	1981-07-05	10	30.69	1981-08-24
9	32.32	1962-06-08	11	30.75	1988-07-13 2014-07-25
10	32.36	1960-05-04			
11	32.56	1967-06-25			
12	32.58	1974-07-16			
13	32.63	1978-06-23			
14	32.69	2014-08-31			

10.1.5　干旱对水生态的影响

根据山东省济宁市微山县的统计,南四湖下级湖旱情导致湖内断航和渔业生产等损失严重。

10.1.5.1　干旱对水生态的影响

2014 年,南四湖上、下级湖湖水位持续下降,整个湖区面临严重的水生态危机。湖内湖底裸露,网箱出露在湖底的滩地上,干裂的湖底死鱼、死河蚌随处可见。南四湖二级坝第一、二节制闸的下游已经漏底。韩庄闸下游河床裸露。

湖内水位变浅,在烈日下,湖水失去了温度调节功能,水温过高,鱼虾无法生存,水生植物死亡,加速了南四湖地区湖水的富营养化,水生态破坏严重。湖内野生动植物资源受到严重威胁,水生生物锐减、植被退化。南四湖地区旱情如果进一步加重,极易造成全湖干涸,湖区水生态环境面临毁灭性破坏,水生生物将快速死亡,大量鸟类因食物遭受破坏被迫迁徙或死亡,稳定的生态食物链一旦破坏,相当长的时间内将难以恢复。

水位持续降低,造成南四湖地区水面和湿地大面积萎缩,水质的自净能力受到严重影响,治用并保举的生态治污功能逐步丧失,水生态环境遭到严重破坏,南水北调水质安全将受到严重威胁。据监测,2014 年 7 月水质主要污染物 COD 较 2013 年同期上升了29.2%、氨氮较 2013 年同期上升了 79.8%,水生动植物的生存环境遭到严重破坏。如果没有大的降雨或调水补给,山东省济宁市微山县绝大部分鱼塘将干涸,南四湖地区渔业生产将遭到毁灭性打击,渔、湖民在因清理网箱、网围承受巨大经济损失的基础上,生产生活将更为困难;农业生产也将因缺少灌溉用水受到较大影响。特别是在 2002 年的南四湖地区干涸时遭到毁灭性破坏的 20 万亩野生莲藕还未完全恢复,长春鳊、赤眼鳟及部分鲶型目鱼类灭绝,原有的 78 种鱼类仅存 40 余种,若南四湖地区旱情进一步恶化,湖区生态环境将面临毁灭性破坏。

10.1.5.2　其他影响

南四湖持续干旱也使湖区及航道水位急剧下降,航道变窄变浅,通航环境明显恶化,京杭运河干支线航道通航困难或断航,部分航段出现船舶搁浅现象。同时,济宁市微山县因干旱受到严重影响的渔业养殖面积为 49.87 万亩,干涸绝产的鱼塘达 21 万亩,绝产的网围养殖 2 万亩,绝产的网箱养殖 1 万亩。渔业产量损失达 51 430 t,占全年水产品总产量的 51%。11 万渔、湖民生产生活受到严重影响。

10.2　生态调水决策

2014 年 7 月 12 日,南四湖下级湖水位降至最低生态水位以后,引起各级政府特别是水利主管部门的高度重视,淮河防汛抗旱总指挥部(简称淮河防总)多次会商、研判旱情,要求相关单位加强取用水监管。7 月 15 日,淮委水文局发布了南四湖枯水橙色预警;7 月24 日,山东省微山县人民政府向淮河水利委员会申请启动南四湖生态应急调水。7 月 29日,山东省防汛抗旱指挥部(简称山东省防指)紧急请示国家防总向南四湖调水;8 月 1日,国家防总正式决定通过南水北调东线工程向南四湖实施生态应急调水。

10.2.1　决策过程

面对严重的南四湖旱情,国家和地方有关政府及部门高度重视。2014 年 6 月中旬,淮委沂沭泗水利管理局要求有关单位严格控制取用水规模,加强沿湖周边取水工程的巡查和监管力度。根据《淮河流域水情预警发布暂行规定》,7 月 15 日,淮委水文局发布了南四湖枯水橙色预警,提醒有关部门密切关注旱情发展。淮河防总及时组织有关单位和专家分析旱情发展形势,研究制订应急调水方案。7 月 17 日,淮委印发《关于加强南四湖取水用水管理工作的通知》,要求加强南四湖现有水源管理,提前做好应对措施。

南四湖旱情发生后,国家和地方有关政府及部门高度重视南四湖水生态环境问题。山东省委、省政府高度重视南四湖生态应急调水工作,自 2014 年 7 月 19 日 12 时起,山东启动引黄补湖工作,通过梁济运河、东鱼河两条线路紧急调引黄河水用于补充南四湖生态用水。至 7 月 28 日,累计引调黄河水 2 363 万 m³,向南四湖上级湖补水 1 224 万 m³,在一定程度上减缓了南四湖上级湖水位的下降速度。但受黄河干流流量偏低及引水工程现状影响,实施的引黄补湖生态应急补水日入湖水量仅 20 万 m³,而南四湖上、下级湖日蒸发量约 60 万 m³,入湖水量远低于蒸发量,南四湖水位快速下降的局面并没有得到有效控制。据当时气象部门预测,未来一段时间该地区仍无有效降水过程,南四湖水位将持续下降。

2014 年 7 月 24 日,南四湖下级湖微山站水位 30.79 m,低于死水位(31.50 m)0.71 m,低于最低生态水位 31.05 m 运行 10 d,山东省济宁市微山县人民政府向淮河水利委员会发文,申请立即启动南四湖生态应急调水工作。

2014 年 7 月 29 日,山东省防指按照省委、省政府领导批示要求,紧急请示国家防总,请求从长江通过南水北调东线工程向南四湖调水。为遏制湖内生态环境持续恶化,避免发生难以挽回的损失,淮河防总及时组织有关单位分析旱情发展形势,研究制订了维系生态安全的多种方案,同时积极与苏、鲁两省沟通,共同商讨维护南四湖生态安全对策。7 月 31 日,国家防总、淮河防总工作组赴山东省检查山东省干旱情况。

2014 年 8 月 1 日,国家防总在北京召集淮河防总、山东防指和江苏省防汛防旱指挥部(简称江苏省防指)、国务院南水北调办公室等单位应急会商,会议讨论形成了《2014 年南四湖生态应急调水方案》,并决定于 8 月 5 日启动向南四湖实施生态应急调水。会后,国家防总原副总指挥、水利部部长陈雷签发了国家防总《关于实施南四湖生态应急调水的通知》(国汛电〔2014〕1 号),要求淮河防总加强应急调水的统一调度和监督管理,组织协调两省共同做好应急调水工作;江苏、山东两省团结协作,克服困难,确保调水工作顺利实施,切实加强调水沿线和南四湖的用水管理,最大限度地发挥调水的生态效益。

2014 年 8 月 4 日,淮委组织相关部门召开了"淮委实施南四湖生态应急调水会议",会议传达了"国汛电〔2014〕1 号"文件精神,听取了淮委水文局关于南四湖水情的汇报、淮河防总办公室关于落实国家防总文件精神的意见,并将调水工作任务分解到相关单位。

同日,为贯彻落实国家防总通知精神,确保调水任务的顺利实施,江苏省防指制订了《2014 年南四湖生态应急调水方案》,向扬州、淮安、宿迁、徐州等市防汛防旱指挥部下发了《关于下达南四湖生态应急调水方案的通知》(苏防电传〔2014〕28 号)。通知要求各有关单位切实提高认识,明确落实管理;严格报汛纪律,及时上报落实情况;加强水文监测,做好水情信息报送;确保工程安全,加强供水沿线巡查;关注雨水情变化,确保防汛安全;加强输水河道航运管理。

10.2.2 调度方案

利用南水北调东线一期工程,自长江经沿线泵站逐级抽水入南四湖下级湖,使下级湖水位不低于最低生态水位(31.05 m)。

10.2.2.1 具体方案

1. 调水线路

根据国家防总制订的 2014 年南四湖生态应急调水方案,利用南水北调东线一期工程抽取长江水调入南四湖下级湖。自下游里运河、中运河,至京杭大运河不牢河段作为本次生态应急调水的输水线路,江苏省境内通过江都、宝应、淮安、泗阳、刘老涧、皂河、刘山、解台八级泵站将抽引的长江水逐级翻调至不牢河解台闸上,再通过苏鲁省界蔺家坝泵站调入南四湖下级湖(各级泵站分布见图 10-3)。具体调水线路如下。

1)长江至洪泽湖段

由里运河、新河、总渠线输水,启用宝应站、淮安四站、淮阴三站 3 个泵站抽水,补水进入二河段。

2)洪泽湖至骆马湖段

由中运河线输水,利用泗阳一站扩建能力以及刘老涧二站、皂河二站抽水,补水进入骆马湖。

3)骆马湖至微山湖段

由中运河、不牢河线输水,利用南水北调刘山站、解台站、蔺家坝站抽水,补水进入南四湖下级湖。

为了开展调水量计量工作,江苏省本着泵站水量控制及实际断面控制原则,从江都泵站至不牢河解台泵站调水沿线共布设水量监测断面 26 处。其中 8 处泵站、4 处河道站监测断面以施测流量方式进行水量计量,其余 14 处断面采用泵站已率定的历年流量关系线推流计算水量。

蔺家坝泵站是南水北调东线苏鲁省界泵站,为本次生态应急调水的最后一级泵站,所抽调水量直接进入南四湖下级湖。按照国家防总有关工作部署,蔺家坝泵站水量计量工作由淮委负责,具体由淮委水文局组织实施水量监测工作。

2. 调水规模

根据国家防总要求,向南四湖下级湖调水至最低生态水位 31.05 m,考虑水面蒸发和湖西支流回水等,应急调水量暂按 0.8 亿 m^3 考虑。

3. 调水流量及时间安排

(1)江都、高港枢纽。自 2014 年 8 月 3 日起,江都站在生态应急调水期间全力抽江水,翻水流量不低于 450 m^3/s。在不影响江都站抽江流量的情况下,江都东闸加大引江流量 50 m^3/s 左右,高港枢纽加大引江流量 100 m^3/s 左右,以保证宝应站抽水期间里下河兴化水位维持在正常水平。

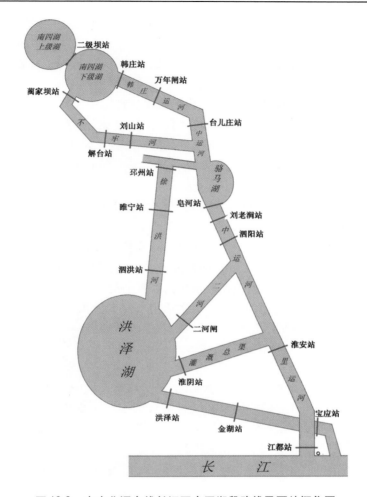

图 10-3　南水北调东线长江至南四湖段路线及泵站概化图

（2）宝应站。8 月 4 日 16 时开启 1 台机组，8 月 5 日起视情况逐步加大至 100 m³/s。

（3）淮安四站。8 月 5 日 8 时开机 1 台，根据下游水位情况，在不影响淮安一、二站正常运行的情况下逐步加大流量至 90 m³/s 左右。

（4）淮阴三站。8 月 5 日 8 时开机 1 台，后视水情逐步加大流量至 85 m³/s 左右。

（5）泗阳梯级泵站。8 月 5 日 10 时增加翻水流量 80 m³/s 左右。

（6）刘老涧二站。8 月 5 日 10 时翻水流量 75 m³/s 左右。

（7）皂河二站。8 月 5 日 10 时开机，翻水流量 70 m³/s 左右，包括皂河站原翻水流量 180 m³/s 左右，合计翻水流量在 250 m³/s 左右。

（8）刘山站、解台站。8 月 4 日 16 时同步增加 1 台机组，后视水情同步再增加一台机组，累计增加流量 50～60 m³/s。

（9）蔺家坝站。8 月 5 日起开启蔺家坝站，流量逐步加大，8 日入湖流量达到 50 m³/s。

视雨水情变化及调水工作需要，适时调整泵站抽水流量，计划调水历时约 20 d。

10.2.2.2　调水费用

应急调水发生的费用由山东和江苏两省共同承担，其中山东省按照实际入湖水量

(蔺家坝断面)以单价 0.38 元/m³ 支付给江苏省,其余费用由江苏省承担。

10.2.2.3　组织管理

淮河防总负责应急调水的统一调度、总体协调和监督管理,负责入南四湖下级湖水量计量和水质监测。

江苏省防指负责蔺家坝泵站以南本省内的调水管理工作。其中江苏省防指办公室统一调度各梯级泵站及相关工程,各单位严格执行;江苏省水文局负责配合淮河防总开展入南四湖下级湖水量计量和水质监测工作,做好江苏省境内水量水质监测及信息报送工作;江苏省河道局等部门配合做好工程运行安全、巡查、督查等工作。

山东省负责收水管水工作。

南水北调东线总公司负责协助淮河防总、山东和江苏省做好应急调水相关工作。

10.2.2.4　用水管理

为切实做好本次生态应急调水工作,同时保障苏鲁两省相关地区城乡居民生活、苏北运河航运、重点工农业生产等用水,淮河防总及江苏、山东两省要加强输水沿线各有关地区及南四湖周边取用水管理,加大沿湖取水口门监督力度。

南四湖水位在最低生态水位以下时,除生活用水及少量涉及社会稳定的必要用水外,停止其他一切用水。南四湖下级湖不得向南四湖上级湖翻水。

10.2.3　组织管理

本次调水由国家防总、水利部统一领导,淮河防总负责应急调水的组织实施,并协调江苏省防指、山东省防指开展南四湖生态应急调水工作。江苏省防指负责蔺家坝泵站以南本省内的调水管理工作;山东省负责收水管水工作;南水北调东线总公司负责协助淮河防总、山东和江苏省做好应急调水的相关工作。

生态应急调水期间禁止从南四湖下级湖内引水,以免造成再次干涸。淮委加强检查、监督,尤其加大现场巡查力度。江苏、山东两省加强境内沿湖所有引水口门和沿湖泵站的管理工作,保证南四湖生态用水。

江苏、山东两省分别督促有关市、县落实所辖范围内的具体管理措施,淮委加强督促检查。

调水计量工作由淮委水文局负责,沂沭泗局水文局配合,江苏、山东两省水文部门共同参与,完成调水计量方案的制订和计量监测工作。

其他技术及管理事宜由淮委与江苏、山东两省协商解决。

10.2.4　实施过程与监管

2014 年 8 月 1 日,国家防总应急会商会后,淮委和江苏、山东省水利厅及时贯彻落实会议精神,迅速采取行动,确保本次应急调水工作有序开展。

8 月 2—24 日调水期间,山东省水利厅、淮委、沂沭泗水利管理局、淮委水文局、江苏省防指等部门先后召开多次南四湖生态应急调水专题会议,商讨对策,下达指示,确保调水工过程的顺利实施。

8 月 24 日 16 时 10 分,蔺家坝泵站全部停机,本次南四湖生态应急调水历时 19 d,调水总量 8 069 万 m³,达到本次生态应急调水 8 000 万 m³ 的目标要求。

根据国家相关法律法规以及行政授权,淮委在所辖范围内行使水行政管理职责,因此,在南四湖水位下降至死水位以下时,淮委沂沭泗水利管理局加强了对南四湖的取用水监管。国家防总《关于实施南四湖生态应急调水的通知》中明确指出,淮河防总应加强调水的统一调度和监督管理,为此在生态应急调水期间,南四湖沿湖基层管理机构加密了巡查频次,制止非法取水,并实时上报巡查结果。

淮委沂沭泗水利管理局向江苏、山东两省人民政府防汛抗旱指挥部等单位发送明传电报《关于加强南四湖、骆马湖取用水管理的函》,通报沂沭泗水系水情。为确保南四湖及骆马湖周边地区城乡生活用水需求,避免湖内生态遭到破坏,督促有关地方人民政府及相关部门加强对湖泊周边用水管理,严格控制取水规模和取水量,在南四湖水位降至死水位以下时,原则上不得再引用湖水。同时向各直属局下发《关于加强直管河湖取用水监管工作的通知》,要求加强直管河湖取用水监管工作。

8 月 5 日,南四湖生态应急调水正式启动。为此,南四湖水利管理局印发《关于停止从南四湖下级湖取用水的函》(南四湖局防办电传〔2014〕21 号),再次对有关地方政府及沿湖取用水单位进行了监督督促,禁止取用下级湖水,确保调水效益的发挥。并根据《南四湖局落实南四湖生态应急调水工作方案》,进一步加强了对沿湖各取水口门的监督巡查力度,要求各基层局明确监管任务和目标,明确专职水资源巡查人员、巡查监督人员、巡查频次及巡查情况的上报时间,制定巡查发现问题应急处理措施等。每天至少巡查 2 次,对重点取用水口门进行 24 h 监管,做好夜间偷取偷用的防范工作。生态应急调水期间,《南四湖生态调水期间水资源监督巡查报表》的上报时间为每日 2 次,分别为 8 时 30 分和 14 时。生态应急调水期间,南四湖局共设一线监督管理单位 5 个,安排专职巡查人员 45 人,共计巡查里程 4.09 万 km。

本次生态应急调水,淮委水文局水情人员共制作调水计量简报 20 期,发送短信息 960 余条,为本次南四湖生态应急调水的顺利实施提供了及时、准确的计量数据。

10.3 生态调水实施

10.3.1 前期工作

10.3.1.1 工作方案

按照国家防总 2014 年 8 月 1 日发出的《关于实施南四湖生态应急调水的通知》(国汛电〔2014〕1 号)要求,淮委水文局及时启动水文应急监测工作,组织编制了《南四湖生态应急调水计量技术方案》。对应急监测任务、监测范围、监测方式、信息报送以及监测资料整编等提出了具体要求。

为落实水量计量工作,2014 年 8 月 3 日,淮委水文局组织淮委沂沭泗局水文局、江苏省水文水资源勘测局、山东省水文局,以及江苏省水文水资源勘测局徐州分局、山东省济宁市水文局等相关地市水文局,实地调研了蔺家坝泵站调水河道上下游的过水条件,确定了水量计量监测断面的位置,并召开专题会议讨论确定了水量计量监测技术方案,对应急监测期间站网布设、监测方式、监测频次、信息报送、技术规范、资料审查等方面进行了具体的安排部署。

与此同时,淮委水文局还全面开展了各项信息服务准备工作,检查与水利部水文局,江苏、山东省水文部门信息传输网络状态,对水情信息交换系统进行测试,保障生态应急调水期间运行通畅;对信息服务系统快速升级改造,使新设监测断面的监测信息能够在业务系统中进行查询展示;做好水量计量信息简报的编制。蔺家坝泵站开机前,各项准备工作已全面部署安排到位。

10.3.1.2　组织机构

为做好本次生态应急调水计量监测工作,淮委水文局2014年8月3日在徐州组织召开了水量应急监测准备工作会议,明确了水量监测工作由淮委水文局负责、沂沭泗局水文局协助,江苏省水文水资源勘测局、山东省水文局共同参加的工作方式。要求江苏省水文水资源勘测局徐州分局、山东省济宁市水文局安排技术人员参加水量监测,做到技术标准统一、操作过程规范、监测信息共享。

1. 机构设置

根据国家防总《关于实施南四湖生态应急调水的通知》(国汛电〔2014〕1号)文件精神和淮委工作部署,淮委水文局作为本次南四湖调水计量的主管单位,负责本次调水计量监测的组织实施、工作协调、技术指导、信息发布,以及与淮委应急调水领导小组的联系等。

为保障应急水量计量水文监测工作的顺利实施,成立了由淮委水文局、沂沭泗局水文局、江苏省水文水资源勘测局、山东省水文局组成的"南四湖生态应急调水计量领导小组",并设立了工作小组。

淮委水文局为总负责单位,负责水量应急监测的监督、检查、协调、信息发布等。沂沭泗局水文局协助淮委水文局负责应急监测的相关工作。

江苏省水文水资源勘测局派员全程参加蔺家坝泵站调水期间的水文监测,负责蔺家坝闸水情监测及信息的报送。

山东省水文局派员全程参加蔺家坝泵站调水期间的水文监测,负责微山站、韩庄枢纽的水情监测和信息报送。

2. 测报人员配备

为顺利完成调水计量监测任务,淮委水文局组织江苏省水文水资源勘测局、山东省水文局,主要联合江苏省水文水资源勘测局徐州分局和山东省济宁市水文局,选择水文业务能力强、水文测验工作经验丰富的人员承担调水监测断面的水量监测工作。工作中明确分工、责任到人。

3. 运行保障

根据国家防总下达的南四湖生态应急调水任务和淮委水文局制订的南四湖生态应急调水计量技术方案,依据水文监测行业规范要求,在断面布设、水准高程测量、断面测量、水位观测、流量测验、现场信息报送等各环节制定了相应的技术要求,严格执行水文测报"随测、随算、随分析、随报送"的"四随"制度,确保监测成果和信息传输的及时、准确。

2014年8月4日,现场水文监测人员全部到位,及时完成水位、流量测验断面设施布

设、断面测量和水准点高程校测、走航式多普勒流速剖面仪(简称走航式 ADCP)的调试和
检验,做好调水监测的各项准备工作。

10.3.1.3　断面布设

1. 流量监测断面

通过实地查勘,蔺家坝泵站进水口引河为人工河道,断面呈梯形。河段长度约 80 m,
河道顺直、规则,适宜布设流量监测断面。因此在泵站引水河段距清污机桥约 10 m 处,布
设流量监测断面 1 处(断面位置见图 10-4)。

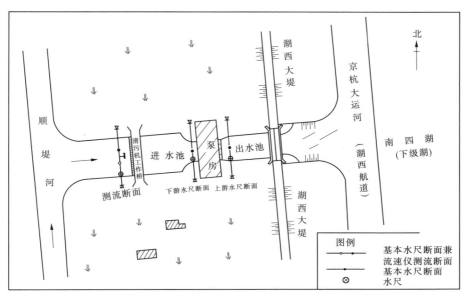

图 10-4　蔺家坝泵站附近河段及水文监测断面位置示意

由于该断面没有任何水文监测设施,按照应急监测要求,在选定的流量监测断面位置
架设过河缆索,采用人工拖弋走航式 ADCP(Acoustic Doppler Current Profilers),施测进入
泵站流量过程。

2. 水位观测断面

本次调水因时间较短,没有建设水位自动观测仪器,仅在测流断面处(清污机桥墩迎
水面)布设 1 处直立式搪瓷水尺,用以人工观读测流断面的水位变化过程。同时利用泵
站在前池(进水池)和后池(出水池)设立的水尺同步观读水位变化(水位断面位置见
图 10-4)。

在监测蔺家坝泵站调水期间,同步观测微山水位站、韩庄枢纽和蔺家坝闸的水情变
化,以及时掌握调水效果。

3. 水准高程测量

1)水准点

蔺家坝泵站工作区域内设有多处观测垂直位移的水准点。根据相关规范和水文监测
工作需要,选择泵站工作区域内 3 处水准点作为接测水尺零点高程和大断面测量的引据
点(见表 10-7),水准点高程采用 2013 年 12 月 14 日测量成果。水准点绝对基面为 1985

国家高程基准(简称 85 基准),与废黄河口基面的较差值(85 基准高程 - 废黄河口高程)为 - 0.202 m。

表 10-7　水文监测断面布设采用的水准点高程成果

编号	测量或变动日期 (年-月-日)	冻结基面 以上高程(m)	绝对基面		型式及位置
			高程(m)	基面名称	
B.M.1	2013-12-14	33.944	33.944	85 基准	明标、蔺家坝泵站下左翼 1 - 2 号不锈钢头
校 B.M.1-1	2013-12-14	33.923	33.923	85 基准	明标、蔺家坝泵站清污机底板 1 - 2 号不锈钢头
校 B.M.1-2	2013-12-14	35.715	35.715	85 基准	明标、蔺家坝泵站出水池左翼 1 - 1 号不锈钢头

以水准点"B.M.1"为引据点,采用拓普康自动整平水准仪 AT - G6 分别对"校 B.M.1-1""校 B.M.1-2"水准点进行校测。测量过程严格按照《水文普通测量规范》(SL 58—1993)四等水准测量要求进行操作。按照规范要求,往返高差不符值为 $\pm 20\sqrt{L}$ mm(L 为测量里程,单位 km)。经测量,"校 B.M.1-1"水准点实测闭合差 - 2 mm,允许闭合差 ±5 mm;"校 B.M.1-2"水准点实测闭合差 - 3 mm,允许闭合差 ±6 mm,测量成果达到精度要求。

2)水尺零点高程

利用已知水准点,采用四等水准测量要求,分别对测流断面水尺零点高程和泵站进水池水尺零点高程进行接测,允许闭合差为 $\pm 4\sqrt{n}$ mm(n 为水准仪测量站数)。测流断面水尺零点高程由"B.M.1"水准点引测,实测水尺零点高程为 29.696 m(取用 29.70 m),实测闭合差 1 mm,允许闭合差 ±3 mm;泵站进水池水尺零点高程由"校 B.M.2"水准点引测,实测水尺零点高程为 31.719 m(取用 31.72 m),实测闭合差为 0,满足测量误差要求。

4. 大断面测量

测流断面的大断面测量成果是反映测站特性的重要资料,按照规范要求,水文监测断面必须进行大断面测量。蔺家坝流量监测断面为梯形断面,大断面宽度(左、右岸断面桩距离)为 101 m,左岸断面桩地面高程为 33.71 m,右岸断面桩地面高程为 33.65 m。河底宽度为 40 m,高程为 26.78 ~ 27.10 m。两岸斜坡为混凝土砌块护坡,河底铺设防渗层,断面稳定,无冲淤变化。大断面测量分为起点距测量、岸上部分高程测量与水下部分高程测量。

起点距以左岸断面桩为起点,在高程变化明显处均布设垂线点。垂线间距离采用直接量距法。两岸断面桩之间的距离往返测量允许不符值为不超过 1/500,实测往返不符值为 1/800。

岸上部分垂线点高程采用四等水准测量,往返高差不符值为 $\pm 30\sqrt{K}$ mm(K 为测量里程,单位 km)。实测闭合差 6 mm,允许闭合差 ±9 mm。

水下部分水深采用测深杆测量,每条垂线连续测量两次水深,水深读数差不超过 2%,取平均值作为该条垂线的水深。按照大断面测时水位 31.28 m 计算,共布设 14 条测深垂线,满足规范要求。

10.3.2　监测过程

10.3.2.1　泵站调水过程

按照本次生态应急调水要求,蔺家坝泵站开启了 2 台机组(2、3 号机组),生态应急调水期间全天 24 h 运行。

2014 年 8 月 5 日 16 时 37 分,南水北调东线工程蔺家坝泵站工作人员发出指令,蔺家坝泵站第一台机组(2 号机组)开启,南四湖生态应急调水正式开始。8 月 6 日 8 时 25 分,蔺家坝泵站开启第二台机组(3 号机组),调水流量加大至 47 m³/s。泵站进入正常调水运行状态。8 月 6 日 8 时 25 分至 8 日 11 时 40 分,两台机组调水流量为 44.0~50.0 m³/s。

受水草影响,供水泵压力缺失,蔺家坝泵站 8 月 8 日 12 时临时停机检修,2 台机组同时关闭。故障排除后,当日 13 时 53 分泵站重新开启 2 号机组、14 时 8 分开启 3 号机组,泵站恢复 2 台机组运行,调水流量为 43.3~53.0 m³/s。至 24 日 16 时 10 分,蔺家坝泵站关闭,调水结束,历时 19 d。

泵站 2 台机组稳定调水期的实测流量为 43.3~54.7 m³/s(见表 10-8),与本次生态应急调水设计流量 50 m³/s 基本一致。

表 10-8　蔺家坝泵站 2014 年 8 月调水运行情况

调水时段 (月-日 T 时:分)	运行 机组数	设计流量 (m³/s)	实测流量 (m³/s)
08-05 T 16:37—08-06 T 08:16	1 台	25	23.9~25.9
08-06 T 08:25—08-08 T 11:40	2 台	50	44.0~50.0
08-08 T 12:00—08-08 T 14:00	临时停机	—	—
08-08 T 14:17—08-08 T 14:33	1 台	25	23.0
08-08 T 14:33—08-12 T 14:08	2 台	50	43.3~53.0
08-12 T 14:20—08-12 T 19:35	1 台	25	24.0
08-12 T 19:45—08-24 T 16:10	2 台	50	49.7~54.7

10.3.2.2　水量监测过程

蔺家坝泵站 2014 年 8 月 5 日 16 时 37 分开始开机调水。随着流量的增大,蔺家坝泵站下游(清污机桥前)聚集了大量的水草。经及时清理,17 时 50 分,流量监测断面已具备测流条件。18 时 11 分,监测到泵站开机调水后的第一个实测流量为 23.9 m³/s。按照监测频次要求,流量每日监测 4 次、水位每日监测 8 次进行常规监测,并实时监视水情变化,了解泵站工况变化,遇特殊水情及工况条件发生变化,及时进行加密监测。

8 月 6 日 8 时 25 分,泵站加开 1 台机组。待流态稳定后,于 9 时 52 分进行流量加测,实测流量 47.0 m³/s。8 月 8 日 12 时泵站临时停机,14 时 8 分恢复 2 台机组运行后,即恢复正常水文监测。至 8 月 24 日,根据水量监测数据统计,累计调水总量已接近本次调水的目标。自 24 日 10 时,按照每 2 h 1 次频次进行加密监测,在 16 时 10 分泵站全部关机前,加测了 4 次流量,完整控制了本次调水的变化过程。

本次生态应急调水期间,共实测调水流量 81 次共 320 个测回,加密观测水位 280 次,据此计算出向南四湖生态应急调水水量为 8 069 万 m³。

生态应急调水期间,水文工作者发扬"献身、负责、求实"的水利行业精神,按照水文监测行业规范和制订的《南四湖生态应急调水计量技术方案》要求,顶着高温酷暑坚守在监测现场,兢兢业业、履职尽责,确保测得到、报得出、及时准确。测验现场昼夜温差变化大,4 时左右监测人员出发开始一天的监测工作,湖边温度在 18 ℃左右,5 时 20 分完成测流,工作人员衣衫已被露水打湿;稍事休息后,准备 8 时的流量监测;14 时气温高达 37 ℃,测流现场人员衣衫湿透;20 时流量测验,监测人员要忍受蚊虫叮咬,借助泵站照明灯光继续施测。当工况发生变化时,监测人员守候在测流断面,抓住时机进行测流,确保能够准确监控调水水量的变化过程。完成每次监测后,立即对信息进行检查校核,通过水情信息交换网络和手机短信方式发送至后方的信息中心,确保每次监测信息及时准确。

10.3.2.3　水量监测方法

本次生态应急调水采用的水量监测仪器是走航式 ADCP,它是利用声学多普勒原理研制的河流流速流量实时测量设备。通过沿横断面走航,能直接测出断面的流速剖面分布,具有不扰动流场、测验历时短、测速范围大等特点。目前被广泛用于海洋、河口的流场结构调查、流速和流量测验等。2006 年 7 月,部颁标准《声学多普勒流量测验规范》(SL 337—2006)发布实施。目前,走航式 ADCP 已广泛应用于水文行业水量计量监测。

1. 仪器型号及特点

蔺家坝泵站水文监测采用的走航式 ADCP 为美国 RDI 公司生产的瑞江 ADCP/600 kHz 产品,其测量剖面深度范围为 0.7 ~ 75 m,剖面单元数为 1 ~ 128 个,流速分辨率达到 0.01 m/s,流速测量精度为 0.25% ±2.5 mm/s。ADCP/600 kHz 仪器外部特征及工作场景见图 10-5。

图 10-5　ADCP/600 kHz 仪器外部特征及工作场景

2. 仪器组成及工作原理

ADCP 测验设备包括:ADCP 换能器、ADCP 操作软件、外接设备(GPS 导航、GPS 罗经)等 3 个主要部分。

利用声学原理,ADCP 向水体发射 1 个(1 对或 1 组)声脉冲,这些声脉冲碰到水体中悬浮的且随水体运动的微粒后产生反射波,并记录发射波与反射波之间的频率改变,这个频率改变即称多普勒频移,可据此频移量计算出水流相对于 ADCP 的速度。同时,ADCP 还向河底发射底跟踪声脉冲,测出 ADCP 安装平台(测船)的运动速度以及水深,将水流相对速度扣除船速,即可得到水流相对大地坐标的绝对速度。

依据水流绝对速度、测船的走航速度、水深与每组数据测量时间间隔可直接计算出各纵向分层单元的流量;当小船横跨整个断面后,总流量即可通过逐个分层单元流量累加得到。走航式 ADCP 测流过程示意见图 10-6。

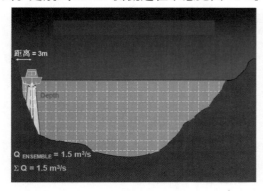
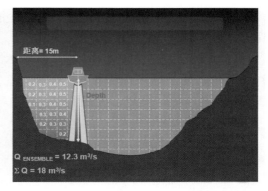
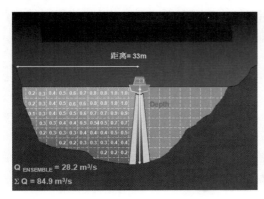
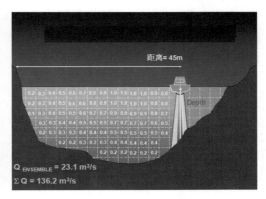
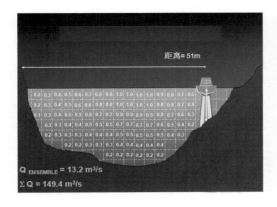
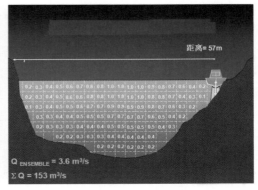

图 10-6　走航式 ADCP 测流过程示意

3. 测流软件系统

走航式 ADCP 仪器配有与计算机相连接的(有线或无线)通信接口,ADCP 实时采集到的流速、水深、航迹位置、仪器姿态等信息将实时传输至便携式计算机,由软件系统完成 ADCP 走航过程的信息监控、流量计算成果的分析计算和成果报告的生成。

在 ADCP 沿断面走航过程中,软件系统自动计算出仪器位置至岸边范围内分层各单元的断面流速、航迹和流速矢量、回波强度,以及流量、流速等信息,并实时显示。

测流完成后,计算机会根据所选择的单次流量生成本次测流的成果报告,内容包括各单次流量(顶部、底部、中部、左岸、右岸)的数值、断面宽度、面积、测流时间、平均流速、船速等要素指标,并根据各单次流量进行误差分析,计算断面流量。

10.3.2.4 水文测报质量要求

自泵站调水开始,监测人员即开始进行水位观测和流量监测。泵站运行期间,严密监视水情变化和泵站运行情况,及时调整监测方案,加密监测频次,准确控制调入南四湖下级湖流量的变化过程,为水量计量提供准确可靠的依据。

1. 水位观测

水位采用直立式水尺人工观读。根据行业规范《水位观测标准》(GB/T 50138—2010),按照准确控制生态应急调水期间水位变化要求,每日按照 5 时、8 时、11 时、14 时、17 时、20 时、23 时进行观测,遇特殊水情或工况发生变化,随时加测。

为实时掌握调水变化效果和相关工况变化,选择南四湖下级湖微山站、韩庄闸站、蔺家坝站,每日 2 时、8 时、14 时、20 时进行水位加密观测。

2. 流量监测

流量测验按照每日 5 时、8 时、14 时、20 时监测。遇泵站开机台数变化及临时性停机等工况变化情况下,随时加测。

流量测验严格按照《声学多普勒流量测验规范》(SL 337—2006)要求,每次测流在设备安装完成后,对所有电缆、电路的连接进行可靠性检查,校准计算机时钟,对仪器进行自检,并记录自检结果。检测仪器参数和工作模式设置的正确性(深度单元尺寸不少于设备允许的下限,深度单元数不超过设备允许的上限)。蔺家坝测流断面两岸为较为光滑的陡岸,选择两岸的岸边流速系数为 0.9。

测量过程中,保持匀速拖曳 ADCP 的速度,并使其船速与水流速度接近。遇通信中断造成数据不连续的测次,舍弃重测。

在泵站工况不变的情况下,调水流量流态相对平稳,一般每次测流进行 2 个测回断面流量测量,取算术平均值作为该次实测流量值。测流过程计算中每半个测回(单次)流量与所测流量的算术平均值的相对误差,对于相对误差超过 ±5% 的单次流量予以舍弃,并加测 1 个测回,以保证实测流量的精度满足规范要求。

3. 信息报送

为保证监测信息的时效性,在完成水位、流量监测后,立即对获得的数据进行校核分析,确认信息准确无误后,按照《水情信息编码》(SL 330—2011),编制泵站类的信息编码报文。编制的信息报文一般经过一校、二校后方可报送。

报送信息的方式,要求在监测现场完成信息校核后,一是现场直接编辑监测信息手机短信,在第一时间内报送至淮委相关领导和相关值班人员,使他们能够在第一时间了解和掌握水文监测信息;二是利用国家防汛抗旱指挥系统信息传输网络,按照规定的信息传输路由(分中心—省中心—水利部、流域机构),在监测工作完成后 10 min 内,以信息编码格式报送至江苏省徐州市水文分局,通过水情信息交换网络及时实现信息共享。

10.3.3　信息服务

淮委水文局为此次调水承担着雨情、水情等信息服务。针对南四湖旱情,按照淮委部署安排,淮委水文局组织水文气象专业技术人员,适时分析预测南四湖旱情发展趋势,密切监视其雨情、水情,通过短信、邮件等多种形式发布气象降水预测预报,编制气象、雨水情和旱情简报,对南四湖的旱情进行跟踪了解。每一个数据都是水文职工辛勤工作的结果。

7 月 15 日,淮委水文局发布了自《淮河流域水情预警发布暂行规定》颁布实施以来的第一份预警信息"南四湖枯水橙色预警",提醒有关部门密切关注南四湖旱情发展。

为了做好水文监测信息传输服务工作,淮委水文局协调江苏省水文水资源勘测局和山东省水文局,对现有水情信息系统进行升级改造,在信息传输系统中添加了蔺家坝泵站新设水文断面站信息编码,以保证监测信息能够利用实时水情信息交换系统及时进行转发。对数据库系统进行升级改造,完善泵站类的数据存储功能。水情信息网页查询增加了蔺家坝泵站信息查询和数据统计功能。水情值班人员能够依托信息系统进行数据查询、统计和分析,制作信息简报和分析材料,为生态应急调水期间信息服务提供了实时高效的技术平台。

生态应急调水期间,每一个数据都通过短信、网络,在最短时间及时快速传送到淮委水文局,水情工作人员 24 h 值班,密切监视信息网络运行,实时接收来自监测现场的信息。依据这些数据进行快速分析,计算调水水量,编制计量简报,发布调水信息,答复电话咨询,发送各种邮件。各种翔实可靠信息第一时间传递到国家防总和淮河防总,报送到有关领导、管理部门以及每一位从事南四湖生态应急调水工作的人员手中。

本次生态应急调水,淮委水文局水情人员共制作调水计量简报 20 期、发送短信息 960 余条,为本次南四湖生态应急调水的顺利实施提供了及时、准确的计量数据。

10.4　生态调水效益

10.4.1　入湖径流量

统计 2014 年 8 月 5—24 日各个入湖水文站和区域水资源监测站的入湖水量,总入湖水量为 804 万 m³,其中沛城站和柴胡店站断流,薛城站、高桥站和朱桥站径流量分别为 367 万 m³、130 万 m³ 和 307 万 m³。依据水文比拟法对南四湖下级湖入湖径流量进行面积放大,放大后的径流量为 1 927 万 m³。

2014 年 8 月 5—24 日南四湖下级湖主要河流入湖径流量统计见表 10-9,入湖流量过程线见图 10-7。

表 10-9　生态应急调水期间南四湖下级湖主要河流入湖径流量统计

站名	沛城	柴胡店	薛城	高桥	朱桥	合计
水量(万 m³)	0	0	367	130	307	804

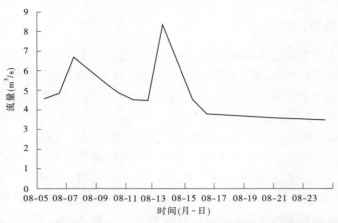

图 10-7　2014 年 8 月 5—24 日南四湖下级湖主要河流入湖流量过程线

　　根据生态应急调水期间蔺家坝泵站测流成果,2014 年 8 月 5 —24 日蔺家坝泵站自顺堤河抽水入南四湖下级湖的水量为 8 069 万 m³。

10.4.2　出湖水量

10.4.2.1　沿湖取水

　　根据生态应急调水期间南四湖下级湖山东和江苏周边沿湖河(渠)道取水情况调查资料统计,取水主要有 3 类:一是河道自流或泵站工农业用水;二是船闸用水;三是自来水厂取水。生态应急调水期间沿湖周边取水水量总和为 1 146 万 m³。

　　2014 年 8 月 5 日南四湖下级湖微山站水位为 30.86 m,8 月 24 日水位为 31.21 m,南四湖下级湖水位上涨了 0.35 m,对应的蓄水变量为 9 200 万 m³。

　　生态应急调水期间水量平衡分析见表 10-10。

表 10-10　生态应急调水期间水量平衡分析

运行情况	类别	水量(万 m³)
入湖	入湖径流量	1 927
	水面降水	2 228
	蔺家坝泵站调水	8 069
	入湖小计	12 224
出湖	水面蒸发	1 630
	沿湖取水	1 146
	出湖小计	2 776
入湖和出湖差值		9 448
蓄水变量		9 200
相差		248

从表 10-10 可以看出,入湖和出湖水量差为 9 448 万 m³,而南四湖下级湖蓄水变量为 9 200 万 m³,二者相差 2.7%。

10.4.2.2 蔺家坝至解台闸河段取用水调查分析

为掌握南四湖生态应急调水期间不牢河蔺家坝至解台闸河段取用水情况,江苏省水文水资源勘测局徐州分局等单位对沿河入河支流、取水泵站、涵闸工程以及沿线水田灌溉面积等进行了较为详细的调查,取得了支流入河流量、取水水量、涵闸过水水量和水田灌溉等资料。

南四湖下级湖生态应急调水期间解台泵站逐日平均翻水量见表 10-11。

表 10-11　南四湖下级湖生态应急调水期间解台泵站逐日平均翻水量

日期 (月-日)	日平均流量 (m³/s)	日期 (月-日)	日平均流量 (m³/s)	日期 (月-日)	日平均流量 (m³/s)
08-05	59.4	08-12	95.6	08-19	91.2
08-06	49.8	08-13	93.8	08-20	95.9
08-07	66.1	08-14	93.0	08-21	84.6
08-08	53.0	08-15	93.0	08-22	84.4
08-09	91.1	08-16	97.6	08-23	86.1
08-10	89.6	08-17	93.1	08-24	78.7
08-11	99.0	08-18	92.4	08-25	47.6

1. 蔺家坝—解台闸河段支流入、出河水量分析

本河段支流口门的进出水量,有实时记录的闸站采用记录资料推算水量,大部分没有实时记录的闸站采用调查数据。

本河段主要支河沿湖地涵入流,因流向有正有负,规定正值为入、负值为出;魏庄闸、张谷山、范山闸、张圩闸、天齐庙闸、东王庄闸、梅庄闸等 7 处,除范山闸有少量漏水,漏水量约 0.3 m³/s 外,其余各闸漏水量均为零。各支流入河水量计算值见表 10-12。

引水口门有天齐庙翻水站、浮体闸、青黄引河闸、瓦庄涵洞等 4 处。天齐庙闸翻水站根据机组运行情况进行统计(为报汛资料);浮体闸根据闸门变动情况推求,平均流量约 10 m³/s;青黄引河闸为中间 1 孔未关闭,平均流量为 0.6 m³/s;瓦庄涵洞漏水流量约 0.4 m³/s。各支流引水口门水量计算表见表 10-13。

2. 蔺家坝—解台闸河段水量平衡分析

本河段的入流包括支流入流口门、蔺家坝节制闸、蔺家坝船闸以及解台泵站;出流包括支流引水口门、蔺家坝翻水站、解台船闸以及沿线直接从不牢河和顺堤河取水的农业灌溉用水和工业用水。

表 10-12　不牢河(蔺家坝—解台闸)区间沿线主要闸(涵)入河水量（单位:万 m³)

序号	日期 (月-日)	沿湖 地涵	魏庄闸	张谷 山闸	范山闸	张圩闸	天齐 庙闸	东王 庄闸	梅庄闸	合计
1	08-05	23.90	0	0	0.30	0	0	0	0	24.20
2	08-06	0.0	0	0	0.30	0	0	0	0	0.30
3	08-07	-5.18	0	0	0.30	0	0	0	0	-4.88
4	08-08	-5.18	0	0	0.30	0	0	0	0	-4.88
5	08-09	-2.99	0	0	0.30	0	0	0	0	-2.69
6	08-10	-5.18	0	0	0.30	0	0	0	0	-4.88
7	08-11	-5.18	0	0	0.30	0	0	0	0	-4.88
8	08-12	-5.18	0	0	0.30	0	0	0	0	-4.88
9	08-13	-5.18	0	0	0.30	0	0	0	0	-4.88
10	08-14	-5.18	0	0	0.30	0	0	0	0	-4.88
11	08-15	-5.18	0	0	0.30	0	0	0	0	-4.88
12	08-16	5.18	0	0	0.30	0	0	0	0	5.48
13	08-17	12.30	0	0	0.30	0	0	0	0	12.60
14	08-18	-5.18	0	0	0.30	0	0	0	0	-4.88
15	08-19	0	0	0	0.30	0	0	0	0	0.30
16	08-20	0	0	0	0.30	0	0	0	0	0.30
17	08-21	-5.18	0	0	0.30	0	0	0	0	-4.88
18	08-22	0	0	0	0.30	0	0	0	0	0.30
19	08-23	-5.18	0	0	0.30	0	0	0	0	-4.88
20	08-24	0	0	0	0.30	0	0	0	0	0.30
合计		-18.6	0	0	6.00	0	0	0	0	-12.6

　　2014 年 8 月,蔺家坝节制闸全关,全月流量为 0;蔺家坝船闸 8 月 5 日 16 时前为敞开式过闸,16 时后为节制过闸,据调查 8 月 6—25 日,日用水量约为 5 万 m³;解台泵站生态应急调水期间为实测值,其余时间为翻水站报汛值;蔺家坝翻水站为实测值;解台船闸根据开闸次数推算;农业灌溉用水根据区间从不牢河、顺堤河取水的农业灌溉面积和 8 月水田的灌溉定额计算而得;工业用水量根据水行政主管部门计量得出。

表 10-13　不牢河(蔺家坝—解台闸)区间支流引水口门水量计算　（单位:万 m³）

序号	日期 （月-日）	天齐庙 翻水站	浮体闸	青黄引河闸	瓦庄涵洞	合计
1	08-05	6.50	10.0	0.60	0.40	17.5
2	08-06	6.50	10.0	0.60	0.40	17.5
3	08-07	6.60	10.0	0.60	0.40	17.6
4	08-08	2.00	10.0	0.60	0.40	13.0
5	08-09	6.60	10.0	0.60	0.40	17.6
6	08-10	5.10	10.0	0.60	0.40	16.1
7	08-11	4.80	10.0	0.60	0.40	15.8
8	08-12	5.00	10.0	0.60	0.40	16.0
9	08-13	4.80	10.0	0.60	0.40	15.8
10	08-14	4.80	10.0	0.60	0.40	15.8
11	08-15	4.80	10.0	0.60	0.40	15.8
12	08-16	5.00	10.0	0.60	0.40	16.0
13	08-17	2.50	10.0	0.60	0.40	13.5
14	08-18	5.00	10.0	0.60	0.40	16.0
15	08-19	6.00	10.0	0.60	0.40	17.0
16	08-20	11.0	10.0	0.60	0.40	22.0
17	08-21	11.0	10.0	0.60	0.40	22.0
18	08-22	5.00	10.0	0.60	0.40	16.0
19	08-23	2.50	10.0	0.60	0.40	13.5
20	08-24	2.30	10.0	0.60	0.40	13.3
合计		107.8	200.0	12.0	8.00	327.8

　　8 月 5—24 日,河段水面蒸发量为 100.4 mm,折合成水量为 53 万 m³;根据蔺家坝闸下和解台闸上水位统计,8 月 24 日,水位比 8 月 5 日水位下降 0.13 m,计算槽蓄变量为 66 万 m³。根据江苏省水文水资源勘测局徐州分局 2013 年 11 月 14—17 日蔺家坝—解台闸间河段输水损失测验初步成果,每千米输水损失为 0.022 m³/s,总损失量为 175 万 m³。以上 3 项损失共 294 万 m³。

　　该河段总入流水量为 14 569 万 m³,总出流水量为 14 069 万 m³,总入流比总出流大 500 万 m³,相差 3.4%,水量基本平衡,见表 10-14。

表 10-14　蔺家坝闸至解台闸河段水量平衡分析

流入/流出	类别	水量(万 m³)
流入	支流径流量	−108
	蔺家坝船闸	97
	解台泵站	14 580
	流入小计	14 569
流出	水面蒸发	53
	河段损失	175
	河槽蓄水变量	66
	解台船闸	1 577
	沿河取水	4 067
	蔺家坝泵站	8 131
	流出小计	14 069
流入和流出差值		500

10.4.3　调水综合效益

南四湖湖区内生态资源丰富,有鸟类 196 种(其中 30 多种属国家一、二级保护鸟类)、鱼类 78 种、水生植物 78 种、浮游动物 249 种及浮游藻类 116 属,生态链良好,是国家级自然保护区。

此次调水历时 19 d,从长江累计调入南四湖下级湖水量 8 069 万 m³,使面临生态危机的南四湖再现生机,避免了生态环境的毁灭性破坏,湖内宝贵的自然资源得以存留,社会效益、生态环境效益和经济效益显著。一是较短时间抬升了湖区水位,调水后的南四湖下级湖微山水位(2014 年 8 月 24 日 14 时)达 31.21 m,较 7 月 29 日的 30.77 m 上涨 0.44 m。二是有效扩大了湖区水面面积,调水后南四湖下级湖湖区水面面积(2014 年 8 月 24 日 14 时)达到 315 km²,较调水前最低水位时湖区水面约增加了 99 km²,达到正常蓄水位相应面积的 55%。三是增加了水资源总量,调水前南四湖下级湖湖内水量仅有 1.17 亿 m³,调水结束时水量增加至 2.33 亿 m³,基本满足了湖内最低生态用水。四是及时缓解了因干旱造成的生态、航运、养殖等严重问题,避免了鱼、鸟等生物链的断裂,改善了航运和水质。五是扩大了水利工程在抗灾减灾方面发挥巨大作用的社会影响,通过本次跨流域调水活动,使社会对水利工程的重要作用有了更加深刻的关注,也加深了人们对水资源危机意识和节约用水重要性的认识。六是通过跨流域、跨水系调水,再次体现了流域机构在流域水资源统一管理、组织协调和调度监管等方面不可替代的重要作用。

10.4.3.1　社会效益

本次跨流域调水利用南水北调东线一期工程抽取长江水调入南四湖下级湖。具体调水线路是自下游里运河、中运河至京杭大运河不牢河段作为本次生态应急调水的输水线路,江苏省境内通过江都、宝应、淮安、泗阳、刘老涧、皂河、刘山、解台 8 级泵站将抽引的长江水逐级翻调至不牢河解台闸上,再通过江苏、山东省界蔺家坝泵站,至此,经过 9 级泵站提升、长途跋涉 400 多 km 的长江水在这里流畅地进入南四湖。

这是南水北调东线一期工程完工后首次实施的生态应急调水工程。通过本次跨流域调水活动,使社会对水利工程的重要作用有了更加深刻的关注,也加深了人们对水资源危机意识和节约用水重要性的认识。

生态应急调水实施后,改善了湖区水质,增强了水体净化能力;有效缓解了通航条件调水沿线航运的紧张状况;留住了候鸟,拯救了生态,促进了人与自然和谐;保障了湖区生态旅游。调水后,缓解了湖产、湖田矛盾,解决了部分群众吃水困难的状况,使群众体会到了党中央、国务院和各级领导对灾区人民的关怀,对于稳定当地群众的心态,保持社会安定也起到了积极作用。

10.4.3.2　生态环境效益

调水前南四湖水质情况不断恶化。山东省济宁市微山县环保局监测数据显示,2014年 6 月,南四湖水位持续降低,造成水面和湿地大面积萎缩,水温变化较快,导致水质缓冲能力差,水体自净能力降低,生态环境遭到严重破坏,给南四湖的生态平衡和保持生物多样性带来毁灭性的灾难,且恢复需要很长的时间。随着水体减少,水生生物和养殖的密度不断加大,导致出现了生态失衡和生物多样性减少的现象,如果干旱持续,随着南四湖的生态治污功能逐步丧失,水质将继续恶化,将严重威胁用水安全。

本次调水后,在较短时间内抬升了湖区水位,有效地扩大了湖区水面面积,增加了水资源总量,基本满足了湖内最低生态用水。根据淮河水资源保护局在蔺家坝泵站监测的水质数据,通过蔺家坝泵站调入南四湖水体的水质符合《地表水环境质量标准》(GB 3838—2002)Ⅲ类水质标准。调入湖区的水量经过水体的流动置换,对改善湖区水质状况提供了有利条件。

从长江调取的 8 069 万 m³ 水量,补充到南四湖内的航道、河汊和深水区,使面临生态危机的南四湖再现生机,避免了生态环境的毁灭性破坏,维持了湖区鱼类、水生动植物等最低的生态用水需求,拯救了湖内濒临灭亡的物种,保证了南四湖生态链的完整和生物物种的延续,湖内宝贵的自然资源得以保留,调水的生态效益和环境效益显著。

10.4.3.3　经济效益

本次南四湖生态应急调水实施后,湖区生态环境得到改善,群众正常生活生产用水得到保障,调水沿线航运紧张的状况得到有效缓解。这对于增加旅游业、港航、湖产和水产等收入,促进经济社会可持续发展,具有重要作用,经济效益十分显著。

参 考 文 献

[1] 水利部淮河水利委员会沂沭泗水利管理局.沂沭泗河道志[M].北京:中国水利水电出版社,1996.

[2] 郑大鹏.沂沭泗防汛手册[M].徐州:中国矿业大学出版社,2018.

[3] 罗泽旺,钱名开,孔祥光.2002—2003年南四湖应急生态补水计量[M].徐州:中国矿业大学出版社, 2004.

[4] 徐时进.2014年南四湖生态应急调水计量与分析[M].徐州:中国矿业大学出版社,2016.

[5] 陈见长.水库实时防洪调度方案快速生成技术研究[D].大连:大连理工大学,2017.

[6] 蔡其华.三峡工程防洪作用与2010年防洪调度实践[J].人民长江,2010,41(24):1-6,12.

[7] 陈旸秋.关于我国水利水电工程生态调度的思考与建议[J].Environmental Protection,2016,44(3-4):73-75.

[8] 韩红霞.基于水库防洪预报调度方式的风险分析[D].大连:大连理工大学,2010.

[9] 黄强,赵梦龙,李瑛.水库生态调度研究新进展[J].水力发电学报,2017,36(3):1-11.

[10] 黄云燕.水库生态调度方法研究[D].武汉:华中科技大学,2008.

[11] 李伟.人类活动对洪水预报影响分析及防洪调度研究[D].大连:大连理工大学,2009.

[12] 梁华南.基于不同风险因素组合的水库防洪风险分析[D].西安:长安大学,2016.

[13] 姜海萍,朱远生,刘斌,等.浅析西江干流开展生态调度的必要性[J].人民珠江,2016,37(6):28-31.

[14] 乔晔,廖鸿志,蔡玉鹏.大型水库生态调度实践及展望[J].人民长江,2014,45(15):22-26.

[15] 任明磊,何晓燕.对水库防洪调度的认识与探讨[J].人民长江,2011,42(s2):58-60,103.

[16] 司源,王远见,任智慧.黄河下游生态需水与生态调度研究综述[J].人民黄河,2017,39(3):61-64,69.

[17] 苏鑫.水文变异条件下的水库生态调度模型[D].哈尔滨:东北农业大学,2017.

[18] 唐晓燕,曹学章,王文林.美国和加拿大水利工程生态调度管理研究及对中国的借鉴[J].生态与农村环境学报,2013,29(3):394-402.

[19] 王洪.松辽流域防洪调度系统技术研究与应用[D].大连:大连理工大学,2016.

[20] 吴旭.面向水质改善的饮马河流域生态调度示范研究[D].北京:中国水利水电科学研究院,2016.

[21] 吴旭,魏传江,申晓晶,等.水库生态调度研究实践及展望[J].人民黄河,2016,38(6):87-90,107.

[22] 赵珑迪.中外水资源生态调度研究现状调查[J].山西水利,2018,34(9):3-4,10.

[23] 朱思瑾.基于长江中下游生态环境改善的三峡水库优化调度方案研究[D].武汉:武汉大学,2018.

[24] 中国水利水电科学院调研组.水利水电工程生态调度的实践、问题与发展趋势[J].中国水能及电气化,2009(12):16-20,29.